功能材料制备技术

主编　马天慧　李兆清　张晓萌

哈尔滨工业大学出版社

内 容 简 介

全书共8章,第1章介绍了材料的经典合成方法;第2~8章分别介绍了人工晶体、功能陶瓷、功能薄膜、多孔材料、新型碳材料、功能高分子和功能微球的制备技术及性能表征方法。各章编写思路为先对本章所涉及的功能材料进行概述,然后介绍该功能材料的制备方法,最后选取典型的该种功能材料,通过引入前沿热点文献的方式,分别对其制备方法及性能评价进行案例分析。

本书可作为高等学校化学、材料类专业本科生和研究生的教材或教学参考书,也可供从事功能材料领域研究的科研人员参考阅读。

图书在版编目(CIP)数据

功能材料制备技术/马天慧,李兆清,张晓萌主编
. —哈尔滨:哈尔滨工业大学出版社,2023.5
ISBN 978-7-5767-0824-0

Ⅰ.①功… Ⅱ.①马… ②李… ③张… Ⅲ.①功能材料-制备 Ⅳ.①TB34

中国国家版本馆 CIP 数据核字(2023)第 100619 号

策划编辑 杨秀华
责任编辑 薛 力
封面设计 赵婧怡
出版发行 哈尔滨工业大学出版社
社 址 哈尔滨市南岗区复华四道街 10 号 邮编 150006
传 真 0451-86414749
网 址 http://hitpress.hit.edu.cn
印 刷 黑龙江艺德印刷有限责任公司
开 本 787 mm×1 092 mm 1/16 印张 14.75 字数 387 千字
版 次 2023 年 5 月第 1 版 2023 年 5 月第 1 次印刷
书 号 ISBN 978-7-5767-0824-0
定 价 48.00 元

前　　言

　　功能材料是指具有特殊物理、化学、生物性能,能将光、声、电磁、热、压力、化学能和生物能等进行转换、存储和控制的一类材料。功能材料学是一门集化学、物理学、信息学和器件制造的交叉学科。功能材料不仅是发展我国信息技术、航空航天技术、生物技术、能源技术等高技术领域的重要基础材料,而且是改造与提升我国基础工业和传统产业的基础,直接关系到我国资源、环境及社会的可持续发展。

　　功能材料的结构与性能之间存在着密切的联系,而材料的不同制备方法直接影响到材料的微观结构,最终决定材料的性能。功能材料的制备方法不同于结构材料采用的传统制备方法,而是采用了许多先进的新工艺和新技术。功能材料的表征和性能评价是指应用常规的理化测试手段对功能材料的各项应用性能进行评价。

　　本书首先给出材料的经典制备方法,然后根据材料的结构特点,分别介绍了人工晶体、功能陶瓷、功能薄膜、多孔材料、新型碳材料、功能高分子、功能微球的制备方法。

　　全书共8章,其中第1、2、7章由马天慧编写,第3、4、8章由李兆清编写,第5、6章由张晓萌编写。本书所涉及的功能材料范围广,而且功能材料的发展日新月异,书中难免有被遗漏和被忽略的内容,由于时间匆忙和水平有限,书中难免存在不足之处,恳请读者批评指正。

编　者

2023 年 1 月

目　　录

第1章　经典合成方法 ……………………………………………………………… 1

1.1　先驱物法 ………………………………………………………………… 1

1.2　溶胶–凝胶法 …………………………………………………………… 3

1.3　水热与溶剂热合成方法 ………………………………………………… 9

1.4　高温合成法 ……………………………………………………………… 15

1.5　固相合成法 ……………………………………………………………… 22

1.6　高压合成 ………………………………………………………………… 26

思考题 ………………………………………………………………………… 31

第2章　人工晶体 …………………………………………………………………… 32

2.1　概　述 …………………………………………………………………… 32

2.2　人工晶体的主要生长方法 ……………………………………………… 34

2.3　典型人工晶体的制备技术及其性能评价方法 ………………………… 51

思考题 ………………………………………………………………………… 68

第3章　功能陶瓷 …………………………………………………………………… 69

3.1　概　述 …………………………………………………………………… 69

3.2　功能陶瓷粉体制备 ……………………………………………………… 71

3.3　成　型 …………………………………………………………………… 74

3.4　烧　结 …………………………………………………………………… 86

3.5　典型功能陶瓷的制备技术及其性能评价方法 ………………………… 92

思考题 ………………………………………………………………………… 102

第4章　功能薄膜 …………………………………………………………………… 104

4.1　概　述 …………………………………………………………………… 104

4.2　功能薄膜材料的制备方法 ……………………………………………… 107

4.3　薄膜生长过程与机理 …………………………………………………… 119

4.4 影响薄膜结构的控制因素 ……………………………………… 121

4.5 功能薄膜所用基片 ………………………………………………… 124

4.6 典型功能薄膜的制备技术及其性能评价方法 ………………… 125

思考题 ………………………………………………………………… 130

第5章 多孔材料 ……………………………………………………… 131

5.1 概 述 …………………………………………………………… 131

5.2 有序介孔材料制备技术 ………………………………………… 131

5.3 金属-有机框架材料制备技术 ………………………………… 141

5.4 多孔金属制备技术 ……………………………………………… 146

5.5 典型多孔金属的制备技术及其性能评价方法 ………………… 157

思考题 ………………………………………………………………… 160

第6章 新型碳材料 …………………………………………………… 161

6.1 概 述 …………………………………………………………… 161

6.2 碳量子点制备技术 ……………………………………………… 162

6.3 碳纳米管制备技术 ……………………………………………… 167

6.4 石墨烯制备技术 ………………………………………………… 172

6.5 典型碳材料的制备技术及其性能评价方法 …………………… 177

思考题 ………………………………………………………………… 184

第7章 功能高分子 …………………………………………………… 185

7.1 概 述 …………………………………………………………… 185

7.2 功能高分子材料的结构 ………………………………………… 185

7.3 功能高分子材料的制备与加工 ………………………………… 189

7.4 典型功能高分子材料的制备技术及其性能评价方法 ………… 197

思考题 ………………………………………………………………… 205

第8章 功能微球 ……………………………………………………… 207

8.1 概 述 …………………………………………………………… 207

8.2 核壳结构微球的制备 …………………………………………… 207

8.3 空心微球制备 …………………………………………………… 213

8.4 典型功能微球的制备技术及其性能评价方法 ………………… 217

思考题 ………………………………………………………………… 224

参考文献 ……………………………………………………………… 225

第1章 经典合成方法

1.1 先驱物法

化学合成方法分为软化学合成法和硬化学合成法。软化学合成法是在较温和的条件下进行的反应,如先驱物法、水热法、溶胶凝胶法、局部化学反应、流变相反应、低热固相反应等。硬化学合成法通常是指在超高压、超高温、超真空、强辐射、冲击波、无重力等极端条件下进行的反应。

软化学合成法是相对于传统的高温固相的"硬化学"而言的。它是通过化学反应克服固相反应过程中的反应势垒在温和的反应条件下和缓慢的反应进程中,以可控的步骤逐步地进行化学反应,实现制备新材料的方法。用此方法可以合成组成特殊、形貌各异的材料,这些性质是传统的高温固相反应难以达到的。

先驱物法又叫前驱体法或初产物法,是软化学合成法中最简单的一类方法。前驱体,就是获得目标产物前的一种存在形式,大多是以有机–无机配合物或混合物固体存在,也有部分是以溶胶形式存在。前驱体这一说法多见于溶胶–凝胶法、共沉淀法等材料制备中,也有人把它定义为目标产物的雏形样品,即再经过某些步骤就可实现目标产物的前级产物。前驱体不一定就是初始原料,也可能是某些中间产物。例如,我们要获得 Fe_2O_3,首先将 $FeCl_3$ 溶液和 $NaOH$ 溶液混合反应生成 $Fe(OH)_3$,然后将 $Fe(OH)_3$ 煅烧得到 Fe_2O_3,这里我们习惯称 Fe_2O_3 的前驱体为 $Fe(OH)_3$,而不是 $FeCl_3$ 溶液和 $NaOH$ 溶液。

先驱物法制备材料的基本思路是:首先通过准确的分子设计,合成出具有预期组分、结构和化学性质的先驱物,然后在软环境下对先驱物进行处理,进而得到预期的材料。先驱物法的关键步骤为先驱物的分子设计与制备。选择一些化合物如硝酸盐、碳酸盐、草酸盐、氢氧化物、含氰配合物,以及有机化合物如柠檬酸等和所需的金属阳离子按照所需要的化学计量配比制成先驱物。这种方法克服了高温固相反应法中反应物间无法均匀混合的问题,先驱物法达到了原子或分子尺度的混合。只要仔细控制实验条件,先驱物法能制备出确定化学计量比的物相。

1.1.1 常见的先驱物

复合金属配合物是一类重要的先驱物。其通常采用溶液法合成以对其组分和结构进行很好的控制。合成产物在 400 ℃ 分解,形成相应的氧化物,这是制备高质量复合氧化物重要的方法。例如,利用镧–铁、镧–钴复合羧酸盐热分解,可以制备出化学组分高度均匀的钙铁矿型氧化物半导体,利用钛的配合物钡盐,可以制备高质量的铁电体微粉。利用相似的方法,在真空中加热分解某些特殊的配合物,则可得到一些非氧化物体系(如纳米尺寸的镉硒半导体)。

另一类重要的先驱物是金属碳酸盐。其可用于制备化学组分高度均匀的氧化物固溶体。因为很多金属碳酸盐都是同构的,如 Ca、Mg、Mn、Fe、Co、Zn、Cd 等均具有方解石结构,故可利用重结晶法先制备出一定组分的金属碳酸盐,再经过较低温度的热处理,最后得到组分均匀的金属氧化物固溶体。锂离子电池的正极材料 $LiCoO_2$、$LiCo_{1-x}NiO_2$ 等可用碳酸盐先驱物制备。

此外,一些金属氢氧化物或硝酸盐的固溶体也可被用作先驱物。例如,利用金属硝酸盐先驱物制备高纯度的 $YBa_2Cu_3O_7$ 超导体。

1.1.2　先驱物法的应用举例

1.尖晶石 MFe_2O_4($M=Zn$、Ni、Mg、Mn、Cu、Cd)的合成

采用 Zn 和 Fe 的水溶性盐配成 Fe:Zn=2:1(摩尔比)的混合溶液,再与草酸溶液反应,制得 Zn 和 Fe 的草酸盐共沉淀固溶体,最后经过加热焙烧即得 $ZnFe_2O_4$。反应物的均一化程度高,反应所需温度较低,为 700 ℃。反应式为

$$Zn^{2+}+2Fe^{3+}+4C_2O_4^{2-}\longrightarrow ZnFe_2(C_2O_4)_4\downarrow$$
$$ZnFe_2(C_2O_4)\longrightarrow ZnFe_2O_4+4CO+4CO_2$$

采用 Ni 和 Fe 的碱式双乙酸吡啶化合物作为尖晶石 $NiFe_2O_4$ 的先驱物,化学式为 $Ni_3Fe_6(CH_3COO)_{17}O_3OH\cdot12C_5H_6N$,Ni:Fe 的摩尔比精确为 1:2,将该先驱物缓慢加热到 200~300 ℃,去除有机物质,然后于空气中在 1 000 ℃下加热 2~3 d 即得 $NiFe_2O_4$。

2.尖晶石 MCo_2O_4($M=Zn$、Ni、Mg、Mn、Cu、Cd)的合成

首先将 Co^{2+} 和相应 M 的盐按 Co^{2+}:$M=2:1$(摩尔比)在水溶液中混合并与草酸发生反应,生成草酸先驱物固溶体,然后在空气中加热到 400 ℃左右,即得 MCo_2O_4 尖晶石。先驱物热分解过程中,二价钴被空气中的氧气氧化为三价钴。

$$M^{2+}+2Co^{2+}+3C_2O_4^{2-}+6H_2O\longrightarrow MCo_2(C_2O_4)_3\cdot6H_2O$$
$$MCo_2(C_2O_4)_3\cdot6H_2O\longrightarrow MCo_2(C_2O_4)_3+6H_2O$$
$$MCo_2(C_2O_4)_3+2O_2\longrightarrow MCo_2O_4+6CO_2$$

MCo_2O_4 尖晶石化合物在高于 600 ℃的温度下会发生相变,分解为一种富含 Co 的尖晶石相,因此不能用高温固相反应方法制备,而先驱物法是一种非常方便有效的方法。

3.亚铬酸盐尖晶石化合物 MCr_2O_4($M=Mg$、Zn、Mn、Fe、Co、Ni)的合成

亚铬酸锰 $MnCr_2O_4$ 是从 $MnCr_2O_7\cdot4C_6H_5N$ 逐渐加热到 1 100 ℃制备的。混合物在富氢气气氛中焙烧,重铬酸盐中的六价铬被还原为三价,保证所有的锰处于二价状态。

1.1.3　先驱物法的特点和局限性

先驱物法的优点是混合均一化程度高、阳离子的摩尔比准确、反应温度低。原则上讲,先驱物法可应用于多种固态反应中,但由于每种合成法有其本身的特殊条件要求和先驱物,为此不可能制定出一套通用的条件以适应所有这些合成反应。对有些反应来说,难以找到适宜的先驱物。如先驱物法不适用于两种反应物在水中溶解度相差很大的反应,生成物不

是以相同的速度产生结晶,且常生成过饱和溶液。

1.2　溶胶-凝胶法

溶胶-凝胶法是一种由金属有机化合物、金属无机化合物或上述两者混合物经过水解缩聚,逐渐凝胶化及相应的后处理,制备金属氧化物或其他化合物的方法。

溶胶(sol)又叫胶体溶液,是把直径大小为 $1 \sim 100$ nm 的固体质点分散于介质中所形成的多相体系。溶胶中固体粒子大小通常为 $1 \sim 5$ nm,因此溶胶的比表面积非常大。溶胶的分散系由分散相和分散介质组成。分散介质可以是气体即气溶胶;可以是水即水溶胶;可以是乙醇等有机液体即醇溶胶;也可以是固体即固溶胶。同样分散相也可以是气体、液体或固体,见表 1.1。

表 1.1　溶胶的分散介质和分散相

分散介质	分散相	示例
气体	气体	空气、混合气体
	液体	雾、云、水气
	固体	烟、灰、尘
液体	气体	啤酒、泡沫、浪花、汽水
	液体	牛奶、酒精的水溶液
	固体	石灰浆、油漆
固体	气体	活性炭、焦炭、泡沫塑料
	液体	湿泥土、珍珠(包藏着水的碳酸钙)
	固体	岩石、矿物、玛瑙、有色玻璃、合金

凝胶(gel)又称冻胶,是具有固体特征的胶体体系,被分散的物质形成连续的网状骨架,骨架空隙中充有液体或气体。凝胶中分散相的含量很低,一般为 $1\% \sim 3\%$。凝胶是一种柔软的“半固体”,由大量胶束组成三维网络,胶束之间为极薄的分散介质。“半固体”是指表面上是固体,而内部仍含液体。溶胶变成凝胶,伴随有显著的结构变化和化学变化;胶粒相互作用变成骨架或网架结构,失去流动性;而溶剂的大部分依然在凝胶骨架中保留,尚能自由流动。这种特殊的网架结构,赋予凝胶以特别发达的比表面积,以及良好的烧结活性。

凝胶可分为弹性凝胶、脆性凝胶和触变凝胶三类。

弹性凝胶——在外力作用下可变形,去除外力又可复原,如橡胶、明胶、琼脂等;

脆性凝胶——三维网络结构由化学键力形成,外力作用很难使其变形,如硅胶,一旦破坏被就难以复原;

触变凝胶——静置时呈半固体状态,受外力变成溶胶,去除外力又可恢复凝胶状态。如在浓 $Fe(OH)_3$ 溶胶中加入少量电解质时,溶胶的黏度增加并转变为凝胶,将此凝胶稍加振动,在等温条件下就可逆地转变为溶胶,静置后又转变成凝胶。具有触变性的溶胶转变为凝胶时,必须静置一定时间,这意味着凝胶结构的恢复有个时间过程,而不能立即恢复。此种操作可重复多次,并且溶胶或凝胶的性质均没有明显的变化。这种触变作用是在等温条件下进行的,是"有结构"的体系与"无结构"的体系的互变。触变凝胶常用作混悬剂中的稳定剂,可使微粒稳定地分散于介质中而不易聚集沉降。油漆、钻井用泥浆、药膏及抗生素油剂等都要求有一定的触变性。

溶胶-凝胶法是一种可以实现从零维到三维的全维材料制备的湿化学方法。该法的特点是采用液体化学试剂作为反应物,或粉状试剂溶于溶剂作为反应物,然后将反应物原料在液相下均匀混合并进行反应,形成稳定的溶胶体系,放置一定时间后转变为凝胶,凝胶中含有大量液相,借助蒸发法除去液体介质(不是机械脱水)即可成型为所需产品,最后在低于传统煅烧温度下烧结。溶胶-凝胶法可以制备出各种形状的材料,如块状、圆棒状、空心管状、纤维、薄膜等。

1.2.1 溶胶-凝胶法的原料和作用

溶胶-凝胶法采用的原料为金属化合物、水、溶剂、催化剂和其他添加剂。

金属化合物可分为金属有机化合物、金属无机化合物和金属氧化物三种。金属有机化合物可以分为金属醇盐、金属乙酰丙酮盐和金属有机酸盐三种。金属醇盐具有容易用蒸馏、重结晶技术提纯,可溶于普通有机溶剂,易水解等优点,是溶胶-凝胶法最适合的原料。金属醇盐在水解时形成聚合物、氢氧化物或氧化物,同时只有易挥发的醇类生成,避免了杂质污染。金属醇盐还有易于反应的优点,因此被广泛用于溶胶-凝胶法做制备前驱体。金属乙酰丙酮盐和金属有机酸盐可以作为金属醇盐的替代物。金属无机化合物可以是硝酸盐、氯化物或氧氯化物等可溶性盐。

溶胶-凝胶法中加入水是为了使金属化合物发生水解反应。溶剂的作用是溶解金属化合物,调制成均匀溶胶。甲醇、乙醇、丙醇、丁醇等是溶胶-凝胶法主要的溶剂,为了溶解一些特殊金属化合物,也可以加入乙二醇、环氧乙烷、三乙醇胺、二甲苯等。催化剂对水解速率、缩聚速率、溶胶凝胶在陈化过程中的结构演变都有重要影响,催化剂分为酸和碱两种,如盐酸、硫酸、硝酸、醋酸;氨水、氢氧化钠等。添加剂的作用是为了获得特殊的效果,如水解控制剂、分散剂和干燥开裂控制剂等。溶胶-凝胶法中各种原料的具体分类和作用见表1.2。

表1.2 溶胶-凝胶法中各种原料的具体分类和作用

原料种类		示例	作用
金属有机化合物	金属醇盐	$M(OR)_n$(如$Si(OCH_3)_4$、$Ti(OC_2H_5)_4$ 等)	前驱体提供金属元素
	金属乙酰丙酮盐	$Zn(CH_2COCH_2COCH_3)_2$	金属醇盐替代物
	金属有机酸盐	醋酸盐 $M(C_2H_3O_2)_n$;草酸盐 $M(C_2O_4)_{n-2}$	金属醇盐替代物
水		H_2O	水解反应的必需原料
溶剂		甲醇、乙醇、丙醇、丁醇(溶胶-凝胶法主要的溶剂)、乙二醇、环氧乙烷、三乙醇胺、二甲苯等	溶解金属化合物

续表1.2

原料种类		示例	作用
催化剂及螯合剂		盐酸、硼酸、马来酸、硫酸、硝酸、醋酸；氨水、氢氧化钠；EDTA 和柠檬酸等	金属化合物的水解催化和螯合作用
添加剂	水解控制剂	乙酰丙酮	控制水解速率
	分散剂	聚乙烯醇	溶胶分散作用
	干燥开裂控制剂	乙二酸、草酸、甲酰胺、二甲基甲酰胺、二氧杂环乙烷等	防止凝胶开裂

1.2.2　溶胶–凝胶法合成原理

溶胶–凝胶法的主要反应步骤是将反应原料(金属醇盐)溶于溶剂(水或有机溶剂)中形成均匀的溶液,溶质与溶剂发生水解或醇解反应,生成物聚集成 100 nm 左右的粒子并形成溶胶,溶胶经蒸发干燥转变为凝胶。其中涉及的基本反应有以下几种。

1. 溶剂化作用

易电离的反应原料,如无机盐的金属阳离子 M^{z+} 由于具有较高的电子电荷或电荷密度,而吸引水分子形成水合物 $[M(H_2O)_n]^{z+}$,在保持配位数的同时具有强烈的释放 H^+ 的趋势。

$$M^{z+}+nH_2O \longrightarrow [M(H_2O)_n]^{z+} \longrightarrow [M(H_2O)_{n-1}(OH)]^{(z-1)+}+H^+$$

2. 水解反应

非电离式反应原料,如金属醇盐 $M(OR)_n$ 与水作用持续发生水解反应,直至生成 $M(OH)_n$。

$$M(OR)_n+xH_2O \longrightarrow M(OH)_x(OR)_{n-x}+xROH$$

3. 缩聚反应

失水缩聚：$-M-OH+HO-M- \longrightarrow -M-O-M-+H_2O$

失醇缩聚：$-M-OR+HO-M- \longrightarrow -M-O-M-+ROH$

1.2.3　溶胶–凝胶法合成的基本过程

溶胶–凝胶法包含了从溶液过渡到固体材料的多个物理化学步骤。第一步,获得所需的液体试剂或将固体化学试剂溶于溶剂作为原料;第二步,在液相下将这些原料均匀混合,经过水解、缩合化学反应,最后形成稳定的透明溶胶体系;第三步,溶胶经陈化、胶粒间缓慢聚合形成凝胶;第四步,凝胶经过低温干燥、脱去溶剂而成为具有多孔结构的干凝胶或气凝胶;最后,经过烧结、固化制备出致密的氧化物材料。图 1.1 为溶胶–凝胶法合成的基本过程。

图 1.2 为溶胶–凝胶法合成步骤。制备溶胶方法有分散法和凝聚法,其中分散法又包括：①研磨法,即用磨将粗粒子研磨细;②超声分散法,即用高频率超声波传入介质,对分散相产生很大撕碎力,从而达到分散效果;③胶溶法,即把暂时聚集在一起的胶体粒子重新分

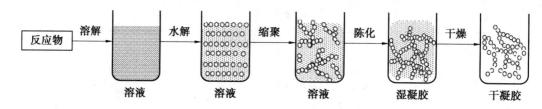

图 1.1 溶胶−凝胶法合成的基本过程

散成溶胶。

凝聚法包括:①化学反应法,即利用复分解反应、水解反应及氧化还原反应生成不溶物时控制好离子的浓度就可以形成溶胶。化学反应法中最常用的是醇盐水解法。金属醇盐易水解并形成沉淀,所以选用醇作为溶剂,醇和水的加入应适量,习惯上以水/金属醇盐的摩尔数之比计量。②改换介质法,即利用同一种物质在不同溶剂中溶解度相差悬殊的特性,使溶解于良性溶剂中的物质在加入不良溶剂后,因其溶解度下降而以胶体粒子的大小析出形成溶胶。

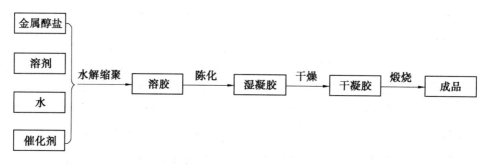

图 1.2 溶胶−凝胶法合成步骤

为了获得高质量溶胶还需控制加水量、催化剂、pH 值及水解温度等。

①加水量影响:当水的加入量低于按化学式计量比关系计算出的所需要的消耗量时,随着水量的增加,溶胶的时间会逐渐缩短,而超过化学计量加水量时,随着水量增加溶胶时间又会逐渐增长。这是因为若加入的水量少时,醇盐的水解速度较慢;而若加入的水量大于化学计量时,溶液浓度降低,黏度下降而使成胶困难。按化学计量加入时,成胶质量最好,而且成胶时间短。

②pH 影响:在酸性溶液和碱性溶液中水解的反应机理不同。同一种金属醇盐,在不同 pH 值的溶液中,水解产物的结构和形态不同。在酸性溶液中,水解是由 H_3O^+ 的亲电机理主导,其第一步的水解过程速度很快,生成带有一个 OH^- 的水解产物。这一产物会迅速地发生缩聚反应,这时缩聚反应速率远大于水解速率。缩聚反应在完全水解前已经开始,由此得到的缩聚物交联度较低。在碱性溶液中,水解反应是由 OH^- 的亲核机理主导,由于空间位阻效应,第一步的水解过程速度很慢,但之后的水解速度增大,水解后的产物进行缩聚反应速率小于水解速率,导致形成的聚合物有较高的交联度。因此我们可以按照产品的要求选择适宜的酸碱催化剂。

③醇盐滴加速率影响:醇盐易吸收空气中的水而水解凝固,因此在滴加醇盐醇溶液时,在其他因素一致的情况下会发现滴加速率快慢明显影响溶胶时间长短。滴加速率越快,凝

胶速度越快,但速度过快易造成局部水解过快而聚合胶凝生成沉淀,同时一部分溶胶液未发生水解,因而导致最后无法获得均一的凝胶,所以在滴加醇盐时均匀搅拌也很重要。

④反应温度影响:温度升高,水解速率提高,因而溶胶时间缩短;另一方面在较高温度下溶剂醇的挥发也加快,相当于反应物的浓度增加,因此也增加了溶胶速率,但温度过高会导致生成的溶胶不稳定,易生成多种产物的水解聚合。因此,在保证生成溶胶的情况下,应尽可能在较低温度下进行,多以室温条件进行。

溶胶在敞口或密闭的容器中放置时,由于溶剂蒸发或缩聚反应而导致其向凝胶转变。溶胶溶液在陈化时,聚合物进一步聚集长大成为小粒子簇,它们相互碰撞连接成大粒子簇。此过程往往伴随粒子的奥斯瓦尔德熟化(Ostwald ripening),即因大小粒子溶解度不同而造成的平均粒径增加。溶胶在陈化过程中,胶体粒子逐渐聚集形成网络结构,整个体系失去流动性,溶胶从牛顿流体向宾汉流体转变,并带有明显的触变性。陈化时间的选择对产物的微观结构非常重要,陈化时间过短,颗粒尺寸不均匀;陈化时间过长,粒子长大、团聚不易形成超细结构。

凝胶内包裹着大量的溶剂和水,凝胶的干燥就是去除水分、有机基团和有机溶剂的过程。干燥过程往往伴随着很大的体积收缩,因而很容易引起开裂。导致开裂的主要原因是毛细管力,而毛细管力与填充在凝胶骨架孔隙中液体的表面张力有关。因此干燥过程中应注意减少毛细管力和增强固相骨架。防止凝胶在干燥过程中开裂是溶胶-凝胶法的重要环节,特别是对尺寸较大的块状材料。为此需要严格控制干燥条件,目前干燥方法主要有两种:

①控制干燥法,即在溶胶制备中,加入控制干燥的化学添加剂,如甲酰胺、草酸等,由于它们的蒸气压低、挥发性低,能降低不同孔径中的醇溶剂的不均匀蒸发,从而减小干燥应力;

②超临界干燥,即将凝胶中的有机溶剂和水加热、加压到超过临界温度、临界压力,则系统中的液气界面将消失,凝胶中毛细管力也不存在,从而从根本上消除了导致凝胶开裂的应力条件。

热处理的目的是消除干凝胶中的气孔,使其致密化,满足产品对相组成和显微结构的要求。在加热过程中,升温速度不宜太快,由于凝胶的高比表面积、高活性,烧结温度应比通常的粉料坯体低数百摄氏度。热处理过程中由于各种气体的释放(二氧化碳、水、醇)伴随着较大的体积收缩,且须避免发生炭化而在制品中留下炭的颗粒。热处理的设备主要有真空干燥炉、干燥箱等。

1.2.4 金属无机盐的水解与聚合

采用可溶性金属盐,金属阳离子 M^{n+},特别是+4、+3 及 +2 价阳离子在水溶液中与极性水分子形成水合阳离子,金属水合阳离子为保持它的配位数具有强烈的释放 H^+ 的趋势而发生水解反应。水解反应平衡关系随溶液的酸度、相应的电荷转移量等条件的不同而不同。同时电离析出的 M^{n+} 又可以形成氢氧桥键合。水解反应是可逆反应,如果在反应时排除掉水和醇可以阻止逆反应进行。相关反应为

$$M(H_2O)_x^{n+} \longrightarrow M(H_2O)_{x-1}(OH)^{(n-1)+} + H^+$$

以水合铁离子为例

$$Fe(H_2O)_6^{3+} \longrightarrow Fe(H_2O)_5(OH)^{2+} \longrightarrow Fe(H_2O)_4(OH)_2^+ \longrightarrow Fe(H_2O)_3(OH)_3 \longrightarrow$$

$$Fe(H_2O)_2(OH)_4^- \longrightarrow Fe(H_2O)(OH)_5^{2-} \longrightarrow Fe(OH)_6^{3-} \longrightarrow Fe(O)(OH)_5^{4-} \longrightarrow$$

$$Fe(O)_2(OH)_4^{5-} \longrightarrow Fe(O)_3(OH)_6^{6-} \longrightarrow Fe(O)_4(OH)_2^{7-} \longrightarrow Fe(O)_5(OH)^{8-} \longrightarrow Fe(O)_6^{9-}$$

水解产物下一步发生聚合反应,聚合的类型包括羟桥聚合和氧桥聚合。羟桥聚合速度受 pH 值、溶液浓度、加料方式和温度等因素影响,如

$$2Fe(H_2O)_5(OH)^{2+} \longrightarrow [Fe(H_2O)_4(OH)(OH)(H_2O)_4Fe]^{4+}$$

1.2.5 金属醇盐的水解与聚合

金属醇盐在水中的性质受金属离子半径、电负性、配位数等因素影响。一般情况,金属原子的电负性越小,离子半径越大,最适配位数越大,配位不饱和度也越大时,金属醇盐的水解性就越强。沿元素周期表往下,金属原子的电负性减小,离子半径增大,金属醇盐越易水解。硅醇盐的水解反应为

$$(RO)_3Si-OR + H^{18}OH \longrightarrow (RO)_3Si-{}^{18}OH + ROH$$

金属醇盐缩聚反应十分复杂,反应通式可以表示为

$$2(RO)_{n-1}MOH \longrightarrow (RO)_{n-1}M-O-M(RO)_{n-1} + H_2O \tag{1.1}$$

$$x(RO)_{n-2}M(OH)_2 \longrightarrow [-M(RO)_{n-2}O-]_x + xH_2O \tag{1.2}$$

$$x(RO)_{n-3}M(OH)_3 \longrightarrow [-O-M(RO)_{n-3}-]_x + xH_2O + xH^+ \tag{1.3}$$

羟基与烷氧基之间也可以缩聚

$$(RO)_{n-x}(OH)_{x-1}MOH + ROM(RO)_{n-x-1}(OH)_x \longrightarrow \tag{1.4}$$
$$(RO)_{n-x}(OH)_{x-1}M-O-M(RO)_{n-x-1}(OH)_x + ROH$$

反应(1.2)可以生成线型缩聚产物,反应(1.3)则生成体型缩聚产物,反应(1.4)可生成线型或体型缩聚产物。值得注意的是醇盐的水解和缩聚反应同时进行,最终形成凝胶。

如果溶剂的烷基不同于醇盐的烷基,则会产生转移酯化反应[式(1.5)],这些反应对合成多组分氧化物是非常重要的。

$$R'OH + Si(OR)_4 \leftrightarrow Si(OR)_3(OR') + ROH \tag{1.5}$$

溶剂化效应、溶剂的极性、极矩、对活泼质子的获取性等都对水解过程有很重要的影响,而且在不同的介质中反应机理也有所差别。在酸性溶液中,水解反应主要是 H_3O^+ 对—OR 基团的亲电取代反应,第一步水解速度很快。但随着水解反应的进行,醇盐水解活性因其分子中—OR 基团的减少而下降,很难生成 $Si(OH)_4$。而这时缩聚反应的速率高于水解反应的速率。缩聚反应在 $Si(OR)_4$ 完全转变为 $Si(OH)_4$ 前已开始,因而缩聚产物的交联程度低。在碱性条件下,水解反应主要为 OH^- 对—OR 的亲核取代反应。由于空间位阻效应影响,金属醇盐在碱性条件下水解反应速率较慢。但醇盐水解活性随分子中—OR 基团的减少而增大,即随着—OR 基团的减少水解速率增大,—OR 基团很容易完全转变为-OH 基团,即生成 $Si(OH)_4$,而这时缩聚反应的速率低于水解反应速率,因此缩聚产物为高交联度的三维网络结构。当然水解反应是可逆反应,在反应过程中排除水和醇的共沸物,可以阻止逆反应发生。

1.2.6　溶胶–凝胶法的优点

（1）与传统的固相沉积法或化学气相沉积法相比,溶胶–凝胶法形成的凝胶均匀、稳定、分散性好,在烧结前已部分成型,煅烧成型温度比传统方法低 400~500 ℃,并且所制产品的强度和韧性较高,比表面积也很大。

（2）溶胶–凝胶法可以通过对前驱体、溶剂、水量、反应条件、后处理等条件的调节,精确控制产品的微观结构,得到一定微观结构和不同性质的凝胶,制备一些传统方法难以得到或根本无法制备的材料。产品的均匀性好,尤其是多组分制品,其均匀度可达到分子或原子尺度,产品纯度高,化学、光学、热学及机械稳定性好,适合在严酷条件下使用。

（3）溶胶–凝胶法制备的材料组分均匀、产物纯度很高。该法通过各种反应物溶液的混合,使许多无机试剂及有机试剂兼容,很容易获得需要的均相多组分体系,而且材料可以在很宽的范围内进行掺杂,化学计量可以精准控制,易于改性。如醇溶胶的多元组分体系水解速率与缩聚速率相当,则其化学均匀性可达到分子水平。水溶胶的多元组分体系中,若不同金属离子在水解时共沉积,则其化学均匀性可达到原子水平。

（4）溶胶或凝胶的流变性质有利于通过某种技术,如喷射、旋涂、浸拉、浸渍等加工成各种形状,或形成块状,或涂于硅、玻璃及光纤上形成敏感膜,也可根据特殊用途制成纤维或粉末材料。

1.2.7　溶胶–凝胶法的缺点

（1）溶胶–凝胶法所用原料多为有机化合物,成本较高,而且有些原料对人们的健康有害。

（2）反应涉及大量的条件变量,如 pH 值、反应物浓度比、温度、有机物杂质等会影响凝胶或晶粒的孔径（粒径）和比表面积,使其物理化学特性受到影响,从而影响合成材料的功能。

（3）半成品制品容易开裂,这是由于凝胶干燥时会产生收缩导致的。所得制品若烧结不充分,制品中会残留细孔、羟基化合物或碳。

（4）工艺过程时间较长,有的处理过程长达 1~2 个月。

1.3　水热与溶剂热合成方法

水热合成研究最初从模拟地矿生成开始,后应用于沸石分子筛和其他晶体材料的合成,至今已有一百多年的历史。水热与溶剂热合成是指在一定的温度（100~1 000 ℃）和压强（1~100 MPa）条件下利用过饱和溶液中的溶质进行的化学合成反应。水热合成反应是在水溶液中进行的,溶剂热合成是在非水有机溶剂中合成的。最早采用水热法制备的材料是在 1845 年以硅酸为原料在水热条件下制备的石英晶体。1900 年以后,G. W. Morey 和他的同事在华盛顿地球物理实验室开始进行相平衡研究,建立了水热合成理论,并研究了众多矿物系统。1985 年,Bindy 首次在 *Nature* 杂志上发表文章报道了高压釜中利用非水溶剂合成沸石的方法,拉开了溶剂热合成的序幕。目前,利用水热合成法可以合成水晶、刚玉(红宝石、蓝宝石)、绿柱石(祖母绿、海蓝宝石)及其他多种硅酸盐和钨酸盐等上百种晶体。水热合成目前成为多数无机功能材料、特种组成与结构的无机化合物以及特种凝聚态材料,如超微粒、溶胶与凝胶、非晶态、无机膜、单晶等材料的越来越重要合成途径。人工水晶、刚玉、方解石、红锌矿、蓝石棉等上百种晶体的生长都已经发展到工业化的规模。

1.3.1　水热合成特点

水热与溶剂热合成体系一般处于非理想非平衡状态,因此需应用非平衡态热力学理论来研究。在高温高压条件下,水或其他溶剂处于临界或超临界状态,反应活性提高。物质在溶剂中的物理性能和化学反应性能均有很大改变,因此在水热和溶剂热条件下,化学反应大多异于常态。由于水热与溶剂热化学的可操作性和可调变性,水热与溶剂热合成方法成为衔接合成化学和合成材料物理性质之间的桥梁。

水热与溶剂热合成方法有如下几个特点。

(1)水热与溶剂热条件下反应物反应活性提高,因此可以制备传统合成方法难于制备的材料,并产生一系列新的合成方法。

(2)水热与溶剂热条件下中间态、介稳态以及特殊物相易于生成,因此能合成与开发一系列特种介稳结构、特种凝聚态材料。

(3)水热与溶剂热方法能够使低熔点化合物、高蒸气压且不能在融体中生成的物质、高温分解相在低温条件下晶化获得。

(4)利用水热法合成出来的粉末一般结晶度非常高,并且通过优化合成条件合成出来的粉末可以不含有任何结晶水。水热与溶剂热的低温、等压、溶液条件,有利于生长极少缺陷、取向好、完美的晶体,且易于控制产物晶体的粒度。

(5)水热与溶剂热条件下的环境气氛可以控制,因而有利于低价态、中间价态与特殊价态化合物的生成,并能均匀地进行掺杂。

(6)同其他的溶液法粉末合成技术(溶胶-凝胶法以及化学沉淀法)相比,水热法的合成温度和压力明显不同。水热法的温度范围一般在 $100\sim374\ ℃$(水的临界温度),压力从环境压力到 21.7 MPa(水的临界压力)。水热法不需煅烧可直接获得粉末,相比之下,溶胶-凝胶法和化学沉淀法一般都需要 600 ℃以上煅烧才能得到陶瓷粉末。

除此之外,有机溶剂热法还具有以下独特的优点。

(1)有机溶剂中进行的反应能够有效地抑制产物的氧化过程或水中氧的污染。

(2)非水溶剂的采用使得溶剂热法可选择原料范围大大扩大。

(3)由于有机溶剂的低沸点,在同样的条件下,可以达到比水热合成法更高的气压,有利于产物的结晶。

(4)由于反应温度较低,反应物中结构单元可以保留到产物中,且不受破坏。有机溶剂官能团和反应物或产物作用,生成某些在催化和储能方面有潜在应用的新型材料。

1.3.2 反应介质的性质

1. 作为溶剂时水的性质

水热法采用水溶液作为反应体系,通过对反应体系加热、加压(或自生蒸气压),创造一个相对高温高压的反应环境,使得通常难溶或不溶的物质溶解,并且重结晶而进行无机合成与材料处理。水是离子反应的主要介质,其活性的增强,会促进水热反应的进行。高温高压水热密闭条件下物质的化学行为与该条件下水的物化性质有密切关系。在高温高压水热体系中,水的性质将产生下列变化:蒸气压变高;密度变低;表面张力变低;黏度变低;离子积变高。

在 1 000 ℃、15 ~ 20 GPa 条件下,水的密度为 1.7 ~ 1.9 g/cm³,如完全解离成 H_3O^+ 和 OH^-,则等同于熔融盐。水的离子积随温度和压强的增加迅速增大,如在 1 000 ℃、1 GPa 条件下 $-\lg k_w = 7.85 \pm 0.3$。水的黏度随温度升高而下降,在 500 ℃、0.1 GPa 条件下,水的黏度仅为室温条件下的 10%,因此在超临界区域内分子和离子的活动性大为增加。介电常数是溶剂的一个十分重要的性质。水的介电常数随温度升高而下降,随压力增加而升高,前者的影响是主要的,在超临界区域内介电常数为 10 ~ 30。通常情况下,电解质在水溶液中完全离解,随着温度的上升电解质趋向于重新结合。

根据 Arrhenius 方程式 $d\ln k / dT = E / RT^2$,反应速率常数 k 随温度的增加呈指数变化,因此温度升高有利于水解反应,如在 500 ℃、0.2 GPa 条件下,水的平衡常数大约比标准状态下大 9 个数量级。因此,在高温高压水热反应条件下,即使是在常温下不溶于水或其他有机溶剂的物质也能诱发离子反应。

图 1.3 为纯水的相图。图中三条曲线把水相图分成三个区。I 为气相区,II 为液相区,III 为固相区。曲线 OA 称为水的饱和蒸气压曲线或称蒸发线,它表明水-气两相平衡时蒸气压与温度的关系。OB 称为冰的饱和蒸气压曲线或称升华线。OC 称为冰的熔化线,它表明压力和熔点的关系。水热条件为高温高压对应的是 I 和 II 区域。OA 线表明,随着温度的升高,水的饱和蒸气压也不断提高。但是蒸气压不能无限向上延伸,A 点为水的临界点(温度 374 ℃、压力 21.7 MPa)。当温度高于 374 ℃时,压力无论多大蒸气也不会变为水,也就是说在温度高于 374 ℃时,液相完全消失,只有气相存在。在临界点处水的密度为 0.32 g/mL。图 1.4 为水的温度与密度关系曲线。

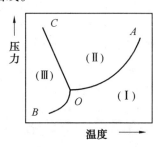

图 1.3 纯水的相图

高温高压下水热反应的三个特征:(1)离子反应速率加快;(2)水解反应速率加

剧;(3)氧化还原电势改变。

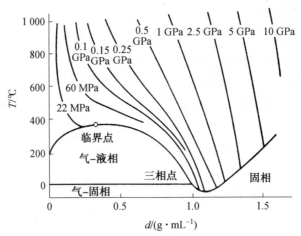

图 1.4　水的温度与密度关系曲线

2. 有机溶剂的性质

将水热法中的水换成有机溶剂或非水溶剂(有机胺、醇、氨、四氯化碳或苯等),采用类似于水热法的原理,以制备在水溶液中无法生长、易氧化、易水解或对水敏感的材料,如Ⅲ-Ⅴ族半导体化合物、氮化物、硫族化合物、新型磷(砷)酸盐分子筛三维骨架结构等。

溶剂热反应可采用的溶剂种类繁多,性质差异也很大,如采用与水性质最接近的醇类作为合成溶剂就有几十种。它们能为合成反应提供更多的选择机会。溶剂不仅为反应提供一个场所,而且会使反应物溶解或部分溶解,生成溶剂合物,这个溶剂化过程会影响化学反应速率。溶剂化过程会影响反应物活性物种在液相中的解离程度或聚集态分布,从而改变反应过程。能反映溶剂化性质的最主要参数是溶剂极性,如库仑力、诱导力、色散力、氢键和电荷迁移力。

1.3.3　水热、溶剂热反应的基本类型

根据水热与溶剂热反应的温度来划分,可将其分为亚临界合成反应和超临界合成反应。多数沸石分子筛晶体的水热反应即为典型的亚临界合成反应。亚临界合成反应温度为100 ~ 240 ℃,适于工业或实验室操作。高温高压水热合成温度已高达 1 000 ℃,压强高达0.3 GPa。它是利用反应介质水在超临界状态下的性质和反应物质在高温高压水热条件下的特殊性质进行的合成反应。水热、溶剂热反应分为 14 种基本类型。

(1)合成反应:通过数种组分在水热或溶剂热条件下直接化合或经中间态发生化合反应。利用此类反应可合成各种多晶或单晶材料,如

$$Nd_2O_3+H_3PO_4 \longrightarrow NdP_5O_{14}$$
$$CaO \cdot nAl_2O_3+H_3PO_4 \longrightarrow Ca(PO_4)_3OH+AlPO_4$$

(2)热处理反应:利用水热或溶剂热条件处理一般晶体而得到具有特定性能晶体的反应,如:人工氟石棉→人工氟云母。

(3)单晶培育:高温高压水热、溶剂热条件下生长大单晶。如 SiO_2 单晶的生长,反应条

件为 0.5 mol/L NaOH、温度梯度为 300 ~ 410 ℃、压力为 120 MPa、生长速率为 1 ~ 2 mm/d；若在 0.25 mol/L Na_2CO_3 中，则温度梯度为 370 ~ 400 ℃、装满度为 70%、生长速率为 1 ~ 2.5 mm/d。

（4）转晶反应：利用水热与溶剂热条件下物质热力学和动力学稳定性差异进行的反应，如：良石→高岭石；橄榄石→蛇纹石；NaA 沸石→NaS 沸石。

（5）离子交换反应：如硬水的软化、沸石阳离子交换、长石中的离子交换；白云母、高岭石、温石棉的 OH^- 交换为 F^-。

（6）脱水反应：一定温度、压力下物质脱水结晶的反应，如

$$Mg(OH)_2 + SiO_2 \xrightarrow{350 \sim 370 \text{ ℃}, 8 \sim 23 \text{ MPa}} 温石棉$$

（7）分解反应：分解化合物得到金属氧化物

$$FeTiO_3 \longrightarrow FeO + TiO_2$$

$$ZrSiO_4 + 2NaOH \longrightarrow Na_2SiO_3 + ZrO_2 + H_2O$$

（8）提取反应：从化合物（或矿物）中提取金属的反应。如钾矿石中钾的提取，重灰石中钨的提取等。

（9）沉淀反应：生成沉淀得到新化合物的反应，如

$$3KF + MnCl_2 \longrightarrow KMnF_3 + 2KCl$$

（10）氧化反应：金属和高温高压的纯水、水溶液、有机溶剂等作用得到新氧化物、配合物、金属有机化合物的反应，以及超临界有机物的全氧化反应，如

$$2Cr + 3H_2O \longrightarrow Cr_2O_3 + 3H_2$$

$$Me + nL \longrightarrow MeLn（L = 有机配体）$$

（11）晶化反应：使溶胶、凝胶等非晶态物质晶化的反应。

（12）水解反应：如醇盐水解。

（13）烧结反应：在水热、溶剂热条件下实现烧结的反应，如含 OH^-、F^-、S^{2-} 等挥发性物质的陶瓷材料的制备。

（14）水热热压反应：如放射性废料处理、特殊材料的固化成型、特种复合材料的制备。

1.3.4　水热、溶剂热合成的步骤

高压釜是进行高温高压水热与溶剂热合成的基本设备，一般是由特种不锈钢制成。高压釜的内衬是聚四氟乙烯或其他耐热、耐压、抗侵蚀材料。图 1.5 为简易高压反应釜实物图。

水热、溶剂热反应合成的一般步骤有如下几点。

（1）按设计要求选择反应物料并确定配方。

（2）摸索添加配料的次序，然后在搅拌的条件下混合物料。

（3）装釜、封釜、加压（至指定压力）。

（4）确定反应温度、时间，然后静止或动态晶化。

（5）取釜，冷却（空气冷、水冷）至室温。

（6）开釜取样、洗涤、干燥。

（7）对样品的形貌、大小、结构、比表面积和晶形进行检测，并进行化学组成分析。

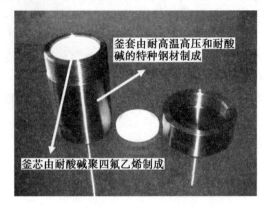

图 1.5　简易高压反应釜实物图

1.3.5　水热、溶剂热合成的装满度

装满度是指反应混合物占密闭反应釜体积的百分数，其直接涉及实验的安全及成败。水的比容随温度的升高而增加。当高压釜的装满度高于某一临界值时，随温度的提高，气相-液相的界面迅速提高，直至容器全部为液相所充满（在水的临界温度 374 ℃ 以下）。这一临界值就称为临界装满度。图 1.6 为不同装满度下水的温度-压力关系图。当装满度小于临界值时，随着温度的提高，液面最初会缓慢上升，当温度继续增高到某一值时，由于水的气化液面转而下降，直至达到水的临界温度 374 ℃，液相完全消失。对于纯水而言，临界装满度为 32%，水的临界温度是 374 ℃，此时的相对密度是 0.33，即意味 30% 装满度的水在临界温度下实际上是气体，所以实验中既要保证反应物处于液相传质的反应状态，又要防止由于过大的装满度而导致过高压力，否则会引起爆炸。但是在实际水热体系中存在溶质不是纯水，因此这一数值仅能作为参考。实验中为安全起见一般控制装满度为 60% ~ 80%。80% 以上装满度，240 ℃时压力会有突变。在水热反应中，压力对晶型转变有重要作用，如 ABO_3

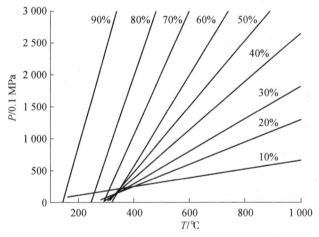

图 1.6　不同装满度下水的温度-压力关系图

（如 $BaTiO_3$）的立方与四方相转变中,高温低压和高压低温有利于四方相的生成,$BaTiO_3$ 立方相转变到四方相的居里温度为 131 ℃。

1.4　高温合成法

所谓的高温并没有明确的定义和界限,只是一个相对的概念,一般实验室的高温是指 1 000 ℃以上的温度。目前人类制造的最高温度为 5.1 亿摄氏度,是由美国新泽西州普林斯顿粒子物理实验室利用氘和氚等离子混合体在托克马克核聚变反应堆中创造的。我国的“人造太阳”核聚变实验装置创下了 5 500 万摄氏度的国内最高纪录。

高温合成是指能够在大的容积空间里长时间保持高达数千摄氏度的温度或能够通过各种脉冲技术(如激光脉冲、冲击波、爆炸和放电)产生短时间的极高温度(可高达 10^6 K)。目前高温合成已经发展成为无机固体材料合成所特有的合成方法,在现代生产和科技领域中占有重要地位。例如,传统无机材料、高熔点金属粉末材料、超高硬度和强度的钻头和刀具材料、耐高温和耐冲击材料及先进陶瓷材料等都是通过高温手段合成的,因此高温合成技术是材料合成与制备中非常重要的一项技术。

1.4.1　高温的获得

实验室中常见的加热装置是煤气灯、酒精灯、酒精喷灯,它们是通过煤气或酒精的燃烧来获得高温的。此外,还有各种电炉、半球形电热套,它们是利用电阻丝发热来获得高温的。但上述设备只能获得几百摄氏度的高温,如煤气灯可以升温到 700 ~ 800 ℃,难以满足无机材料合成中对更高温度的要求。目前获得高温常用的设备和方法包括燃烧、热传导、热辐射、自加热、高能量粒子等。表 1.3 列出了一些获得高温的方法和所能达到的温度。

表 1.3　一些获得高温的方法和所能达到的温度

获得高温的方法	温度/℃	获得高温的方法	温度/℃
高温电阻炉	1 000 ~ 3 000	聚焦炉	4 000 ~ 6 000
闪光放电	大于 4 000	等离子体电弧	20 000
激光	$10^5 \sim 10^6$	原子核裂变、聚变	$10^6 \sim 10^9$
高能量粒子	$10^{10} \sim 10^{14}$		

1. 电阻炉

图 1.7 为箱式电阻炉和管式电阻炉的实物图。电阻炉是实验室和工业中最常用的加热炉。它的优点是设备简单,使用方便,温度可精确地控制在很窄的范围内,采用不同的电阻发热材料可以达到不同的高温限度。电阻发热材料,又称电热体,是电阻炉的发热元件。表 1.4 给出不同电阻发热材料的最高使用温度。常见的金属发热材料有 Ni-Cr、Fe-Cr-Al 合金电热体,Pt 和 Pt-Rh 电热体以及 W、Mo 电热体;非金属发热材料有 SiC 电热体、$MoSi_2$ 电热体、碳质电热体和氧化物电热体。石墨是常用的非金属电热体,在真空下可以达到 2 000 ℃的高温,但在氧化或还原的气氛下,很难去除石墨上吸附的气体,而使真空度不易

提高。石墨容易被氧化,在氧化气氛中,石墨易与周围的气体结合形成挥发性的物质,使需要加热的物质污染,而石墨本身也在使用中逐渐损耗。氧化气氛下,氧化物电阻发热体是最为理想的加热材料,ZrO_2、ThO_2 等氧化物发热体能获得 1 800 ℃ 以上的高温。

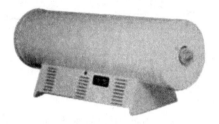

(a) 箱式电阻炉   (b) 管式电阻炉

图 1.7　电阻炉

表 1.4　电阻发热材料的最高使用温度

发热体	使用温度	气氛	优点	局限性
氧化物	1 800 ℃ 以上	空气	最适宜在氧化气氛中使用	需两套加热器,不能直接加热,需要使用其他发热体先将其加热到 1 000 ℃ 以上
石墨	1 800 ~ 2 000 ℃	真空、还原性气氛、中性气氛	易于加工、高温力学性能好,抗热震性好	不适在氧化性气氛中使用
Ni – Cr 和 Fe–Cr–Ni	1 000 ~ 1 500 ℃	空气	抗氧化、价格便宜、易加工、电阻大、电阻温度系数小	不能用于还原气氛中
Pt 和 Pt–Rh	1 400 ~ –1 500 ℃	非强氧化性,非还原性	易于加工,化学性能和电性能稳定	高温易挥发
Mo、W	1 600 ~ 2 000 ℃	高真空、还原气氛	易于获得高温	抗热震性不好
SiC	1 400 ~ 1 600 ℃	空气	抗热震性好	高温场不均匀,高温易老化
$MoSi_2$	1 450	空气、惰性气体	高温抗氧化,电阻温度系数小,无老化	低温不能在空气中使用

2. 感应炉

感应炉指利用物料的电磁感应使物料加热或熔化的电炉。图 1.8 为感应炉工作原理,图 1.9 为感应炉的结构示意图。感应炉的主要部件是一个载有交流电的螺旋形线圈,类似于变压器的初级线圈,而放在线圈内的被加热的导体物料相当于变压器的次级线圈,它们之间没有电路连接。当线圈内通有交流电时,被加热的导体物料内部会产生闭合的感应电流,又为涡流。由于导体电阻小,所以涡流的电流强度很大,又由于线圈通入的是交流电,因此,产生的磁力线不断改变方向,感应的涡流也不断改变方向,新感应的涡流受到反向涡流的阻滞,就导致电能转换为热能,使被加热物料很快发热并达到高温。感应炉可以很快地(例如几秒钟之内)加热到 3 000 ℃ 的高温。感应炉加热的过程可以概括为感应圈→加交流电压→交变的电磁场→导电的物料→电磁感应→产生涡流→电阻发热。注意一点,感应炉加热的物料为可以导电的导体物料,若物料不导电,则需通过导电发热体间接加热。感应炉主要用于粉末热压烧结和真空熔炼等。

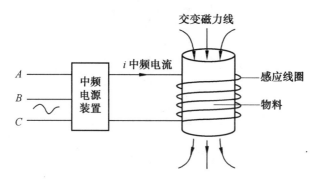

图 1.8　感应炉工作原理

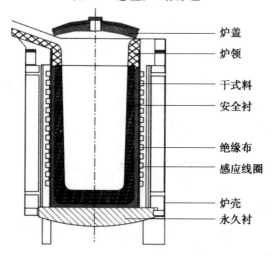

图 1.9　感应炉的结构示意图

3. 电弧炉

图 1.10 为电弧炉示意图。电弧炉是利用电弧加热熔炼金属(如钛、锆等)和其他高熔点物料(如碳化物、硼化物以及低价的氧化物等)的电炉。在两电极之间的气体介质中,强烈而持久的放电现象称为电弧。气体电离和电子发射是电弧中最基本的物理现象。气体弧光放电表现为极间电压很低,但通过气体的电流却很大,有耀眼的白光,弧区温度很高,约为 5 000 K。巨大的电流密度来自于阴极的热电子发射,以及电子的自发射。这是因为在阴极

附近有正离子层,因此形成强大的电场,使阴极自动发射电子。大量电子在极间碰撞气态分子使之电离,产生更大量的正离子和二次电子,在电场作用下,正离子和二次电子分别撞击阴极和阳极,结果产生高温。阴极因为发射电子消耗一部分能量,因此温度低于阳极。两电极间部分正离子与电子复合放热也产生高温。

电弧炉按加热方式分为三种类型:

①间接加热电弧炉:电弧在两电极之间产生,不接触物料,热辐射加热物料;

②直接加热电弧炉:电弧在电极与物料之间产生,直接加热物料;

③埋弧电炉:电极一端埋入料层,在料层内形成电弧并利用料层自身的电阻发热加热物料。

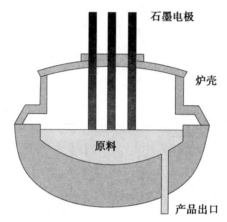

图 1.10　电弧炉示意图

4.等离子炉

等离子体是指正离子和电子的密度大致相等的电离气体。利用工作气体被电离时产生的等离子体来进行加热或熔炼的电炉,称等离子炉。

等离子电弧发生装置原理如图 1.11 所示。首先把工作气体通入等离子枪中,枪中有产生电弧或高频(5～20 MHz)电场的装置,工作气体受作用后电离,生成由电子、正离子以及气体原子和分子混合组成的等离子体。等离子体从等离子枪喷口喷出后,形成高速高温的等离子弧焰,由此加热物料。等离子弧焰温度比一般电弧高得多,可高达 20 000 ℃。最常用的工作气体是氩气,它是单原子气体,容易电离,而且是惰性气体,可以保护物料。与普通电弧炉相比等离子炉主要的特点是电弧温度高,气氛可控,适合于冶炼特殊钢,特别是活泼金属及其合金、难熔金属及其合金。

5.电子束炉

利用高速电子轰击物料时产生的热能来进行熔炼的电炉称为电子束炉,其温度可达 3 500 ℃以上。电子束炉仅适用于局部加热和在真空条件下使用。其工作原理是:首先采用通入低压电的灯丝来加热阴极,使之发射电子,然后电子束在真空炉壳内受到高压电场的作用而加速运动轰击到位于阳极的金属物料,从而使电能转变成热能。电子束炉的缺点是高压下易产生 X 光辐射。图 1.12 为电子束炉的装置图。电子束可以经电磁聚焦装置高度

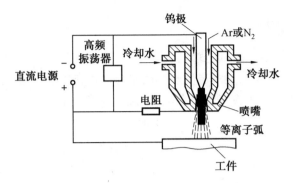

图 1.11 等离子电弧发生装置原理图

密集,所以可在物料受轰击的部位产生很高的温度。电子束炉常用来熔炼在融化时蒸气压低的金属材料或是蒸气压低而高温时能够导电的非金属材料,如钨、钼、钽、铌、锆、铪等难熔金属。

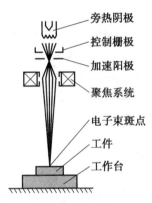

图 1.12 电子束炉的装置图

1.4.2 高温反应容器的选择(表1.5)

表 1.5 反应器皿材料使用性能比较

反应器皿		使用温度/℃	使用性能
聚四氟乙烯		250	电绝缘、耐各种腐蚀
玻璃	硼硅	300	耐各种腐蚀
	SiO_2	1 100	易受 HF、苛性碱、碱金属碳酸盐腐蚀
金属	Ni	1 100	抗碱性好、易氧化,易受酸性或含硫物质腐蚀
	Pt	1 200	耐腐蚀性好、导热性好
陶瓷	普通陶瓷	1 200	与 HF、碱性试剂反应
	刚玉	1 700	抗腐蚀性强、高温下耐碱性差
石墨		大于 2 000	优良的耐酸碱性、高温下耐氧化性差,需保护气氛

1.4.3 高温的测量

测温仪表分为接触式和非接触式两大类。接触式可以直接测量被测对象的真实温度，非接触式只能获得被测对象的表观温度。一般非接触式测温精度低于接触式。测温仪表的主要类型如图 1.13 所示。实验室中最常用的测温仪是热电偶。

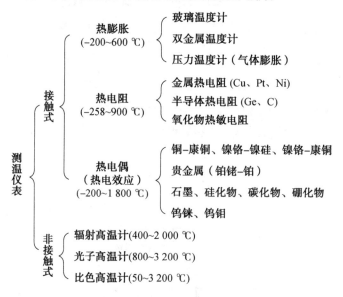

图 1.13 测温仪表的主要类型

1. 热电偶

热电偶温度传感器被广泛应用于高温的精密测量。其工作原理是依据塞贝克效应，即若金属棒的两端处在不同温度时，则自由电子便会由高温区扩散至低温区，因而产生电流。当两种不同成分的导体(称为热电偶丝材或热电极)两端接合成回路，当热电偶的两接点分别接触到不同的温度，则因在不同金属内导电电子的扩散速率不同，所以在两金属内的扩散电流大小也会不同，因此会在两金属的连接回路中形成一微小的净电压(约 10 μV)，这种现象称为热电效应，而这种电动势称为热电势。热电偶就是利用这种原理进行温度测量，直接用作测量介质温度的一端叫作工作端(也称为测量端)，另一端叫作冷端(也称为补偿端)。如图 1.14 所示，冷端与显示仪表或配套仪表连接，显示仪表会直接给出温度值。

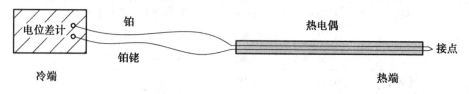

图 1.14 热电偶线路图

热电偶材料包括纯金属、合金和非金属半导体等。纯金属的均质性、稳定性和加工性能优越，但热电势小。某些特殊合金热电势较大，且具有适宜的温度测量范围，但均质性、稳定性通常都次于纯金属。非金属半导体材料一般热电势都很大，但制成热电偶丝较为困难，因而用途有限。常用的热电偶有 Pt30% Rh—Pt6% Rh，Pt-Pt10% Rh，以及镍铬-镍铝热电偶。其中双铂铑热电偶的热和化学稳定性很好，对周围有很强的抗污染能力，其热电动势对压力的修正值很小，可适用于 2 000 K 范围的高压下的高温测量。表 1.6 给出常用热电偶的种类和使用温度。

表 1.6　常用热电偶和使用的温度范围

	铜-康铜	镍铬-康铜	铁-康铜	镍铬-镍铝	铂-铂铑 （13% Rh）	钨-钼
连续工作温度范围/℃	−190 ~ 350	0 ~ 900	−40 ~ 750	0 ~ 1 100	0 ~ 1 450	1 000 ~ 2 500
短时工作最高温度/℃	600	1 100	400（空气中） 800（还原气）	1 350	1 700	2 500

热电偶使用前需校正，将冷端置于冰-水平衡体系中，而热端置于恒定的标准体系中。标准体系是一些温度恒定的物质，即标准物质。表 1.7 给出了校正热电偶的标准物质相变温度。

表 1.7　校正热电偶的标准物质相变温度

标准物质	相变点	相变温度/℃	标准物质	相变点	相变温度/℃
水	冰点	0.00	铟	熔点	156.61
水	沸点	100.00	锡	熔点	231.97
干冰	升华点	−78.48	铋	熔点	271.30
苯甲酸	三相点	122.37	镉	熔点	320.90
硬脂酸	熔点	69.40	铅	熔点	327.5
硫	沸点	444.67	锌	熔点	419.58
碘化银	熔点	558.00	银	熔点	960.80
硝酸钠	熔点	306.80	金	熔点	1 064.43
氯化钠	熔点	801.00	铁	熔点	1 536.00
硫酸钠	熔点	884.00	锑	熔点	630.50

热电偶高温计的优点有如下几点。

（1）体积小、质量小、结构简单、易于装配维护、使用方便。

（2）两根金属热偶丝熔接成很小的热接点，两根热偶丝较细，因此有良好的热感应度。

（3）能直接与被测物体相接触，不受环境介质如烟雾、尘埃、二氧化碳、蒸气等影响，具有较高的准确度。

（4）纯金属和合金的高温热电偶一般可应用于室温至 2 000 ℃ 左右的高温，某些合金的应用范围甚至高达 3 000 ℃。

（5）测量信号可远距离传送，并由仪表迅速显示或自动记录。

热电偶高温计使用注意事项有如下两点。

（1）热电偶高温计在使用中，应避免受到侵蚀、污染或电磁的干扰，同时要求有一个不影响其热稳定性的环境。例如有些热电偶不宜于氧化气氛，但有些又应避免还原气氛。

（2）在不合适的气氛环境中,应以耐热材料套管将其密封,并用惰性气体加以保护,但这样就会多少影响它的灵敏度。

2. 非接触式高温测温计

非接触式高温测温计包括辐射式高温计、比色高温计和光学高温计。非接触式高温测温计的优点是使用简便、测量迅速;不需要同被测物质接触,同时也不影响被测物质的温度场;测量温度高、范围大,温度测量范围为 700 ~ 6 000 ℃。但非接触式高温测温计也有局限性,主要是介质会对被测物体的辐射能有吸收,造成误差,而且不易测量反射光很强的物体。

1.4.4　高温合成反应类型

主要的高温合成反应包括:高温固相合成反应;高温固–气合成反应;高温熔炼和合金制备;高温相变合成;等离子体激光、聚焦等作用下的超高温合成;高温下的单晶生长和区域熔融提纯。

1.5　固相合成法

固相化学反应是人类最早使用的化学反应之一,它是在加热条件下固体界面间经过接触、反应、成核、晶体生长而合成目标产物的一种高温合成方法。根据反应温度不同,固相反应分为三类,即低于 100 ℃的低温固相反成,介于 100 ~ 600 ℃之间的中热固相反应,以及高于 600 ℃的高温固相反应。固相合成是制备合金和无机材料的基本方法,如复合氧化物、含氧酸类、二元或多元的金属陶瓷(碳、硼、硅、磷、硫族等化合物)等,都是通过高温下固相间的直接反应合成而得到的。

1.5.1　反应原理

固相反应不同于液相反应,下面通过一个实例来比较详细地说明固相反应的过程:

$$MgO(s) + Al_2O_3(s) \longrightarrow MgAl_2O_4(s)$$

根据化学反应的 Gibbs 自由能计算,上述反应在理论上完全可以进行。但是,实际上在 1 200 ℃以下几乎观察不到该反应发生,即使在 1 500 ℃的高温下,该反应也要数天才能完成。为什么这类反应对温度要求如此之高?

图 1.15 为 MgO 和 Al_2O_3 固相反应制备 $MgAl_2O_4$ 的机理图。由于固相反应中固体颗粒之间存在界面,因此反应的第一步是在晶粒界面上或界面邻近的反应物晶格中生成 $MgAl_2O_4$ 晶核。实现这步是相当困难的,因为生成的晶核与反应物的结构不同,因此,成核反应需要通过反应物界面重新排列,其间涉及阴、阳离子键的断裂和重新结合,MgO 和 Al_2O_3 晶格中 Mg^{2+} 和 Al^{3+} 离子的脱出、扩散和进入缺位。为了完成这一步需要较高的温度。反应的第二步是界面上的 $MgAl_2O_4$ 晶核继续生长。实现这一步也相当困难,因为对于原料中的 Mg^{2+} 和 Al^{3+} 需要横跨两个界面才有可能在核上发生晶体生长,并使产物层加厚。因此很明显地可以看到,决定此反应的控制步骤应该是晶格中 Mg^{2+} 和 Al^{3+} 离子的扩散,而升高

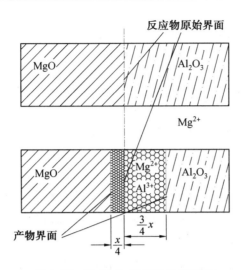

图 1.15　$MgAl_2O_4$ 固相反应机理图

温度有利于晶格中离子扩散,因而促进反应进行。研究表明另一种尖晶石型材料 $NiAl_2O_4$ 的制备反应的控制步骤也是阳离子在产物层中的扩散。另一方面,随着生成物层厚度的增加,反应速率是会随之而减慢的。总之升高反应温度有利于固相反应速率的提高。

$MgAl_2O_4$ 固相反应机理可由 (a),(b) 两式表示。

(a) $MgO/MgAl_2O_4$ 界面:$2Al^{3+} - 3Mg^{2+} + 4MgO \longrightarrow MgAl_2O_4$;

(b) $MgAl_2O_4/Al_2O_3$ 界面:$3Mg^{2+} - 2Al^{3+} + 4Al_2O_3 \longrightarrow 3MgAl_2O_4$;

总反应为:$MgO(s) + Al_2O_3(s) \longrightarrow MgAl_2O_4(s)$。

固相反应主要在界面间进行,因此是复相反应,反应的控制步骤是离子在各相间的扩散,在这一过程中受到一些不确定因素的制约,因而此类反应生成物的组成和结构往往呈现非计量性和非均匀性。以 $MgO - Al_2O_3$ 体系生成 $MgAl_2O_4$ 尖晶石为例,在 1 500 ℃ 下在 $MgO/MgAl_2O_4$ 界面旁生成的尖晶石富镁——$MgAl_2O_4$,反之在 $MgAl_2O_4/Al_2O_3$ 界面旁生成的尖晶石相缺镁——$Mg_{0.75}Al_{2.18}O_4$,这造成了组成和结构的非均匀性。如继续进行反应,即使持续很长时间也难以使其组成趋向计量的 $1:2$。这种现象几乎普遍存在于高温固相反应的产物中。

由于固相反应是固体颗粒界面间的反应,那么增加反应物固体的表面积或反应物间的接触面积是有利的。通过充分破碎、研磨,或通过各种化学途径制备粒度细、比表面大、表面活性高的反应物原料。通过加压成片,甚至热压成型使反应物颗粒充分均匀接触或通过化学方法使反应物组分事先共沉淀或通过化学反应制成反应物先驱物。这些方法是非常有利于进一步固相合成反应的。

从反应物和产物结构方面考虑,如原料固体结构与生成物结构相似,则结构重排较方便,成核较易,反应速率增大。在上述反应中由于 MgO 和尖晶石型 $MgAl_2O_4$ 结构中氧离子排列结构相似,因此易在 MgO 界面上或界面邻近的晶格内通过局部规正反应或取向规正反应生成 $MgAl_2O_4$ 晶核。

1.5.2 影响固相反应的因素

1. 反应物结构的影响

从结构角度分析,反应物的结构状态、质点间的化学键性质以及各种缺陷的多少都将对反应速率产生影响。反应物中质点间的作用键越强,反应能力越弱,反之亦然,例如,MgO-Al_2O_3 体系生成 $MgAl_2O_4$ 尖晶石的反应,若分别采用轻烧 Al_2O_3 和在较高温度下死烧的 Al_2O_3 作为原料,其反应速度可相差近 10 倍。因为轻烧 Al_2O_3,会发生 γ-Al_2O_3 转变成 α-Al_2O_3 的相变,在相转变温度附近,质点间的化学键松动、结构内部产生较多缺陷,从而大大提高了 Al_2O_3 的反应活性。因而在生产实践中可以利用多晶转变、热分解和脱水反应等过程引起的晶格活化效应来选择反应原料和设计反应工艺过程,以达到提高生产效率的目的。

2. 反应物化学组成的影响

固相反应速度与各反应物间的比例有关。颗粒度相同的 A 和 B 反应生成产物 AB,若改变 A 与 B 的比例会改变产物层厚度、反应物表面积和扩散截面积的大小,从而影响反应速度。如增加反应混合物中"遮盖"物的含量,则反应物接触机会和反应截面就会增加,产物层变薄,相应的反应速率就会增加。

3. 反应物颗粒尺寸及分布的影响

根据非均匀相反应动力学公式

$$F_K(G) = 1 - \frac{2}{3}G - (1-G)^{2/3} = \frac{2D\mu C_0}{R_0^2 \rho n} \cdot t = K_K t$$

$F_K = K_K t$ 是反应截面为球形时固相反应转化率或反应度与时间的关系。K 值反比于颗粒半径平方,因此物料颗粒尺寸越小,反应越快。图 1.16 为 600 ℃ 条件下不同颗粒尺寸对 $CaCO_3$ 和 MoO_3 反应生成 $CaMoO_4$ 速率的影响。可以发现颗粒尺寸的微小变化对反应速率有明显影响。

反应物料粒径的分布对反应速率的影响同样重要。在上式中物料颗粒大小以平方关系影响着反应速率,因此颗粒尺寸分布越是集中对反应速率越是有利。

4. 反应温度、压力与气氛的影响

(1)温度对反应速率的影响。

根据化学反应速度常数计算公式 $K = A\exp\left\{-\dfrac{Q}{RT}\right\}$;扩散系数计算公式 $D = D_0\exp\left\{-\dfrac{Q}{RT}\right\}$,无论是扩散控制或化学反应控制的固相反应,温度的升高都将提高扩散系数或反应速率常数。温度是影响固相反应速度的重要外部条件之一。随温度升高,质点热运动动能增大,反应能力和扩散能力增强。另外扩散活化能通常比反应活化能小,因此,温度的变化对化学反应影响远大于对扩散的影响。

(2)压力对反应速率的影响。

对不同反应类型,压力的影响也不同。在只有固体参与的反应中,增加压力可以显著地改善粉料颗粒之间的接触状态,即缩短颗粒之间的距离,增加接触面积,因此在实际的固相反应中,把反应物粉料压成紧密的块体再进行加热更有利于反应的进行。而对于有液、气相

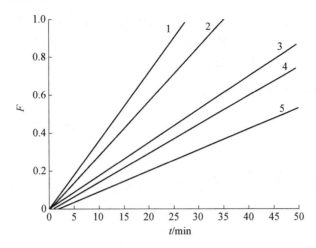

图 1.16　碳酸钙与氧化钼反应的动力学关系图

（$r_{CaCO_3}<0.030$ mm，$CaCO_3$ ：$MoO_3=15$ ：1，$T=600$ ℃）

1—MoO_3 颗粒尺寸 0.052 mm；2—MoO_3 颗粒尺寸 0.064 mm；

3—MoO_3 颗粒尺寸 0.119 mm；4—MoO_3 颗粒尺寸 0.13 mm；

5—MoO_3 颗粒尺寸 0.153 mm

参与固相反应中，扩散过程主要不是通过固体粒子的直接接触实现的。因此提高压力有时并没有表现出积极作用，甚至会适得其反。例如，黏土矿物脱水反应和伴有气相产物的热分解反应以及某些由升华控制的固相反应等，增加压力反而会使反应速率下降。由表 1.8 可以看出，随着水蒸气压力的增加，高岭土的脱水温度和活化能明显提高，脱水速率降低。

表 1.8　不同水蒸气压力下的高岭土脱水活化能

水蒸气压力 P_{H_2O}/Pa	温度 T/℃	活化能 ΔG_R/（kJ·mol^{-1}）
<0.10	390～450	214
613	435～475	352
1 867	450～480	377
6 265	470～495	469

（3）气氛对反应速率的影响。

气氛对固相反应也有较大影响。它可以通过改变固体吸附特性而影响表面反应活性。对于一系列能形成非化学计量的化合物 ZnO、CuO 等，气氛可直接影响晶体表面缺陷的浓度和扩散机制与速率。

5.矿化剂及其他影响因素

在固相反应体系中加入的少量的非反应物的物质，在反应过程中不与反应物或反应产物起化学反应，但它们以不同的方式和程度影响着反应的某些环节，这些物质统称为矿化剂。矿化剂可以影响晶核的生成速率，比如水热法中很多用 NaOH 作矿化剂，矿化剂可以影响结晶速率及晶格结构，降低体系共熔点等。

以上是从物理化学理论角度分析影响固相反应的因素，实际生产科研中遇到的各种影响因素可能会更多更复杂。对于工业生产上的固相反应除了有物理化学因素外，还有工程方面的因素。例如，水泥工业中的碳酸钙分解速率，一方面受到物理化学基本规律的影响，另一方面与工程上的换热传质效率有关。

1.5.3 固相合成法的特点

（1）固相反应需要在一定温度下才能发生，低于某一温度，反应则不能发生，这就构成了固相反应特有的潜伏期。这是因为固体反应物间的扩散及产物成核过程均受温度的影响，温度越高，扩散越快，产物成核越快，反应的潜伏期就越短，反之亦然。

（2）固相反应不同于溶液反应，固相反应一旦发生即可进行完全，不存在化学平衡。溶液中特别是配位化合物存在逐级电离平衡，反应物的浓度与配体浓度、溶液 pH 值等都会影响电离平衡。

（3）在流体(气相或液相)中进行的反应，反应物分子处于各向同性环境的包围中，分子碰撞机会各个方向相等，因而反应主要由反应物的分子结构决定。但在固相反应中，各固体反应物的晶格是高度有序排列的，晶格分子的移动较困难，只有合适取向的分子才能发生固相反应，因此固相反应具有拓扑化学控制机理。

（4）固相反应为非均匀相反应，因此在产品成分控制、形态控制等方面较差。表 1.9 给出在制备粉体材料时，固相反应法与溶胶-凝胶法、化学沉淀法、水热法性能比较。

表 1.9　几种主要粉末合成技术的特点

	固相反应法	溶胶-凝胶法	化学沉淀法	水热法
成分控制	差	优	好	优
形态控制	差	中	中	好
粉末活性	差	好	好	好
纯度	小于99.5%	大于99.9%	大于99.5%	大于99.5%
煅烧	需要	需要	需要	不需要
研磨	需要	需要	需要	不需要
发展趋势	商业化	商业化,研究开发	商业化	商业化,研究开发,小规模生产
价格	低	高	中	中

1.6 高压合成

高压作为一种典型的极端物理条件能够有效地改变物质原子间距。高压合成，就是利用外加的高压力，使物质产生多型相转变或发生不同物质间的化合而得到新相、新化合物或新材料。高压合成反应可以应用于在大气压条件下不能生长出令人满意的晶体材料；具有特殊晶型结构的材料；生长或合成在大气压下或者在熔点以下会发生分解的材料；在常压条件下不能发生化学反应而只有在高压条件下才能发生的化学反应；制备只有在某些高压条件下才能出现的高价态(或低价态)以及其他的特殊的电子态材料;制备只有在某些高压条件下才能出现的特殊性能的材料。高压合成技术研究几乎渗透到绝大多数的前沿课题的研究中。利用高压手段不仅可以帮助人们从更深的层次去了解常压条件下的物理现象和性质,而且可以发现常规条件下难以产生而只在高压环境才能出现的新现象、新规律、新物质、新性能、新材料。

1.6.1　高压在合成中的作用

高压有增加物质密度、对称性、配位数的作用和缩短键长的倾向。高压可提高反应速率和产物的转化率,降低合成温度,大大缩短合成时间。高压可使容许因子偏小、而利用一般常压高温方法难以合成的化合物得以顺利合成,如 $PrTmO_3$ 等。高压合成较易获得单相物质,可以提高结晶度。高压高温可以起到氧化作用,获得高氧化态的化合物,也可以起到还原作用。在一定的条件下,高压也可促进化合物的分解。高压可以抑制固体中原子的扩散,也可促使原子的迁移。

但需要注意一点,施加在物质上的高压卸掉以后,大多数物质的结构和行为产生可逆的变化,失去高压状态的结构和性质。因此,通常的高压合成都采用高压和高温两种条件交加的高压高温合成法,目的是寻求经卸压降温以后的高压高温合成产物能够在常压常温下保持其在高压高温下的状态。高压高温作为一种特殊的研究手段,在物理、化学及材料合成方面具有特殊的重要性。

1.6.2　高压高温的获得

1. 静态高压的产生

静态高压法是指通过外界机械加压方式缓慢地逐渐施加负荷挤压所研究的试样,使其体积缩小,同时在其内部产生高压强。因为是外部缓慢地施加载荷,因此施压过程中不会使试样温度升高。

常见的静态高压产生装置有以下三种。

第一种是六面顶,其由六个顶锤组成,图 1.17 为六面顶高压构件。六面顶的优点是操作简单、压力传递快、效率高,再加上其吨位低、投入少,因而应用较广。其缺点是被挤压时高压腔形变不规则,温度场不稳定,且压机吨位产生的高压腔体积小。

第二种是两面顶,其由一对顶锤和一个压缸组成,图 1.18 所示为两面顶高压构件。两面顶的优点是对冲性好,温度场与压力场稳定、体积大,高压腔体积可以达到 10^{-1} cm³ 或数百 cm³,可以用其生长大尺寸单晶,如生长规则形状的片状聚晶金刚石。

第三种是微型对顶砧高压装置,其采用天然金刚石作为顶锤,这种微型金刚石对顶砧的腔体非常小,约 10^{-3} mm³。这种装置主要用于实验研究,如原位测试高压条件下的物质相变和高压合成。这种装置由于体积小,因此可以产生几十 GPa 至三百多 GPa 的高压,还可以与同步辐射光源、X 射线衍射、Raman 散射等测试设备联用。

2. 动态高压的产生

动态高压是指利用爆炸(如核爆炸、火药爆炸等)或强放电等产生的冲击波,在极短时

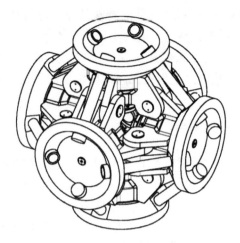

图 1.17   六面顶高压构件

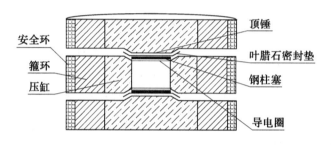

图 1.18   两面顶高压构件

1—钉锤;2—叶蜡石密封垫;3—钢柱塞;4—导电圈;5—压缸;6—箍环;7—安全环

间(μs 或 ps)以很高的速度作用到物体上,使物体内部产生几十 GPa 甚至几千 GPa 的压力,同时伴随着骤然升温。受条件的限制,目前动态高压材料合成的研究开展得还不多。

3.动态高压和静态高压的区别

(1)动态法产生的压强远比静态法产生的压强高,前者可达几百万个标准大气压乃至上千万个标准大气压,而后者由于受到高压容器和机械装置的材料及一些条件的限制,一般只能达到十几万个标准大气压。

(2)动态高压存在的时间远比静态高压存在的时间短,一般只有几微秒,而静态高压原则上可以人工控制,可达几十小时至上百小时。

(3)动态高压是压力和温度同时存在并同时作用到物体上,而静态高压的压力和温度是独立的,由两个系统分别控制。

(4)动态高压一般不需要昂贵的硬质合金和复杂的机械装置,并且测量压强较准确。

4.高温的产生

高压合成中的高温可以直接加热获得,也可以间接加热获得。直接加热是指利用大电流直接通过试样,这样在试样内部产生高达 2 000 K 的高温,或利用激光直接加热试样,可产生$(2 \sim 5) \times 10^3$ K 的高温,也可以利用动态高压法,在产生冲击波的同时产生高压和高温。间接加热是通过在高压腔内,或试样室外放置一个加热管,可以是石墨管或其他耐高温金属管,如 Pt、Ta、Mo 管等,外加电流通过加热管,间接使试样升温,一般可达 2 000 K。

5. 高温高压测量

高压的测定采用相变点定标测压法,即利用国际公认的某些物质的相变压力作为定标点,当物质发生相变时其电阻会发生跃变,这时的压力为定标点压力,再把这些定标点和与之相对应的外加载荷对标起来,绘制出压力–定标曲线,对高压腔内试样所受到的压力进行定标。目前,常用的定标纯金属如 Bi(Ⅰ ~ Ⅱ)(2.5 GPa)、Bi(Ⅲ ~ Ⅳ)(7.4 GFa)、Cs(Ⅱ ~ Ⅲ)(4.2 GPa)、Tl(Ⅰ ~ Ⅱ)(3.67 GPa)、Ba(Ⅰ ~ Ⅱ)(5.3 GPa)等。也有利用 NaCl 的晶格常数随压力变化来定标的。

静态高压装置中高压腔内试样温度的测量常采用热电偶直接测量法。高压合成实验过程中,不可能每次都对合成腔内温度进行原位监测,而只能用间接的办法进行温度的控制。动态高压加载过程中的高压和高温测量情况比较复杂,很难采取直接测量法,需用一些特殊的专门测算方法。

1.6.3　高压高温合成方法

高压高温法合成的产物有两类:一类是某种物质经过高压高温作用后,其产物的组成保持不变,但发生了晶体结构的多型相转变,形成了这一物质的新相。第二类是某种物质体系,经过高压高温作用后发生了元素间或不同物质间的化合,形成新化合物、新物质。

1. 静高压高温合成法

实验室和工业生产中常用的静高压高温合成,是利用具有较大尺寸的高压腔体与两面顶或六面顶高压设备来进行的,这类方法还可细分成多种。

(1)静高压高温直接合成法:这一方法在合成中,除了所需的合成起始材料外,不加其他催化剂,而让起始材料在高压高温作用下直接转变(或化合)成新物质。

(2)静高压高温催化剂合成法:在起始材料中加入催化剂,在催化剂的作用下可以大大降低合成的压力、温度和缩短合成时间。

(3)非晶晶化合成法:本方法以非晶材料为起始材料,在高压高温作用下,使之晶化成结晶性更好的新材料。反过来也可将结晶良好的起始材料,经高压高温作用,转变成为非晶材料。

(4)高压熔态淬火方法:本方法首先将起始材料施加高压,然后加高温,直至全部熔化,保温保压,最后在固定压力下,实行淬火,从而迅速冻结高压高温状态的结构。利用这种方法可以获得准晶、非晶、纳米晶等,特别是可以截获各种中间亚稳相,是进行机理研究和获取中间亚稳相的有效方法。

2. 动态高压合成法

动态高压合成法也称为冲击波合成法或爆炸合成法,是指利用爆炸等方法产生的冲击波瞬间引起高压高温来合成新材料的方法。利用这种方法,已合成出人造金刚石、闪锌矿型氮化硼及纤锌矿型氮化硼微粉等。

1.6.4 典型的高温高压合成

1. 人造金刚石的高压合成

1962 年,使用层状石墨做起始材料,不加催化剂,在约 12.5 GPa、3 000 K 的高压高温条件下,使石墨直接转变成具有立方结构的金刚石。金刚石是至今自然界已知的最硬材料。石墨和金刚石都是由碳元素构成的,高压高温作用使它发生了同素异型相转变。金刚石是石墨的高压高温的新相物质。合成时没有外加催化剂,所以这是一种静高压高温直接合成法。如果采用金属催化剂,则在较低的压力(5 ~ 6 GPa)和相应的温度(1 300 ~ 2 000 K)条件下,就可以实现由石墨到金刚石的转变。

2. 立方氮化硼的合成

1957 年,Wentorf 等人将类似于石墨结构的六角氮化硼做起始材料,添加金属催化剂(Mg 等)在 6.2 GPa 和 1 650 K 的高压高温条件下,合成出与碳具有等电子结构的立方氮化硼。它是一种由静高压高温催化剂合成法合成出来的与金刚石有相同结构的新相物质。如果不用催化剂,需 11.5 GPa 和 2 000 K 的高压高温条件。由高压法制备的人造金刚石和立方氮化硼聚晶制成的刀具、钻头等工具已经商品化。研制成功的含硼黑金刚石聚晶车刀,不仅可以加工硬质合金,而且在不加冷却液的情况下,还可加工工具钢。1977 年,利用含硼黑金刚石聚晶石油钻头,经四川 4 000 m 井段隐晶白云岩中现场钻探,进尺 87.87 m,超过同一地区一些进口的和国产天然金刚石钻头的进尺指标,创造了纪录。

3. 柯石英和斯石英的合成

1953 年 Coes 以 α-SiO_2 为原料在矿化剂的参与下,利用 3.5 GPa 和 2 050 K 的高压高温条件,使它转变成具有更高密度的柯石英(Coesite)。以后 Stishov 等人又使柯石英在 16.0 GPa 和 1 500 ~ 1 700 K 的条件下转变成密度更高的斯石英(Stishovite)。

4. 高价态和低价态氧化物的合成

高压高温合成中,如果采用高氧压环境,则可使产物变成高价态的化合物。如 CuO 和 La_2O_3 在常压高温(1 300 K)条件下合成了 La_2CuO_4,然后再将 La_2CuO_4 和 CuO 混合作为起始材料,同时放入氧化剂 CrO_3,并装入 Cu 坩埚中,加压加温(1 200 K),造成约 5.0 ~ 6.0 GPa 的高氧压,最后可获得具有高价态 Cu^{3+} 的 $LaCuO_3$ 化合物。

5. 翡翠宝石的合成

以非晶物质作为起始材料,经高压高温作用晶化成有用材料的高压晶化法,也是常用的高压合成法。如以 Na_2CO_3、Al_2O_3、SiO_2 按一定比例混合均匀,在 1 650 ~ 1 850 K 灼烧后淬火,得到具有翡翠成分 $NaAlSi_2O_6$ 的非晶玻璃,再以此作为起始材料,经 2.0 ~ 4.5 GPa,1 200 ~ 1 750 K 下保温 30 min 以上,可完成 $NaAlSi_2O_6$ 由非晶态到晶态的转变,尺寸达到 Φ (6×3) ~ (12×5) mm 的宝石级翡翠宝石。

思考题

1. 什么是先驱物法,重要的先驱物类型有哪些,先驱物法的特点是什么?

2. 什么是溶胶–凝胶法? 简述溶胶–凝胶法的过程。

3. 什么是水热合成和溶剂热合成,二者区别是什么?

4. 什么是临界装满度?

5. 水热条件下,介质水的性质将发生哪些变化? 导致高温高压下水热反应具有哪些特点?

6. 矿化剂的主要作用是什么?

7. 如何获得高温和测量高温?

8. 什么是高温固相反应,其特点是什么?

9. 以制备镁铝尖晶石($MgAl_2O_4$)为例说明固相反应原理。

10. 详细论述影响固相反应的因素。

11. 简述高压是如何产生的。

12. 举例说明高温高压法制备超硬材料。

第2章 人工晶体

2.1 概 述

2.1.1 人工晶体发展历史简述

天然矿物晶体通常是大块晶体的唯一来源,但由于形成条件限制,大而完整的矿物晶体相当稀少,如一些宝石晶体多数成了稀奇的收藏品、名贵的装饰品。后来人们发现此类单晶体具有宝贵的物理化学性能及在技术上的应用价值。如加工工业需要大量的金刚石,精密仪表和钟表工业需要大量的红宝石做轴承,光学工业需要大块冰洲石制造偏振镜,超声和压电技术需要大量的压电水晶等,这样就促进了人工晶体制造技术的迅速发展。绝大多数人工晶体具有较高的熔点、较宽的折射率与色散变化范围、独特的双折射功能,因此具有良好的光电效应、磁光效应与声光效应,这是其他材料所不可比拟的。人工晶体与天然晶体相比,具有可控的生长规律和生长习性,可按照人们的意志,在适当条件下,利用适当的设备,生长出具有较高实用价值的晶体结构,也可根据应用对象的性能需求,生长出满足特定应用的人工晶体。

人工晶体发展的初期是在 19 世纪中叶,地质学家在探索矿物质生长时发现,许多的矿物质是在高温高压条件下的水相中形成的,因此研究人员设法在实验室条件下合成这些晶体以证实他们的推论。这些研究虽然不是以获得大而完整的单晶体为目的,但却积累了大量的有价值的资料,为以后水热合成水晶打下了基础。后来由于压电晶体的应用使得这一方法得以广泛的发展,并成为今天生产水晶的主要方法。在 20 世纪初,维尔纳叶发明了焰熔法来生长红宝石,并很快投入工业生产。自此以后人们对各种生长方法进行了广泛的研究并研究了溶体法生长的原理,如 1918 年查克拉斯基提出的熔体提拉法、1923 年布列奇曼提出的坩埚下降法、1925 年斯托勃提出的温梯法、1926 年斯洛普罗斯提出的泡生发等。这之后,1952 年法恩又发明了区熔法,1953 年凯克、高莱发明了浮区法。20 世纪 50 年代人工晶体另一个重要的突破是 1955 年采用高压法成功合成金刚石,实现了几代晶体生长工作者的梦想。目前工业上用的金刚石一半以上是人工合成的。1960 年激光的出现和激光的应用又一次极大地推动了人工晶体研究工作的发展,许多激光晶体和非线性光学晶体被人工合成出来,有些已投入批量生产,如钇铝石榴石($Nd:YAG$)、钛宝石($Ti:Al_2O_3$)、铌酸锂($LiNbO_3$)、磷酸钛氧钾(KTP)等。

我国在人工晶体研究领域发展比较快,20 世纪 50 年代仅能生长水溶性单晶体和金属单晶体,目前,几乎所有重要的人工晶体都已成功地生长出来,许多晶体的尺寸和质量已达到国际水平,如锗酸铋(BGO)、磷酸钛氧钾(KTP)、偏硼酸钡(BBO)、三硼酸锂(LBO)等,特别是我国研制的 BBO、LBO 晶体直到现在仍为紫外波段最优良的非线性光学材料,号称中国牌晶体。

2.1.2 人工晶体的应用

当今社会已全面进入信息时代,信息功能材料包括电子材料、光电子材料和光子材料。电子材料主要包括半导体材料、光学材料、超导材料和磁性材料等,其中半导体材料是主体,而且大部分材料是人工晶体,如作为集成电路衬底材料的硅单晶。手机技术的飞速发展也促进了压电晶体的发展,同时也促进了有望用于声表面波滤波器的新压电晶体材料的研发,涌现了 Langsite 系列晶体,如 $La_3Ga_5SiO_{14}$、$La_3Ga_{5-x}Al_xSiO_{14}$ 等。光子材料按其功能一般可分为发光材料、光电显示材料、光存储材料、光电探测器材料、光学功能材料、光电转化材料和光电集成材料。其中最重要的是 LED(LD)的应用。以 GaAs 为代表的化合物半导体具有直接带隙,其导带底和价带顶之间的光跃迁可垂直进行,因此有发光的特性。此外它还具有高速、耐高温、抗辐射和对磁敏感等特点,在红外光、激光、微波等器件方面显示出很大的优越性。20 世纪 90 年代后,蓝光材料取得突破性进展,但 GaN 的 LED 量子效率很低,只有30%,但还有很大的改进余地。在信息技术中,光子材料作为信息载体不仅响应速度快,而且信息容量大。光通信系统的广泛应用给钒酸钇(YVO)和磁光晶体带来了勃勃商机。目前 YVO 一直是人工晶体研究的重点。另一类重要的晶体是非线性光学晶体,如 KTP、KDP、BBO、LBO 等,这类晶体对于扩展激光的有限光谱范围起到了非常重要的作用。

2.1.3 人工晶体分类

人工晶体可按不同方法进行分类。根据化学属性其可分为无机晶体和有机晶体;根据生长方法其可分为水溶性晶体和高温晶体等;根据维度其可分为块体晶体、薄膜晶体、超薄层晶体和纤维晶体等;根据物理性能其可分为半导体晶体、激光晶体、非线性光学晶体、光折变晶体、电光晶体、磁光晶体、声光晶体、闪烁晶体等。人工晶体在应用时主要考虑其物理性能,因此通常采用物理性能进行分类。表 2.1 列出了一些重要的人工晶体及其应用方向。

表 2.1 一些重要的人工晶体及其应用

分类	典型晶体	应用
激光晶体	$Nd:YAG$,$Ti:Al_2O_3$,$Nd:Gd_3Ga_5O_{12}$,$Nd:LiYF_4$,$Nd:YVO_3$	激光工作介质
非线性光学晶体（频率变换）	KTP,BBO,LBO,$MgO:LiNbO_3$,KDP 系列,$ZnGeP_2$,$CdGeAs_2$,$AgGaSe_2$	光学倍频、混频器件
压电晶体	SiO_2(水晶),$LiNbO_3$,$LiTaO_3$,$Li_2B_4O_7$	压电换能器、超声换能器
光调制晶体（电光、声光、磁光）	$LiNbO_3$,$LiTaO_3$,$PbMoO_4$,TeO_2	各种光开关、光调制元件

续表2.1

分类	典型晶体	应用
闪烁晶体	$PbWO_4$，$Bi_4Ge_3O_{12}$，Lu_2SiO_5，$NaBi(WO_4)_2$	压电换能器、超声换能器
宝石晶体	红宝石,蓝宝石,立方 ZrO_2	激光器,窗口材料,饰物
超硬晶体	金刚石,氮化硼	耐磨部件、光学部件、热学部件
半导体晶体	Si,Ge,GaAs(Ⅲ－Ⅴ型化合物),ZnS(Ⅱ－Ⅵ型化合物)	芯片、半导体激光器

2.2 人工晶体的主要生长方法

晶体的形成可以看成是在一定热力学条件下发生的物质相变过程,可以分为晶体成核和晶体生长两个阶段。晶体生长又包括界面过程和输运过程。

2.2.1 晶体成核理论

热力学认为晶体生长是一个动态过程,是从非平衡态向平衡态过渡的过程。当体系达到两相热力学平衡时,并不能生成新相,只有在旧相处于过饱和(过冷)状态时,才会出现新相,并不断使相界面向旧相推移,即完成成核与晶体长大的过程。

晶核形成过程原则上近似于在过饱和气体中液滴形成的过程。过饱和气体中小液滴平衡蒸气压比平面液体平衡的蒸气压大。压力改变对液相摩尔自由焓的影响为

$$\Delta G_1 = \int V\mathrm{d}p = V\Delta p = 2\sigma V\frac{1}{r}$$

式中,σ 为表面张力;r 为小液滴的曲率半径。

与液相平衡的气相自由焓变化为

$$\Delta G_V = RT\ln\frac{p}{p_0}$$

当液相与气相平衡时,$\Delta G_1 = \Delta G_V$,即

$$RT\ln\frac{p}{p_0} = 2\sigma V\frac{1}{r} = 2\sigma\frac{M}{\rho r}$$

此式称开尔文(Kelvin)公式,p_0 为平液面的蒸气压;p 为弯液面的蒸气压;V 为液体摩尔体积;r 为弯液面的曲率半径。

Kelvin 公式反映了曲率半径与液滴的饱和蒸气压的定量关系。液滴(凸面,$r>0$)半径 r 越小,蒸气压越大,即小液滴的蒸气压大于大液滴或平面液体的蒸气压,因此小液滴蒸发得快(小的变小,大的变大)。化工生产中的喷雾干燥就是利用这一原理,使液体喷成雾状(小

液滴),与热空气混合后很快干燥。Kelvin 公式也可以表示两种不同大小颗粒的饱和溶液浓度之比

$$RT\ln\frac{c_2}{c_1}=2\sigma V\frac{1}{r}=2\sigma_{1-s}\frac{M}{\rho r}$$

固体颗粒总是凸面,因此 r 取正值。r 数值越小,与小颗粒平衡的饱和溶液的浓度越大,即溶解度越大。但这种由于体系分散度增加导致的比表面积增大,液体的饱和蒸气压增大、晶体的溶解度增大等一系列的表面现象只有在颗粒半径很小时才能达到可觉察程度,通常情况下其可忽略。在蒸气冷凝、液体凝固和溶液结晶的过程中,由于最初生成的新相的颗粒极其微小,其比表面和表面吉布斯能都很大,处于不稳定状态,因此,在物系中产生新相是困难的,并引起各种过饱和现象,如过饱和蒸气、过饱和溶液、过冷或过热液体等。

根据 Kelvin 公式,要使一结晶过程发生,首先需要体系处于过饱和或过冷状态,以获得足够大的结晶驱动力形成新相(晶相)的核。这样在体系中将出现两相界面,并依靠驱动力使旧相区域内推移而使新相区域不断扩大。这种新相核的发生和长大称为成核过程,成核过程有均匀成核和非均匀成核两种。

1. 均匀成核

均匀成核是指不考虑外来质点或表面存在影响的情况下,体系中各个地方成核的概率均相等。在平衡的条件下,任一瞬间,由于热涨落,体系中某些局部区域总有偏离平衡的密度起伏,一个瞬间质点可能聚集起来成为新相的原子团簇(即晶核),另一瞬间这些团簇又拆散恢复原来的状况。如果体系是处于过饱和或过冷的亚稳态,这一过程的总趋势是促使旧相向新相过渡,最终形成新的晶核。在均匀成核的过程中,体系总是首先在某些局部区域出现不均匀性,发展成为新相的核,只是这种晶核出现的概率到处一样而已。当母相中产生临界晶核以后,这种晶核并不是稳定的,这时需要从母相中将质点粒子(原子或分子)逐个迁移到临界晶核表面,促使其生长成稳定的晶核。

2. 非均匀成核

在实际的晶体生长体系中,真正的均匀成核很少遇到,通常是非均匀成核。非均匀成核是指在相界表面处有外来质点,或在容器壁、原有晶体表面等位置,形成晶核过程。均匀成核时,各处成核的概率是相同的,因此需要相当大的饱和度或过冷度克服表面能势垒才能成核。而非均匀成核由于母相中已存在某种不均匀性,有效地降低了成核时的表面能势垒,因而成核时不需要高的过饱和度或过冷度。为了更快地获得晶核,人们总是人为地制造不均匀性使成核更容易,如放入籽晶或成核剂等。但在单晶体生长过程中要保证单晶正常生长,需要防止其他小晶核出现,这时容器材料的选择很重要,应尽可能选择与结晶物质不浸润,并且内壁光滑的容器,如光滑的石墨坩埚、BN 坩埚、Pt 坩埚、SiO_2 坩埚、Al_2O_3 坩埚等。

3. 晶体生长的界面过程

形成晶核后,接下来就是溶液或熔体中的质点按照晶格点阵顺序依次沉积到晶核表面,使晶核得以长大。理想条件是质点按一定顺序沉积,由于晶核的不同位置所受到的引力不同,当质点堆积到晶核的不同位置上时,质点将优先沉积到对它吸引力最强的位置上去,同时释放出尽可能多的能量,使晶体内能达到最小值。

如图 2.1 所示晶核为单种原子组成的简单立方晶格,在晶核表面存在 3 种晶格位置,A 位置处于三个面的顶角,B 位置处于两个面的凹角,C 位置为平面点阵上的点,每种位置受到的邻近的质点吸引力是不同的,明显的是 A 位置受到的引力最大,其次是 B 位置,C 位置受到的引力最小。当质点向晶核堆积时,将优先落到 A 位置,然后是 B 位置,最后才是 C 位置。当一个质点堆积到 A 位置后,A 位置并不消失,而只是向前移动了一个位置,如此逐步向前移动,直到整行被质点堆满,A 位置才消失。然后质点将在任一 B 位置进行堆积,一旦 B 位置堆上一个质点后,将产生新的 A 位置,一直到该行全被质点堆满后 A 位置再次消失,如此反复,直到堆满整个晶面,这时 A、B 位置都消失,质点只能堆积到 C 位置上,一旦 C 位置堆积上质点后,就会出现 B 位置,然后又出现 A 位置,如此重复上述过程将使晶体沿着法线方向生长,这就是理想晶体生长的科赛尔机制。然而实际晶体生长时并非如此理想,如化合物晶体生长时还必须考虑到质点间的静电引力。

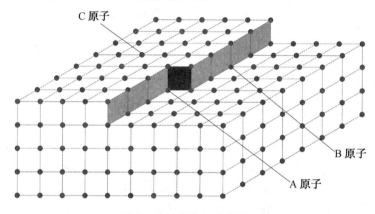

图 2.1　晶体生长示意图

晶体在生长过程中,晶面是平行向外推移的。晶面在单位时间内沿其法线方向向外推移的速率,称为晶面生长速度,又称晶面法向生长速度。图 2.2 是面网密度与质点引力的关系图,由图可知,面网密度排序为 $AB>CD>BC$,面网密度小的面,面网间距也小,因而相邻面网间的引力就大,因此将优先生长;反之,面网密度越大的面,面网间距也越大,相邻面网间的引力就越小,因而生长越慢。因此,晶面的生长速度与其面网密度大小成反比,即面网密度越大的晶面,其生长速度越慢,反之亦然。图 2.3 为各晶面的相对生长速度示意图。如图 2.3 所示,当面网密度小时,其晶面生长速度越快,但其面积却逐渐缩小,最终被面网密度大的相邻晶面所淹没。因此,最终扩大成晶面的一般都是面网密度大的晶面,这种现象被称为布拉维法则。从化学键作用力角度也可以解释布拉维法则,即面网密度大,面网内部质点间的化学键作用力强。

以上讨论没有考虑环境因素,如压强、温度、组成、杂质、涡流等因素对晶面生长速度的影响。在实际晶体生长过程中,当外界条件发生变化时,必然会出现偏离布拉维法则的现象,但总体上晶体生长过程符合布拉维法则。

4. 晶体生长的输运过程

晶体生长中,溶质质点(生长基元)必须输运到生长界面才能进行界面生长,这个过程称为质量输运。在这一过程中结晶潜热必须从生长界面输运出去,这样才能发生凝固过程,

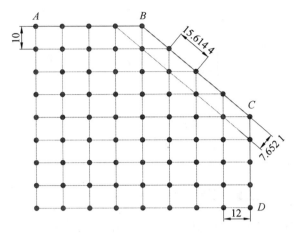

图 2.2　面网密度与质点引力的关系

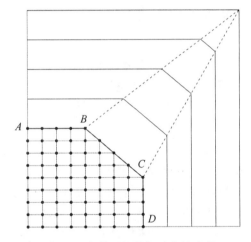

图 2.3　各晶面间的相对生长速度

这叫作热量输运。在实际的生长系统中,环境与流体的相对运动,必然引起热量和溶质的对流传输,热量输运和质量输运是同时发生的,这称为混合传输。混合传输比较复杂,涉及流体动力学、晶体生长体系的温度场、浓度场和速度场。在混合传输过程中,只有少数问题能用数学模型求解,大多数问题需要采用不同的近似方法解决。

　　下面以溶液法为例分析晶体生长界面的质量输运过程。溶液中晶体生长可分为两个步骤,即体扩散和界面反应。如图 2.4 所示,假设溶液的本体浓度为 C,在充分搅拌条件下,可以认为溶液内部各处浓度相等。但在靠近晶体表面有一层非常薄的薄层溶液,称为吸附层,吸附层之外厚度为 δ 称为滞膜或扩散层,扩散层厚度要比吸附层厚很多,吸附层与扩散层相交处的浓度为 C_i,C_i 数值小于溶液本体浓度 C。在晶体生长过程中,生长基元首先通过扩散到达扩散层,其扩散的浓度差驱动力为 $(C-C_i)$。如图晶体界面处溶质的平衡浓度为 C_e,C_e 数值小于 C_i,溶质只有通过扩散层进入吸附层才能发生最终的界面反应,这一过程的浓度差驱动力为 (C_i-C_e)。

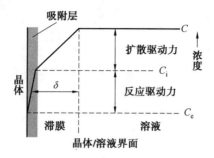

图 2.4　溶液法界面处浓度驱动力示意图

2.2.2　人工晶体生长方法

晶体可以在气相、固相和液相中生长,人工晶体的尺寸可以从直径小于 1 mm 的单晶纤维变化到与人体身高相当的大单晶。人工晶体生长技术和生长设备具有复杂性和多样性,不同的晶体有不同的生长方法和生长条件,图 2.5 列出了一些重要的晶体生长方法。

1. 气相生长单晶体

气相生长可分为单组分气相生长和多组分气相生长两种。单组分气相生长是指该组分在高温区升华成气相,而在低温区凝结成固相进行晶体生长的方法。单组分气相生长要求该组分具有足够高的蒸气压,其所生长的晶体大都为针状、片状。目前利用单组分气相生长法生长出来的具有工业价值的晶体有碳化硅(SiC)、硫化镉(CdS)、硫化锌(ZnS)等晶体。多组分气相生长一般用于外延薄膜生长,外延生长可分为同质外延与异质外延两种。单晶 Si 片在被还原分解的硅化物蒸气中生长,称为同质外延;钆镓石榴石(GGG)等做衬底在被还原分解的硅化物蒸气中生长,称为异质外延。多组分气相生长装置有两种,即开管生长体系与闭管生长体系,一般来说,开管生长体系中的化学反应多是不可逆的,闭管生长体系中的化学反应多是可逆的。硅外延生长一般采用开管生长体系,常用纯氢气还原硅的卤化物进行生长,如

$$SiH_{4-x}Y_x+(x-2)H_2 \longrightarrow Si\downarrow +xHY\uparrow$$

这里 Y 为卤素元素,x 值为 1~4。

生长砷化镓(GaAs)、磷砷化镓($GaAs_xP_{1-x}$)、磷化镓(GaP)外延薄膜可采用闭管生长体系。

2. 溶液生长单晶体

(1)低温溶液法。

低温溶液法是生长晶体的一种古老方法。在工业结晶中,从海盐、食糖到各种固体化学试剂等的生产都采用了这一方法。这种方法的基本原理是首先将溶质溶解在溶剂中,采取适当措施形成过饱和溶液,然后使晶体在过饱和溶液的亚稳区中生长,如图 2.6 所示。溶液法生长晶体的关键在于把溶液浓度控制在亚稳区内,而不是进入不稳定区和稳定区。这样就可以使析出的溶质都在籽晶上生长,并避免出现自发成核现象。溶液法生长具有生长温度低、黏度小、晶体均匀性好和容易生长成大块优点等。

从溶液中生长晶体的最关键因素是控制溶液的过饱和度,其方法包括降低温度法、蒸发

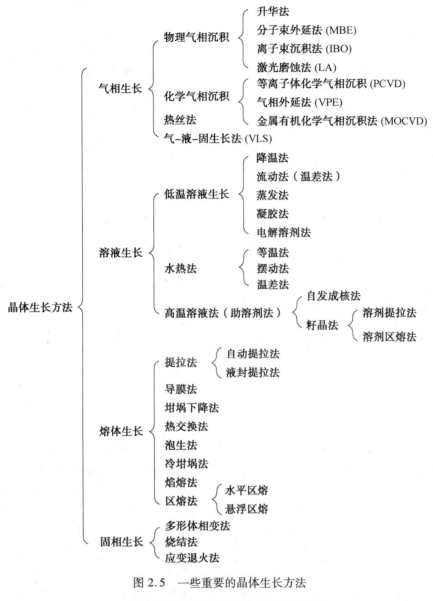

图 2.5　一些重要的晶体生长方法

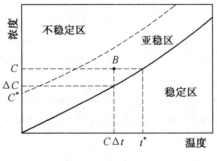

图 2.6　溶解度图

溶剂法和控制溶液化学反应法等。降温法是从溶液中培育单晶体的最常用的方法。降温法的关键是在晶体生长的全过程中严格控制温度,按照一定程序降温,使溶液浓度始终处在亚稳区,维持适宜的过饱和度,最终生长成大单晶体。降温法装置如图2.7所示,操作时,首先配制适量的溶液,必要时进行过滤;测定精确饱和温度,并过热处理;预热籽晶,同时溶液降温至比饱和温度略高;种下籽晶,待其微溶时溶液降温至饱和温度;最后按程序降温,使晶体正常生长。生长结束,抽取溶液使晶体与溶液分离,将温度降至室温,取出晶体。由于降温法设备简单,所以该法是从溶液中培养晶体的一种最常用方法。其中的降温程序是根据结晶物质的溶解度曲线、溶液体积和晶体生长习性等制订的,只有溶解度较大、溶解度温度系数也较大的物质才适用本方法生长。

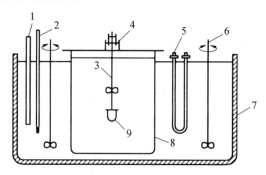

图 2.7　降温法装置
1—控制器;2—温度计;3—挚晶杆;4—水封;
5—加热器;6—搅拌器;7—水槽;8—育晶器;
9—晶体

恒温流动循环法,或称温差法,是指利用恒温流动的过饱和溶液作为晶体生长驱动力的方法。该方法可向系统中补充原料,这有利于生长大尺寸晶体,提高生长效率,其装置如图2.8所示。该方法把溶液配制、过热处理、晶体生长等工艺过程分别在三个槽内进行,从而构成一个连续的生产流程。三个槽分别是过饱和槽 A、过热槽 B 和生长槽 C(育晶器),三个槽通过接管连接在一起,通过泵使溶液进行循环流动,晶体可以在恒温恒饱和度下生长。操作中,原料首先在 A 内溶解形成过饱和溶液,经过过滤器进入 B,再经过过热器后的溶液用泵打到 C 内,由于槽 A 温度比槽 C 高,溶液此时处于过饱和状态,溶质在籽晶上析出。然后析出溶质后变稀的溶液再流回 A 继续溶解原料,在较高的温度下重新形成饱和溶液,如此循环,A 内的原料不断溶解,C 内晶体不断生长。流动法的优点是恒温生长,晶体均匀性好,并可以生长特大尺寸晶体,适用于生长溶解度及温度系数都较大的晶体,也可以生长溶解度温度系数小于零的晶体。采用这一方法可以生长米级单位的晶体,如生长用于高功率激光核技术的非线性光学晶体磷酸二氢钾(KH_2PO_4,简称 KDP)。

对于溶解度较大、溶解度温度系数很小的物质,不能用降温法或流动法生长其晶体,可使用蒸发法。蒸发法生长晶体的装置与降温法类似,只是该装置增加了冷凝回收溶剂的装置,如图2.9所示。该方法是将溶剂不断蒸发,使体系保持过饱和状态。其关键步骤是控制溶剂的蒸发速度,使溶液浓度处于亚稳区内,实现晶体稳定生长。例如采用蒸发法可以在水溶液中生长氯化钠晶体。

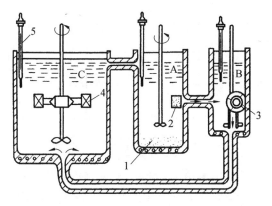

图 2.8　流动法育晶装置

1—原料;2—过滤器;3—泵;4—晶体;5—加热器

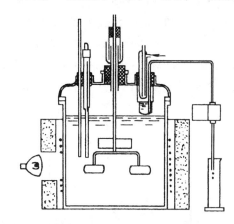

图 2.9　蒸发法生长晶体的装置

凝胶生长法是指以凝胶作为扩散和支持介质生长单晶的方法,该法是生长新晶体和培育籽晶的一种简易方法。凝胶法是通过扩散进行溶液反应,一些在溶液中进行的化学反应通过凝胶扩散缓慢进行,得到的溶解度较小的反应产物在凝胶中逐渐形成晶体。该方法只适用于生长溶解度非常小的难溶晶体。凝胶生长法是在室温条件下进行的,因此该法也适于生长对热敏感的晶体。凝胶法的典型例子是生长酒石酸钙晶体,其基本原理如图 2.10 所示。在 U 形管中 $CaCl_2$ 和 $H_2C_4H_4O_6$ 溶液分别扩散进入含酒石酸的凝胶中,酒石酸钙晶体在底部生长形成。发生的化学反应为

$$CaCl_2+H_2C_4H_4O_6+4H_2O \longrightarrow CaC_4H_4O_6 \cdot 4H_2O \uparrow +2HCl$$

与其他生长方法相比,凝胶法中晶体是在静止环境中靠扩散生长的,没有对流与湍流的影响,因此有利于形成完整性好的晶体,而且在室温或接近室温条件下生长,温度易于控制,副反应少。

(2)高温溶液法。

高温溶液法,又称助溶剂法,是指高熔点的结晶物质在高温下溶解于低熔点的助熔剂中形成均匀的饱和溶液,然后通过缓慢降温或其他方法进入过饱和状态使晶体析出。图 2.11 是二组分相图,可以说明助熔剂法的生长原理。组分 A 和 B 组成混合溶液,加热熔化后整

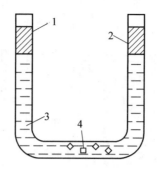

图 2.10　凝胶法生长酒石酸钙晶体

1—CaCl$_2$ 浓溶液;2—H$_2$C$_4$H$_4$O$_6$ 浓溶液;3—凝胶;

4—CaC$_4$H$_4$O$_6$ · 4H$_2$O 晶体

个熔体处于 P 状态,随后降温,物系点从 P 降到 Q 点,这时组分 A 在 T_1 时析出。当温度继续降低时熔体的组成沿液相线 QE 变化,最后达到 E 点的组成。而在这个过程中 A 不断析出而长成单晶体。由此可以看出助溶剂法可以有效降低高熔点物质的结晶温度,这个过程类似于自然界中矿物晶体在岩浆中的结晶。助熔剂法在原理上和溶液法生长相似,即熔融体组成随温度变化,但按其状态来说又像熔体生长,所以其既可归入溶液生长一类,也可归入熔体生长一类。

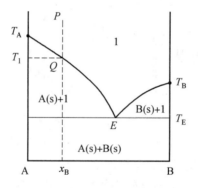

图 2.11　二组分相图

助熔剂法主要的优点就是降低了生长温度,许多高熔点的难熔化合物和非同成分熔化的晶体材料可通过选取适当的助熔剂来进行晶体生长。这种方法实用性很强,几乎所有材料都能找到一些适当的助熔剂,而且此方法晶体生长设备简单,只需要最基本的装置,如坩埚、单晶炉和控温装置。助熔剂法生长的关键是找出合适的助熔剂。良好的助熔剂需要具备适宜的物理化学性质,首先对晶体材料必须具有足够大的溶解度,一般应为 10% ~ 50%(质量),同时在生长温度范围内,还应有适度的溶解度温度系数。该系数不能太大,因为温度系数过大时,当温度稍有变化则会引起大量的结晶物质析出,而温度系数太小时,则生长速率缓慢。其次为了避免过多的杂质混入,助熔剂在晶体中的固溶度应尽可能小,尽可能使用与晶体具有相同原子的助熔剂。另外助熔剂应具有尽可能低的熔点和尽可能高的沸点,以便有较宽的生长温度范围可供选择。助溶剂应具有很小的挥发性和毒性。因为挥发会引起溶剂的减少,从而引起溶液浓度的升高,尤其是在溶液表面会引发大量的自发成核现象,这些都不利于获得所需要的单晶体。助溶剂在熔融状态时,其密度应尽可能与结晶材料相近,否则上下浓度不均一。助熔剂应对坩埚材料没有腐蚀性,否则会对坩埚造成损坏,而且腐蚀物还会对溶液造成污染。助熔剂应易溶于对晶体无腐蚀作用的某种液态溶剂中,如水、酸或碱性溶液中,以便将生长的晶体从凝固的助熔剂中很容易地分离出来。实际上,使用的助溶剂很难同时满足上述条件,但对于大多数晶体总可以找到一些适当的助溶剂。人们也往往使用复合助熔剂来尽量满足上述要求,但复合助控剂的组分过多,常使得溶液体系的物相关系复杂,扰乱了晶体生长的稳定环境。另外助溶剂法生长周期长,晶体尺寸小,一般只适用于科学研究,不易观察晶体生长现象。许多助溶剂具有毒性。

高温溶液法又分为缓冷法、溶液提拉法、助溶剂挥发法和移动溶剂熔区法。

缓冷法的操作步骤是首先配制溶液,装炉后升温至比预计饱和温度高十几摄氏度,保持一定时间以使体系均匀。然后降温至比预计成核温度略高,再根据具体情况以缓慢的速度降温,降温时注意先慢后快,以防成核过多,最后当温度降至其他相出现或溶解度温度系数近于零时停止生长,并用较快的降温速率降至室温。此时晶体周围的固体为固溶体,再用适当的溶剂溶解掉固溶体,就可得到晶体。

溶液提拉法,又称顶部籽晶法,是高温溶液法和熔体提拉法的结合,是通过加入籽晶后,再不断降温来维持溶液过饱和度,当晶体生长结束后,需要将晶体提出液面。操作时,首先将籽晶固定在样品棒下端,再缓慢下降至液面上方,预热后再将其下降至与液面接触,然后靠降温或温差使溶液过饱和,使晶体生长。与溶体法相比较,溶液提拉法由于不使用坩埚,避免了熔体固化时受到的应力和回溶等现象,因此这一方法可以生长出优质、大尺寸且外形完整的晶体。其缺点是生长大尺寸晶体周期较长,往往以月计。常用的非线性光学晶体磷酸钛氧钾($KTiOPO_4$,简称 KTP)多用此方法生长。

助溶剂挥发法是指生长容器内有两个温区,一个是生长区域,一个是冷凝区域。助溶剂必须有足够大的挥发性,如 BaF_2、PbF_2 等。晶体生长时,溶液表面的助溶剂在冷凝区域不断冷凝下来,溶液浓度不断升高,达到过饱和程度后晶体开始生长,这样在恒温时通过溶剂不断蒸发,晶体不断生长。

移动溶剂熔区法是高温溶液法与熔体浮区法相结合的方法,但因为溶液中加入助熔剂,生长温度要比浮区法温度低很多。晶体生长时,其生长设备及操作步骤均与浮区法相近。随着熔区的移动,一端晶体不断生长,另一端助熔剂被富集并不断溶解多晶原料,晶体生长过程中,助熔剂随着熔区移动。助熔剂的作用是溶解多晶原料、降低生长温度和去除杂质。移动溶剂熔区法与其他高温溶液法不同的是,只用少量助熔剂就可将多晶原料溶解。

3. 水热法

水热法生长晶体是利用高温高压的水溶液,使那些在大气压条件下不溶解或难溶于水的结晶物质通过溶解或反应生成该物质,并使其达到一定的饱和度,使晶体生长。水热法的关键设备是耐高温、高压、抗腐蚀的特制立式容器(高压反应釜),晶体原料放在高压釜温度较高的下部,籽晶悬挂在高压釜温度较低的顶部,釜内充入一定体积和浓度的矿化剂作为溶剂介质(图 2.12)。当高压釜容器内的溶液由于上下部之间的温度差而产生对流时,高温区的饱和溶液被输运到低温区,溶质就在籽晶上陆续不断地吸出生长成单晶。而籽晶生长后的溶液回流到高压釜的下部继续溶解晶体原料,如此循环往复,促成了籽晶连续不断地生长。

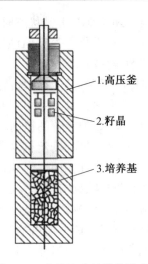

图 2.12　水热法生长单晶示意图

1.高压釜
2.籽晶
3.培养基

水热法适于生长熔点很高或有包晶反应或非同成分熔化的晶体;熔化前后会分解、熔体蒸气压较大的晶体;凝固后在高温下易升华或具有多型相变的晶体;在常温常压下不溶于各种溶剂的晶体以及只有在特殊气氛中才能稳定的晶体。水热法生长过程很难实时观察,生长速率慢,周期长(50 天至 3 个月)。

采用水热法生长晶体必须满足一些条件,首先采用适当的矿化剂,使多晶原料在高温高压的水溶液中具有一定的溶解度,并能形成单一的稳定的晶相。晶体原料在矿化剂水溶液中有足够大的溶解度温度系数,在适当的温差下能形成足够大的过饱和度而又不产生过多的自发成核结晶。另外溶液密度的温度系数也要足够大,这样在适当的温差条件会产生晶体生长所需的溶液对流和溶质传输。最后需要有适于晶体生长所需的一定切型和规格的籽晶,要求籽晶无宏观缺陷、位错密度低。籽晶不同生长方向上的晶体生长速率差别很大,因此籽晶具有一定的取向。

选择适当的矿化剂和溶液浓度是水热法生长晶体的关键技术,水热法常用的矿化剂包括碱金属及铵的卤化物,碱金属的氢氧化物,弱酸如 H_2CO_3、H_3BO_3、H_3PO_4 及其他无机酸类。其中碱金属的卤化物和氢氧化物是应用较广的矿化剂。晶体在水热溶液中的溶解度随体系的温度、压力的不同而不同,与矿化剂的种类及其浓度有较大关系。一般来说,增加矿化剂的浓度,能提高晶体的溶解度及生长速率。

初始填充度也是水热法生长晶体的关键技术。初始填充度是指室温装釜时溶剂的初始容积与高压釜内的有效容积之比。填充度与最终的水热温度有较大关系,增加填充度还可以提高生长速率。

水热法生长晶体时,温差大小直接影响溶液对流速率和过饱和度的高低,温差越大,生长速率就越高。但生长速率过大,在晶体生长的后期会因原料供不应求而出现裂隙,会造成晶体包裹物增多,透明性变差。在水热法中多采用多孔隔板(又称缓冲器)调节生长系统中的溶液对流和溶质传输。多孔隔板使两温区温差增大,即能提高晶体的生长速率,还能使整个生长区处于比较均匀的溶质传输状态,使生长区上下部晶体的生长速率相接近,因此缓冲器的合理设计是水热法生长晶体的关键技术。

4. 熔体生长

从熔体中生长单晶是单晶最古老的生长方法之一，也是研究得最透彻的一种单晶生长技术。从熔体中生长单晶的原理是先将固体加热熔化，然后在受控条件下通过降温使熔体逐渐固化成固体。整个固化过程是通过固-液界面不断移动来完成的。在界面上既有物质的交换（即熔体变固体）又有热量的交换，这两种交换过程存在于熔体生长的始终。

根据成核理论，只有在晶核附近熔体的温度低于凝固点时，晶核才能长大，这意味着生长着的晶体在其固-液界面的小范围熔体必须是过冷的，而熔体的其余部分保持过热。另外熔体生长过程中不仅存在着固-液平衡问题，还存在着固-气平衡和液-气平衡问题。

熔体生长和溶液生长的结晶驱动力是不同的，熔体生长时的结晶驱动力是过冷度，起主要作用的过程是热量输运过程，而溶液生长时的结晶驱动力是过饱和度，起主要作用的过程是质量输运过程。

从熔体中生长单晶一般有以下两种类型。

①晶体与熔体有相同的成分。纯元素和同成分熔化的化合物（具有最高熔点）属于这一类。这类材料实际上是单元体系。这类材料容易得到高质量的晶体，晶体和熔体的成分在整个生长过程中均保持恒定，熔点也不变。这种类型的晶体有 Si、Ge、Al_2O_3、YAG（钇铝石榴石）。

②生长的晶体与熔体成分不同。掺杂的元素或化合物以及非同成分熔化的化合物属于这一类。这类材料实际上是二元或多元体系。在生长过程中，晶体和熔体的成分均不断变化，熔点或凝固点也随成分的变化而变化，熔点和凝固点不再是一个确定的数值，而是由一条固相线和一条液相线所表示。这一类材料要得到均匀的单晶就困难得多。

采用熔体生长法生长晶体的过程中，熔体的蒸气压是影响单晶质量的一个因素，那些蒸气压或离解压较高的材料（如掺钕的钒酸钇（$Nd:YVO_4$）、砷化镓（GaAs）等），在高温下某种组分的挥发将使熔体偏离所需要的成分，而且过剩的其他组分可能会成为有害的杂质影响晶体的质量。另外，当晶体生长结束后，将晶体由高温降到室温时，有些材料会发生固态相变，如脱溶沉淀或共析反应，这也给晶体生长带来很大困难。因此，只有那些没有破坏性相变，又具有较低蒸气压或离解压的同成分熔化的化合物（包括纯元素）才是熔体生长的理想原料，可以得到高质量的单晶体。

从熔体中生长单晶的方法很多，如提拉法、坩埚下降法和焰熔法等。

（1）提拉法。

提拉法，又称丘克拉斯基（Gzochraiski）法，是熔体生长中最常用的一种生长方法。许多重要而实用的晶体都是用这种方法生长的，如 $LiNbO_3$、$PbWO_4$、$NaBi(WO_4)_2$ 和 Lu_2SiO_5 等。提拉法的装置如图 2.13 所示，整个生长装置安放在一个封闭的钟罩里，钟罩内可以冲入晶体生长所需的气氛，并维持一定的压强，而且可以通过钟罩窗口观察晶体生长情况。

提拉法生长包括六个步骤。第一步是熔化原料，将原料放入坩埚内，并置于单晶炉中，加热原料使其完全熔化，并使熔体上部和下部有一个合适的温场梯度，上面温度低，下面温度高。第二步是下种，籽晶首先经过预热，然后旋转着下降并与熔体液面相接触，旋转籽晶的目的是使籽晶受热均匀，同时也起到搅拌熔体的作用。第三步是收颈，当籽晶微熔后缓慢向上提拉籽晶。第四步是放肩，向上提拉籽晶的同时缓慢降低坩埚温度或熔体温度梯度，使

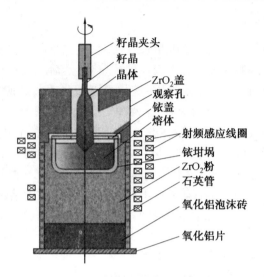

籽晶夹头
籽晶
晶体
ZrO₂盖
观察孔
铱盖
熔体
射频感应线圈
铱坩埚
ZrO₂粉
石英管
氧化铝泡沫砖
氧化铝片

图 2.13　提拉法的装置示意图

籽晶的直径增大。第五步是等径生长,通过调节合适的提拉速度,保持合适的温场梯度,这时晶体生长时保持直径不变,即等径生长。第六步是收尾,当晶体达到所需长度时,需要结束生长,方法是在提拉速度不变的情况下升高熔体的温度,或在温度不变的情况下加快提拉速度,从而使晶体脱离熔体液面。最后,为了提高晶体均匀性和消除晶体内部可能存在的热应力,所有溶体法生长的晶体均需进行退火处理。

提拉法的关键技术是合适的提拉速度和旋转速度,提拉过程平稳,熔体的温度要精确控制。晶体的直径主要与熔体的温度和提拉速度有关。减小功率和降低拉速度,晶体的直径增加,反之亦然。

与其他溶体法生长相比较,提拉法的优点是可以在晶体生长过程中直接观察生长情况,便于精准控制生长条件,便于籽晶的下种、收颈和放肩操作,并可以适当地采用"回熔"和"缩颈"技术。这对降低晶体中的缺陷密度,减少嵌镶结构,提高晶体质量具有重要意义。正是由于提拉法可以直接观察晶体生长情况,使生长在可控的条件下进行,因此提拉法可以以较快的速度获得优质大单晶。提拉法的缺点是用坩埚做容器,容易导致熔体被污染;当熔体中含有易挥发组分时,组分控制较难;不适于生长冷却过程中发生固态相变的材料。

（2）坩埚下降法。

坩埚下降法,又称布里奇曼技术,其装置如图 2.14 所示,炉体内部设置两个恒温区,上方为高温区,长度为 20 ~ 40 cm;下方为低温区,长度为 20 ~ 40 cm;中间为温度梯度区,长度为 10 ~ 15 cm。操作时,第一步是将多晶原料放入具有特殊形状的坩埚里,可以是石墨坩埚、氮化硼坩埚或玻碳坩埚等,再将坩埚放入石英管中,抽真空至 10^{-6} ~ 10^{-4} Pa,最后用氢气和氧气燃烧火焰熔封石英管。第二步是将石英管放入坩埚下降炉的合适位置,多晶原料应处于生长炉的高温区,以保证在加热时,多晶原料能全部熔化。第三步是在保持温场不变的条件下,通过下降装置使坩埚以一定速率下降,下降过程中,在温度梯度区某一位置熔体达到凝固点,随着坩埚继续下降熔体在坩埚中自下而上地结晶为整块晶体。布里奇曼技术也可以是坩埚不动,结晶炉沿着坩埚上升,或坩埚和结晶炉都不动,只是通过缓慢降温来实现晶体生长。

　　坩埚下降法可以采用籽晶法。籽晶法生长的操作步骤是,首先选择优质单晶作为籽晶,将该籽晶毛坯加工成籽晶阱尺寸大小,然后将籽晶放入坩埚底部的籽晶阱中。晶体生长时首先使籽晶顶端熔化,并确保与熔体充分熔接,然后再开始下降坩埚。布里奇曼技术中的籽晶法生长与溶液法中的籽晶降温法不同,布里奇曼法的籽晶在坩埚的底部,晶体生长时首先使籽晶顶部熔化,并确保与熔体充分熔接,然后再开始下降坩埚,熔体是按照坩埚形状凝固成单晶体的;而溶液法中的籽晶降温法,其籽晶处于中心位置,溶液浓度达到饱和后,以籽晶为中心晶体逐渐长大,由于没有坩埚,因此晶体生长不受限制。布里奇曼技术中的籽晶法生长与提拉法中的籽晶生长也不同,提拉法是籽晶在上面,熔体在下面,操作时首先使籽晶底部熔化,并确保与熔体充分熔接,然后坩埚不动,籽晶不断旋转且向上提拉,最后长成大尺寸单晶体,提拉法生长的单晶形状也不受坩埚形状限制。

　　坩埚下降法也可以采用几何淘汰的自发成核法生长。几何淘汰机制的原理如图 2.15 所示,由于晶体的各向异性,晶体的不同晶面(即不同的晶体取向)生长速度不同。图 2.15 显示在一个容器底部有三个取向不同的晶核 A、B、C,假定 B 核的生长速度最大,那么在生长过程中,A 核和 C 核由于受到 B 核的不断挤压而逐渐缩小,最终 A 核和 C 核消失,只剩下生长速度最快的 B 核,并占据整个生长容器成为大单晶体,这一过程称为几何淘汰机制。为了高效利用几何淘汰机制,提高成核率,可以采用不同形状的坩埚。图 2.16 为不同形状的坩埚。

　　坩埚下降法中的籽晶法和自发成核法晶体生长过程完全相同,只是生长坩埚在炉体中的位置不同,籽晶法中籽晶的顶部与熔体相接的位置处于温场中熔点温度(图 2.14),而自发成核法中生长坩埚的底部处于温场熔点温度位置。

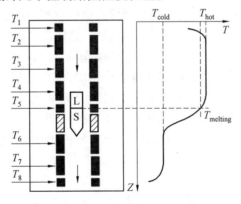

图 2.14　坩埚下降法装置示意图

　　采用布里奇曼技术进行晶体生长时,固−液界面的形状是影响单晶体质量的重要因素,固−液界面为平面是最理想的情况,但在整个生长过程中难以始终保持。凸界面有利于晶粒淘汰,并使杂质和缺陷形成较为有利的分布,但易产生内应力。凹界面容易形成多晶,而且杂质气泡容易聚集在晶体内部,内应力大,甚至引起晶体开裂。固−液界面的形状与熔体生长时热量的输运有关,即与温场分布有关。当温场梯度较小时,晶体生长速度小于坩埚下降速度,固−液界面就要移向低温区,这时晶体以凹面生长为主,透明度差,常夹杂云层。当

图 2.15　几何淘汰机制原理示意图

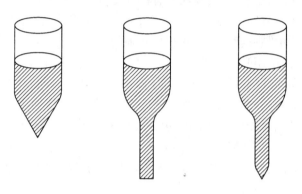

图 2.16　不同形状的坩埚

温场梯度较大时,晶体的生长速度大于坩埚下降速度,固-液界面向高温区移动,这时晶体以凸面生长为主,但容易生成气泡、云层或散射颗粒。当温场梯度合适时,晶体生长速度和坩埚下降速度大体一致,固-液界面为平面,或保持微凸状界面才能获得较好质量晶体。

坩埚下降法的优点是可以把原料密封在坩埚里,这样就可以减少因挥发而造成的损失,某些有害气体也不致于泄漏,造成污染。该方法操作简单,可实现程序化生长,可以生长大尺寸的晶体。另外坩埚下降炉可以同时放置多个坩埚,每个坩埚中的熔体都可以单独成核长成大单晶体,或者放置一个多孔的坩埚,每个坩埚内熔体也都可以单独长成大单晶体。坩埚下降法的缺点是生长负膨胀系数的晶体容易开裂;整个生长过程中不能直接观察,不易控制晶体质量,生长周期也较长;由于晶体是在坩埚内生长,因此容易引入杂质,而且生长中会产生较大的内应力。

(3)焰熔法。

焰熔法,又称维尔纳叶(Verneuil)法,是粉状原料随气体进入生长炉,在下落过程中被可燃气体产生的高温火馅熔融,然后滴落在结晶杆(或籽晶杆)上逐渐长大成单晶体。目前,用焰熔法已成功生长了红宝石、蓝宝石、尖晶石、金红石等多种晶体。焰熔法是工业上大规模生产人工红宝石的主要方法,其工艺过程包括原料提纯、粉料制备和晶体生长三个过程。

焰熔法的优点是生长设备简单,不需要坩埚,避免了晶体生长过程中坩埚引入的杂质污染;氢氧焰燃烧时,温度可达 2 800 ℃,可以生长高熔点的单晶体,只要不挥发,不怕氧化,都可以用这种方法生长;另外焰熔法生长速度快,用此法在短时间内就可以生长出较大的晶体,适用于工业化生产。焰熔法的缺点是发热源为燃烧的气体,温度不稳定,火焰的纵向温度梯度和横向温度梯度均较大,生长出来的晶体缺陷多,位错密度高,内应力也大,另外粉料在下落过程中,一部分原料并没有落在结晶台上,大约有 30% 的原料会在结晶过程中损失,因此贵重稀少的原料,不宜用焰熔法生长;易挥发或易被氧化的材料,也不宜用此方法生长。

图 2.17 为焰熔法生长红宝石装置示意图。焰熔法生长装置包括气体燃料供给装置、燃烧装置、结晶装置、供料装置和下降装置。焰熔法的第一步是接种(即引晶)、第二步是扩大(即放肩)、第三步是等径生长。焰熔法可以采用籽晶法生长,也可以采用无籽晶生长,如果是无籽晶,需要在结晶炉内靠自然生长拉出一段小晶体作为籽晶,然后就在小晶体上面进行扩大生长。通常选用铝铵矾制备 γ-Al_2O_3 的原料,铝铵矾中 Al_2O_3 的含量仅为 11%,经过 1 000 ℃ 左右焙烧后,89% 变成气体挥发掉,最后获得松散性和流动性较好的 γ-Al_2O_3。如果温度再升高,γ-Al_2O_3 就会发生晶型转变,形成 α-Al_2O_3。铝铵矾的热分解反应为

$$(NH_4)_2Al_2(SO_4)_4 \xrightarrow{650\ ℃} Al_2(SO_4)_3 + 2NH_3\uparrow + SO_3\uparrow + H_2O\uparrow$$

$$Al_2(SO_4)_3 \xrightarrow{800\sim900\ ℃} Al_2O_3 + 3SO_3\uparrow$$

根据图 2.17,首先将 γ-Al_2O_3 粉料放在内料斗 8 中,经过敲击或震动装置 11 使粉料从筛网 7 均匀地撒落下来,然后经过氢氧混合室 5,在氢氧混合室中氢气和氧气燃烧产生高温会熔化粉料,熔化的粉料滴落在结晶台 2 上,最后生长成大单晶体。焰熔法炉腔的温度呈梯度分布,上面温度高,下面温度低,滴落在籽晶杆上的液滴会凝固成晶体,下降装置使籽晶杆缓缓下降,最后就能生长成一根宝石棒。

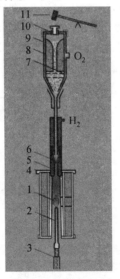

图 2.17　焰熔法生长红宝石装置示意图

1—生长中的红宝石;2—结晶台;3—结晶座的升降齿条;4—炉子;5—氢氧混合室;6—氧气喷嘴;7—筛网;8—装粉料的内料斗;9—外料斗;10—弹簧片;11—小锤

5.固相生长

（1）再结晶生长法。

再结晶生长法,又称固-固生长法,是指固体原料在高温条件下由小晶粒长大成大晶粒的过程,其原理是小晶粒的熔点低,大晶粒的熔点高,在某一温度下,小晶粒逐渐熔化,同时在大晶粒上结晶生长。再结晶法包括以下几种类型。

烧结:首先将多晶原料压实成棒或块,然后在低于其熔点的温度下保温数小时,这时原料中的一些小晶粒逐渐消失,而另一些大晶粒逐渐长大。

退火:在低于熔点的某一温度下加热单晶体,可以大大降低由于 Rayleigh 散射和热应力引起的光吸收,降低晶体缺陷密度,提高晶体在相应透光波段的工作性能。通过调节退火温度、退火时间、退火气氛和升降温速率可以优化晶体退火工艺。热退火也常用于金属的热处理中。金属在加工过程中易引入应变,即金属内存储着大量的应变能,通过退火处理可以消除应变能。

形变生长:可用产生形变的方法(如滚压或锤结)来促使晶粒长大。

退玻璃化法:很多玻璃在加热的过程中会发生再结晶而使玻璃通过率降低,这在玻璃加工中是不希望发生的。但这也说明采用籽晶法可以从玻璃熔体中提拉出单晶体。

（2）多型体相变。

一些同素异形体或多型化合物,具有由一种相转变为另一种相的趋势,称为多型体相变。在高压条件下发生多型体相变的速度非常快,很难进行控制。高压下由石墨转变成金刚石就是多型体相变的一个典型例子。根据石墨-金刚石相图(图2.18),在室温时,金刚石在压力低于 1 000 MPa 下是稳定的。通过热力学计算,低温下相转变速度是非常低的,即不发生相变。为了提高相变速度,升高温度至 2 000~2 500 ℃,为了保证金刚石在稳定区内,还必须提高压力至 6~7 GPa。目前合成金刚石的具体方法很多,按技术特点可分为静态超

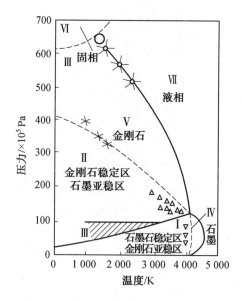

图 2.18　石墨-金刚石相图

高压高温法、动态超高压高温法和常压高温法等。按金刚石形成机制特点，又可归纳为超高压高温直接转变法、静压溶剂触媒法和低压外延生长法等，工业上主要采用静压溶剂触媒法。常用的加压容器有对顶压装置——压缸式（两面顶）和多压式——多面顶（如四面顶和六面顶等）。

2.3 典型人工晶体的制备技术及其性能评价方法

2.3.1 磷酸二氢钾 KH_2PO_4（KDP）和磷酸二氘钾 $K(H_{1-x}D_x)_2PO_4$（DKDP）非线性光学晶体

1. 简介

磷酸二氢钾 KH_2PO_4（KDP）晶体属于四方晶系，空间群为 D_{2d}^{12}–$I\overline{4}2d$，晶胞参数：$a=b=7.4528\ nm$，$c=6.9717\ nm$，$Z=4$。DKDP 晶体是 KDP 晶体的同位素化合物，如果将 KDP 晶体中的氢原子用氘（D）原子置换，晶体中的氢键就变成氘键，这时晶体就变成氘化 KDP，化学通式为 $K(H_{1-x}D_x)_2PO_4$，简称 DKDP。KDP 晶体是以离子键为主体的多键型晶体，$(PO_4)^{3-}$ 是基本结构基元，$(PO_4)^{3-}$ 之间通过氢键相连，形成 $(H_2PO_4)^-$ 结构基元，每个 K^+ 周围有 8 个氧原子与 8 个 $(PO_4)^{3-}$ 连接。

KDP 和 DKDP 晶体是 20 世纪 30～40 年代发展起来的一类优良的电光非线性光学材料。因其具有较大的电光和非线性光学系数，高的光损伤阈值，低的光学吸收，高的光学均匀性和良好的透过波段等特点而被广泛应用于激光变频、电光调制和光快速开关等高技术领域。KDP 和 DKDP 晶体最大的特点是能获得性能优异的米级单位的大尺寸光学晶体，这是迄今任何非线性光学晶体所不能企及的，是惯性约束核聚变（ICF）工程无可替代的非线性光学晶体。

KDP 和 DKDP 晶体比较，DKDP 的激光损伤阈值及非线性光学系数都比 KDP 小，而且价格也比 KDP 高很多，但 DKDP 晶体的电光系数大，半波电位低，在激光核聚变工程中，三倍频光学器件使用 DKDP 替代 KDP 可减少自发 Raman 散射（SRS）损伤，而且 DKDP 晶体的红外吸收比 KDP 晶体低一个数量级，仅为 $5\times10^{-3}\ cm^{-1}$。

2. KDP 和 DKDP 晶体的传统生长方法

KDP 和 DKDP 晶体的生长方法有很多种，如溶液法、凝胶法和电解溶剂法等。目前国际上生长大尺寸 KDP 和 DKDP 晶体的主要方法是降温法（装置如图 2.7）和循环流动法（装置如图 2.8）。这种传统的晶体生长方法最大的限制是生长速率慢，生长周期太长，生长 10 cm×10 cm×20 cm 尺寸的 KDP 晶体，约需数月至半年多的时间，想要获得满足惯性约束核聚变（ICF）工程所需尺寸的晶体需要花费近两年的时间。因此，提高优质大尺寸 KDP 晶体的生长速度是一个十分重要的课题，现在通过点状籽晶法快速生长，其生长速度已由原来的 1～2 mm/d 提到了一个数量级。

3. KDP 和 DKDP 晶体的点状籽晶快速生长法

KDP 和 DKDP 晶体的理想外形是一个四方柱单体和一个四方双锥的聚合体。但 KDP 和 DKDP 晶体生长外形是由一组锥面(101)和柱面(100)所构成的,如图 2.19 所示。传统方法生长 KDP 和 DKDP 晶体限制了柱面(100)方向的生长,仅通过锥面(101)慢速生长,这种生长方法易受到溶液低过饱和度的支配,由于杂质阻塞效应,柱面(100)实际是不生长的,这样的结果是生长后的晶体横截面积与初始籽晶一样。想获得大横截面积的晶体,必须扩面成锥后才能生长大尺寸的晶体,但这种扩面成锥的方法生长周期长,晶体 z 向生长的恢复区占据了生长晶体的很大一部分,而且恢复区内位错密度大,导致晶体光学质量降低。采用点状籽晶全方位生长就可以避免传统方法生长所遇到的困难,该方法采用高纯度、高过饱和度溶液可克服杂质的阻塞效应,锥面(101)和柱面(100)都能够均匀地生长。这样晶体生长的最终尺寸不再局限于初始籽晶的尺寸,从而简化了晶体生长过程,同时该方法也降低了晶体的缺陷密度,提高了晶体的利用率。传统方法生长的晶体与点状籽晶快速生长法生长的晶体比较如图 2.19 所示。

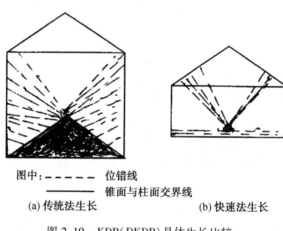

图中:— — — — 位错线
———— 锥面与柱面交界线

(a) 传统法生长　　　　　　　　　　(b) 快速法生长

图 2.19　KDP(DKDP)晶体生长比较

点状籽晶快速生长法的一个技术关键是高纯度,由于该方法是在高过饱和度的条件下进行的晶体生长,点状籽晶非常小,溶液中一旦出现杂晶,杂晶就会迅速生长,致使点状籽晶无法正常生长,因此该方法要求所采用溶质原料和溶剂都要高纯度,并且不受实验环境的二次污染。KDP 饱和溶液浓度的计算公式为

$$c_0 = 0.156\ 5 + 3.001\ 7 \times 10^{-3}\ t + 8.576\ 8 \times 10^{-6}\ t^2\ (t = 10 \sim 80\ ℃)$$

DKDP(90% D 氘)饱和溶液浓度的计算公式为

$$c_0 = 0.170\ 1 + 3.481\ 9 \times 10^{-3}\ t + 2.806\ 2 \times 10^{-6}\ t^2\ (t = 10 \sim 80\ ℃)$$

点状籽晶快速生长法的另一个技术关键是在高过饱和度溶液的条件下不出现自发成核现象,即保持溶液高过饱和度的稳定性。高过饱和度溶液的稳定性与溶液的高纯度及溶液的处理有关,方法是将配制的溶液采用孔径为 0.02 μm 微孔滤膜过滤以除去不溶性杂质,在溶液过滤时要避免溶液遭到二次污染。如需生长优质大尺寸 KDP 和 DKDP 晶体时,生长溶液需要进行 2 ~ 3 次连续过滤,过滤后的溶液要再进行过热处理,过热温度高于溶液饱和温度 15 ℃以上,过热时间保持 24 h 以上,另外,籽晶架、育晶器等的光滑度,对降低溶液中

自发成核也是有作用的。

生长 KDP 晶体的操作步骤:第一步是将一定量的高纯度 KH_2PO_4 原料溶于高纯度去离子水中,并用 $0.22~\mu m$ 的滤膜进行过滤,取 500 mL 通过激光偏振干涉实验装置测定所用生长溶液的柱面扩展死区,得到要实现晶体快速三维生长所需的最小过饱和度。第二步是 KDP 籽晶为 z 切 6 mm×6 mm×5 mm 的晶片,生长方向向上,放入籽晶架后用特殊的籽晶密封保护装置密封好,与生长溶液一起在 80 ℃ 下过热 72 h 后,降温至溶液饱和温度,然后去除籽晶密封保护装置,再自然降温。第三步是在低于饱和温度 0.8 ℃ 下使籽晶恢复 12 h,然后根据 KDP 的溶解度曲线和设定的生长速度采用曲线降温,在高过饱和度下实现 KDP 晶体的快速生长。降温速度根据具体的实验要求而定。本方法采用的生长容器为 40 000 mL 的玻璃槽,采用水浴加热,用 FP21 自动控制水浴温度,控温精度为 ±0.1 ℃,籽晶采用"正 - 反 - 正"方式旋转,最高转速为 70 r/min。

生长 DKDP 晶体的一个关键技术是制备高纯度 DKDP 晶体原料,采用重水(D_2O)与五氧化二磷(P_2O_5)化合而成氘化磷酸(D_3PO_4),然后在 D_3PO_4 中滴入 K_2CO_3 进行复分解反应,最后获得 KD_2PO_4。在整个反应过程中,为了防止氢与氘间的同位素交换反应,整个反应过程应在干燥的环境条件下进行。点状籽晶快速生长 DKDP 晶体是在高过饱和度的溶液下进行的,下籽晶和生长过程中很容易出现杂晶,进而导致生长失败。使用如图 2.20 所示装置在下籽晶和生长过程中出现杂晶后,晶体也能继续生长下去。如图 2.20 所示,生长缸为漏斗形,缸底连有一很短的漏斗管,管内盛有密度为 $1.5~kg/dm^3$ 以上,沸点为 150 ℃ 左右的不溶于水的液体。这样使得在下籽晶和生长过程中出现杂晶后,杂晶聚集后沉入缸底的液体中,从而使得杂晶和生长溶液隔离开来,阻止了杂晶的生长。

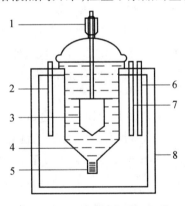

图 2.20　DKDP 晶体快速生长装置

1—液封盖;2—热偶;3—晶体;4—玻璃生长缸;5—底部液体;6—搅拌器;7—加热器;8—水浴

生长 DKDP 晶体的操作步骤为:第一步是配置出高稳定的光学纯溶液,用孔径为 $0.15~\mu m$ 的滤膜对合成的 KD_2PO_4 溶液循环过滤,用吊晶法准确测量出溶液的饱和点温度为 52 ℃,使用 pH 仪测出溶液的 pH 值为 3.9,溶液过热 15 h,温度为 30 ℃。第二步是把一块抛光好的 DKDP 籽晶(4 mm×4 mm×2 mm)绑在晶架上,放入温度高于饱和点 3 ℃ 的溶液中,保温一段时间后籽晶微溶,温度缓慢降至饱和点以下 3 ~ 4 ℃。第三步是调节晶体的转速为 30 r/min,转动周期:正转为 30 min,停转为 10 min,反转为 30 min,停转为 10 min。根据生长过程中晶体的体表面比,计算出每天的降温量,设计降温程序。如每天晶体在 x 方向生长速度为 $2\sim3$ mm/d,降温速度为 $0.1\sim2$ ℃/d。

4. KDP 和 DKDP 晶体的性能表征

KDP 和 DKDP 晶体的光学质量采用超显微镜和透射电镜(TEM)观察。超显微方法是把激光聚焦成细束,在透明晶体内分层扫描,利用晶体内杂质或畸变场对入射光的散射,把晶体内的杂质或缺陷显示出来。所用光源为 LE×EL3500 氩离子激光器,输出功率为 100 mW,波长为 514.5 nm。晶体按 z 向切割(001)面,切面抛光后置于三维可调的显微载物台上,使横向入射光垂直于晶体(001)抛光面入射,纵向用显微镜观测光散射现象。透射电镜方法是首先晶体样品经过研磨、抛光、镀膜,然后置于铜网中,晶体透过率的测量在室温下进行,测量光谱范围为 $190.00\sim1\,800.00$ nm,光栅直径为 4.0 mm。KDP 和 DKDP 晶体的激光损伤阈值测试采用光斑直径为 2.0 cm 的 Nd:YAG 激光器,聚焦后以 1-on-1 方式测定,在暗室中观察到晶体中出现闪光点即为损伤点,在晶体的不同部位测定 8 个以上的点,定义损伤点数目约占总测定点数的 $40\%\sim50\%$ 时的激光能量值为损伤能量,损伤能量与焦斑面积之比即为测得的损伤阈值。

2.3.2 中远红外非线性光学晶体

1. 简介

可见光区和紫外光区的非线性光学材料研究较为成熟,已经获得大尺寸、高质量的非线性光学晶体,如 KDP、KTP、BBO、LBO 等,可以满足实际应用的要求。而在 $3\sim5$ μm 和 $8\sim10$ μm 的中远红外区域,仍缺乏优质大尺寸的、有效的非线性光学晶体来解决激光光源的频率变换问题。这两个窗口波段在民用和国防领域中具有非常突出的应用。民用领域的应用包括红外光谱、红外医疗器械、大气中有害物质的监测、远距离化学传感和深空探测等。国防领域的应用包括红外激光干扰对抗、红外遥感、激光雷达、战场中生化武器甄别和作战目标仿真模拟等。

红外光区的非线性光学材料大多是 ABC_2 型的黄铜矿类半导体晶体,如 $AgGaS_2$、$AgGaSe_2$、$ZnGeP_2$、$CdGeAs_2$ 等,这类晶体具有两个突出的优点:非线性光学系数大和中远红外透光波段宽。但是,也存在一些严重的缺点而限制了它们的应用,如热膨胀的各向异性严重,生长大尺寸晶体困难;本征缺陷引起光吸收和光散射,晶体在近、中红外区透过率降低。

这类黄铜矿晶体均属于四方晶系结构,空间群 I42d,对称性 D_{2d}^{12},其可以看成闪锌矿的三元超结构,如图 2.21 所示。表 2.2 列出了一些中远红外非线性光学晶体的主要性能参数。

表 2.2　中远红外非线性光学晶体的主要性能参数

晶体名称	对称性	透过范围 /μm	热导率 /(W·mK^{-1})	带隙 /eV	820 nm 波长双光子吸收系数/(cm·GW^{-1})	非线性系数 /(pm·V^{-1})
$AgGaS_2$	$\bar{4}2m$	$0.47\sim12.6$	1.5	2.73	~4	$d_{36}=13.9$ (±1.7)
$AgGaSe_2$	$\bar{4}2m$	$0.76\sim18$	1.1	1.83	$18(1.32\ \mu m)$	$d_{36}=33$

续表2.2

晶体名称	对称性	透过范围 /μm	热导率 /(W·mK^{-1})	带隙 /eV	820 nm 波长双光子 吸收系数/(cm·GW^{-1})	非线性系数 /(pm·V^{-1})
ZnGeP$_2$	$\bar{4}2m$	0.75~12.5	36	1.75	—	$d_{36}=75$
CdGeAs$_2$	$\bar{4}2m$	2.4~18	6.7	0.57	—	$d_{36}=236$
GaSe	$P\bar{6}m2$	0.65~18	16.2	1.46	0.2~0.5	$d_{22}=$ 54.4pm/V
LiInS$_2$	mm2	0.4~12	5.9~7.4	3.59	0.04	$d_{31}=7.25$
LiInSe$_2$	mm2	0.45~15	4.6~5.45	2.86	0.6	$d_{31}=10.6$

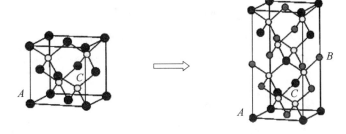

图 2.21　闪锌矿结构和黄铜矿结构

2. LiInSe$_2$ 晶体制备

(1) LiInSe$_2$ 多晶原料合成工艺。

采用倾斜的单温区管式电阻炉合成 LiInSe$_2$ 多晶原料。图 2.22 是 LiInSe$_2$ 的合成温度曲线,500 ℃和750 ℃两个温度下有保温过程,其目的是让 Li、In、Se 单质原料能转变为二元化合物,并且在 960 ℃时能转变成三元化合物 LiInSe$_2$。表 2.3 为三种单质原料的饱和蒸气压。可以看到金属 Li 和 In 的蒸气压很低,Se 的蒸气压很高,是容易导致石英管炸裂的主要原因,然而我们在 500 ℃和 750 ℃两个温度下让 Se 转变为二元化合物可以有效地降低 Se 的蒸气压。

图 2.23 是合成炉装置图。该合成炉采用管状的石墨坩埚或 PBN 坩埚盛装腐蚀性的锂单质和 In 单质原料,Se 单质原料放置在石墨坩埚(或 PBN 坩埚)外部,石英管底部。由于 Se 单质的蒸气压远高于 Li 和 In 单质的蒸气压,在升温过程中,高蒸气压的 Se 单质蒸气将抑制锂的挥发。在加热过程中,由于锂与 In 单质原料共存于管状的坩埚中,根据 Li-In 二元相图,锂与 In 单质原料倾向于首先反应得到低熔点的二元中间产物,中间产物再与 Se 反应生成目标产物 LiInSe$_2$ 多晶,这种反应方式避免了反应过程中首先生成高熔点的 Li-Se 型和 In-Se 型二元化合物,降低了由于高熔点物质导致的包裹体出现概率。倾斜的单温区电阻炉,既保证了 Li 和 In 单质原料在反应过程中混合均匀,也保证了坩埚中反应物与 Se 单质蒸气有较大的接触面积,使产物更均一。本方法大大降低了合成过程中石英管爆裂的概率,安全、简单,可用于合成反应过程中易产生腐蚀石英管蒸气的含锂的 I-Ⅲ-Ⅵ$_2$ 型、BaGaSe$_2$ 和 BaGaS$_2$ 中远红外多晶。

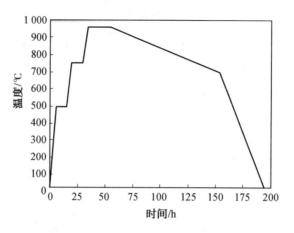

图 2.22　$LiInSe_2$ 多晶原料合成温度曲线

表 2.3　Li、In、Se 的饱和蒸气压(atm)

	500 ℃	700 ℃	750 ℃	960 ℃
Li	3.63×10^{-6}	0.000 54	0.001 39	0.031 875
In	1.14×10^{-10}	1.09×10^{-7}	4.01×10^{-7}	2.96×10^{-5}
Se	0.055 669	1.179 757	2.100 464	14.211 39

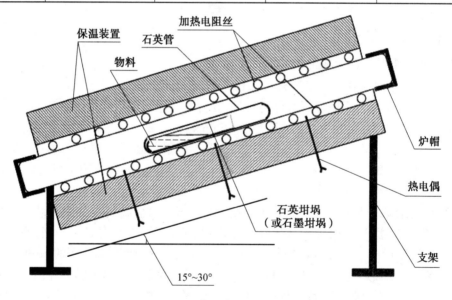

图 2.23　合成炉装置图

（2）$LiInSe_2$ 单晶生长工艺。

$LiInSe_2$ 的单晶采用垂直梯度冷凝法生长,图 2.24 是单晶生长炉和温场。由于最初没有籽晶,所以采用自发成核法生长单晶,为了确保每次都能获得大块的晶体,在采用梯度冷凝技术的同时,采用温度振荡技术进行程序降温。温度振荡技术可以限制晶体成核数量。装有 $LiInSe_2$ 多晶原料的坩埚首先在 980 ℃ 的恒温温场下保温 24 h,以保证多晶原料全部熔

化,然后温场温度降为 920 ℃,温场梯度为 10 ~ 15 ℃/cm。温度振荡过程中低温区温度首
先以 0.3 ℃/h 速率降到 895 ℃,然后再以 1 ℃/h 速率升到 905 ℃,保温 10 h,接下来进行第
二个循环,以 0.3 ℃/h 速率降到 870 ℃,然后再以 1 ℃/h 速率升到 895 ℃,接下来以
0.3 ℃/h 速率降温直到熔体全部凝固,然后再以 15 ~ 50 ℃/h 速率降至室温。

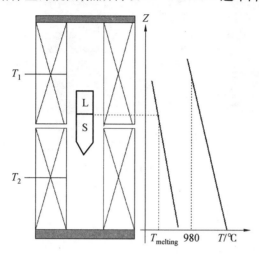

图 2.24　垂直单晶生长炉和温场曲线

(3)LiInSe$_2$ 单晶和器件照片。

图 2.25 是 LiInSe$_2$ 的单晶照片。图 2.25(a)是直径为 1 cm 的黑红色晶体,它是采用 Se
过量2%的多晶原料进行生长获得的晶体生长过程中又添加额外的 Se 单质。图 2.25(b)是
直径 2 cm 的棕红色晶体,图 2.25(c)是晶体(b)在灯光照射下的照片,照片显示晶体颜色均
匀,无裂纹,表面有光亮的气孔,可能是由于坩埚壁有杂质,或晶体生长速度过快,蒸汽还来
不及排出所致。图 2.25(d)为多晶原料提纯时获得的晶体,这个晶体存在明显的组成渐变
的过程,上部为红色晶体,下部为黄色,然后为黑色,该图表明晶体生长时也同样存在组成改
变。图 2.25(e)是直径为 3 cm,长度为 5 cm 的黄色晶体,它是采用黄色多晶原料生长获得
的,晶体生长时没有添加额外的 Se 单质。

(4)LiInSe$_2$ 单晶性能研究。

图 2.26 和图 2.27 是 2 mm 厚 LiInSe$_2$ 抛光晶片的吸收谱和透过谱。曲线 1 是晶体照片
中图 2.25(a)中黑红色晶体,曲线 2 是晶体 1 退火后的透过谱,曲线 3 是图 2.25(b)中棕红
色晶体的透过谱。根据透过谱 LiInSe$_2$ 晶体的透过波段为 0.6 ~ 13.0 μm,在透光波段小于
2.5 μm 时,晶体 1 和晶体 2 透过谱相近,而大于 2.5 μm,晶体 2 的透过率高于晶体 1,究其
原因,尽管两个晶体均采用 Se 过量2%的多晶原料,但晶体 2 生长时没有添加额外单质 Se,
因此晶体 2 中由于过量 Se 所引起的散射要弱于晶体 1,因此透过率增大,晶体 1 退火后其透
过率整体提高,透过率由原来的 55% 升高到 66%,吸收系数由 1 cm^{-1} 降低到 0.6 cm^{-1},退火
试验是在真空下进行的,退火过程不但可以消除热应力,而且晶体 1 中过量的 Se 单质得以
挥发,ICP 组成分析表明退火后的晶体组成比相对于退火前更接近于化学计量比。曲线 3
是红棕色晶体的通过谱和吸收谱,图中 10.3 μm 处吸收峰为 LiBX$_2$ 纤锌矿结构特征吸收峰。

(a) 黑红色晶体　(b) 棕红色晶体　(c) 灯光照射下的　(d) 多晶原料提纯时　(e) 黄色晶体
　　　　　　　　　　　　　　　　棕红色的晶体　　　获得的晶体

图 2.25　LiInSe$_2$ 的单晶照片

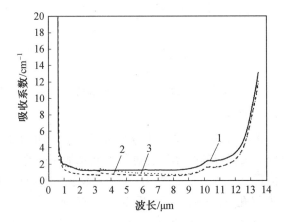

图 2.26　2 mm 厚 LiInSe$_2$ 抛光晶片的吸收谱

1—晶体#1（黑红色）；2—晶体#1 退火；3—晶体#2（棕红色）

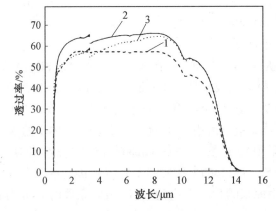

图 2.27　2 mm 厚 LiInSe$_2$ 抛光晶片的透过谱

1—晶体#1（黑红色）；2—晶体#1 退火；3—晶体#2（棕红色）

图 2.28 和图 2.29 是 LiInSe$_2$ 退火前后晶体照片,图 2.28 是棕红色晶体退火前后照片,其中颜色均一的红色晶体是退火前的照片,而退火后转变成这种类似于夹心颜色的晶体,这是因为该晶体是在真空中退火,组分中成分挥发,在边缘处 Se 挥发得多,因此颜色变浅为黄色,而内部挥发较少仍为红色,其边缘的黑色有可能是在晶体处理时,采用王水氧化了部分金属 Li 和 In 导致的。图 2.29 是黄色晶体在 Se 过量 2% 的多晶原料中退火前后的照片。其中全黄色的晶体为退火前照片,从照片可看出,该晶体本身就有一些缺陷,含有杂质包裹物或其他宏观缺陷。该晶体退火后晶体转变成红色,灯光照射下发现红色晶体组分分布不均匀,成分偏析,红色和黄色分散,可能是退火时间过短或退火温度较低造成的,黄色晶体在多晶原料中的退火工艺需进一步完善。

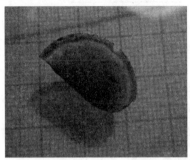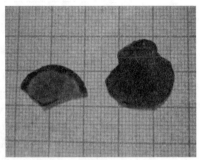

图 2.28　晶体#2(棕红色)退火前后晶体照片

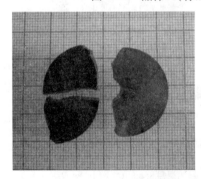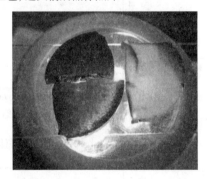

图 2.29　晶体#3(黄色)退火前后晶体照片

图 2.30 是黑红色晶体、棕红色晶体和黄色晶体三种晶体退火前后的吸收谱,黑红色晶体、棕红色晶体是在真空下退火,退火后吸收系数均降低,棕红色晶体退火后吸收系数降低为 0.2 cm^{-1},而且退火后短波截止边向紫外区移动,由原来的截止边 0.6 μm 移动到 0.53 μm,黄色晶体吸收系数较大,是由于其内部含有较多的缺陷导致的,而且在多晶原料中退火后吸收系数增大更多,由前面的晶体照片也可发现这是由于组分分布不均匀,过量的 Se 形成了包裹体或其他缺陷导致的散射损失。由这个吸收谱可知晶体颜色的确是影响晶体的短波吸收边,黄色晶体截止边为 0.5 μm,退火后变成红色截止边移到 0.6 μm。经过研究还表明 LiInSe$_2$ 的长波吸收边与晶体颜色无关,其与晶格振动有关。

图 2.31 和图 2.32 分别是黄色和红色晶体的 DSC 和 TG 图,黄色晶体熔点为 893 ℃,红色晶体熔点为 905.3 ℃,根据相图,熔体组成改变,熔点也变化。两种晶体在 800 ℃ 以上均发生分解。

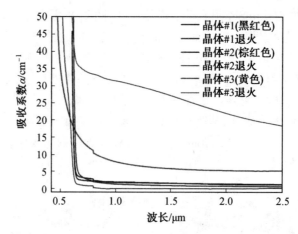

图 2.30 晶体#1(黑红色晶体)、晶体#2(棕红色晶体)和晶体#3(黄色晶体)退火前后的吸收谱

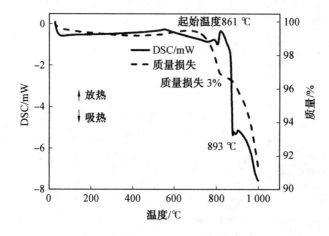

图 2.31 黄色晶体的 DSC 和 TG 图

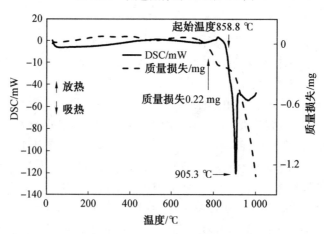

图 2.32 红色晶体的 DSC 和 TG 图

3. GaSe 晶体生长

（1）单温区法合成 GaSe 多晶原料。

图 2.33 为 Ga-Se 二组分固液系统相图，在 Ga-Se 体系中，有两个稳定的化合物，即 GaSe（熔点（MP）（960±10）℃）和 Ga_2Se_3（MP（1 020±10）℃）。GaSe 和 Ga_2Se_3 之间有一个共熔点，组成约为 55%，温度为 884 ℃。除此之外，Ga-Se 体系也会形成 Ga_3Se_2 和 Ga_2Se，然而，这两种化合物都不能通过元素直接合成获得，而是通过升华的方法获得。由于 Ga-Se 体系可以形成 GaSe 和 Ga_2Se_3 两种稳定化合物，因此一些因素如反应物中杂质含量、化学计量比和单晶体的生长速率均影响 GaSe 的合成质量。

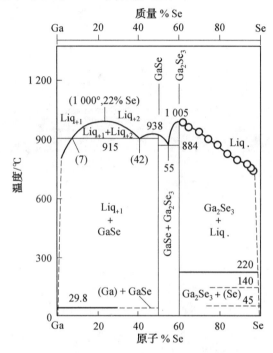

图 2.33　Ga-Se 二组分固液系统相图

单温区法合成 GaSe 多晶原料步骤：

①用王水浸泡石英管和盛料用的石英小舟或氮化硼小舟，然后用超纯水清洗，烘干。按照摩尔比 Ga：Se＝1：1 称量单质原料 Ga 和 Se，Ga 和 Se 的纯度均为 6 N。

②将 Ga 和 Se 放置于石英小舟中，并插入合成石英管中，将石英管抽真空至 10^{-5} Pa，再用氢氧火焰熔封石英管。

③将熔封好的合成石英管放入水平单温区管式电阻炉中，按照图 2.34 升温程序进行程序控温，控温精度为±1 ℃，最高温度控制在 960～990 ℃。

图 2.35 为单温区法获得的多晶原料，可以看到在石英小舟的上方富集了少量挥发的原料，此多晶料为红褐色，GaSe 为层状晶体，解离表面非常光亮，整个原料无气孔。

（2）双温区法合成 GaSe 多晶原料。

目前单温区法合成 GaSe 多晶原料可以达到 120 g，高于 120 g 将会发生炸裂，其主要原因是 Se 和 S 在高温时蒸气压迅速增大，导致石英管炸裂。Se 在 960 ℃时，蒸气压可以达到

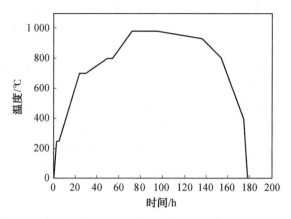

图 2.34　多晶料合成工艺过程

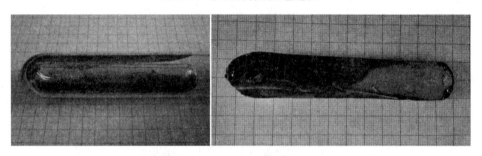

图 2.35　单温区法合成的多晶原料

14 atm。

双温区法合成 GaSe 多晶原料的步骤有如下几点。

①用王水浸泡石英管和盛料用的石英小舟或氮化硼小舟,然后用超纯水清洗,烘干。按照摩尔比 Ga:Se=1:1 称量单质原料 Ga 和 Se,其中 $n=PV/RT$,P 为 1 个大气压,V 为石英管内圆柱体空隙体积,T 为 $(600+273)$ K,R 为气体常数。

②将 Ga 放置于小舟中,把盛有 Ga 的石英小舟放置到石英管的封闭端,把 Se 直接放置在石英管的另一端。将石英管抽真空至 10^{-5} Pa,再用氢氧火焰熔封石英管,然后放入水平双温区管式电阻炉中,盛有 Ga 的小舟位于高温区,Se 位于低温区,小舟与 Se 之间为梯度区。

③首先使高温区的温度升至 $T_1=950\sim1\ 000$ ℃,同时使低温区温度升至 $T_2=500\sim700$ ℃,保温 $10\sim15$ h,此为第一阶段。然后维持高温区温度不变,将低温区的温度升高至 $T_2'=T_1+(10\sim20)$ ℃,保温 $3\sim5$ h,此为第二阶段。然后整个电阻炉的温度以 $5\sim7$ ℃/h 速度升至 930 ℃,最后再以 $20\sim40$ ℃/h 速度降至室温,得到 $GaSe_{1-x}S_x$ 多晶原料。

在双温区法中,Ga 放置在热区,Se 放置于冷区。在试验的第一步合成中,热区和冷区温度分别迅速升高到 $950\sim1\ 000$ ℃和 $500\sim700$ ℃,冷区的 Se 加热后形成蒸气输送到热区并与 Ga 发生反应。在合成的第二步中,热区和冷区的温度分别设置在 980 ℃和 $1\ 000$ ℃下。冷区温度高于热区温度,使多晶材料在热区沉积。在双温区合成的过程中,GaSe 熔化至 930 ℃的冷却速率较慢,采用如此缓慢的冷却速率的目的是退火和均质。采用双温区法,单次合成的多晶材料质量可达到 300 g 以上。图 2.36 为双温区法示意图,该图给出两个阶段的温场曲线。

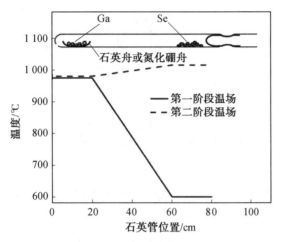

图 2.36　双温区法示意图

图 2.37 为双温区法合成的 GaSe 多晶原料图,单次合成量达 300 g。

图 2.37　双温区法合成 GaSe 的多晶原料

图 2.38 为 GaSe 多晶料的 X 射线粉末衍射图,由图可看到试验 XRD 图谱与标准图谱对应得很好,说明我们合成的多晶料是单相的;试验图谱衍射峰尖锐,表明合成产物的结晶性很好,可以作为生长单晶的原料。

(3) GaSe 单晶生长。

中远红外晶体多采用 Bridgman 生长技术生长单晶体,如坩埚下降法和垂直梯度冷凝法。这两种方法都是在温场上方设置 1 个高温区,下方设置 1 个低温区,中间为温度梯度区。坩埚下降法是温场不动,承装多晶原料的坩埚由高温区移向低温区,当坩埚移动到原料凝固点温度时,熔体冷凝成单晶体。垂直梯度冷凝法是坩埚不动,温场温度逐渐降低,当温场温度降低到凝固点时,多晶原料熔体凝固成单晶体。这两种方法坩埚放置的初始位置也有区别,垂直梯度冷凝法中坩埚初始位置在温度梯度区,而坩埚下降法中坩埚初始位置在高温区,如图 2.39 所示。

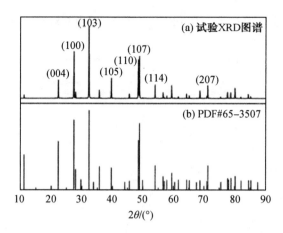

图 2.38 GaSe 多晶料的 X 射线粉末衍射和标准 PDF 卡片 65-3507

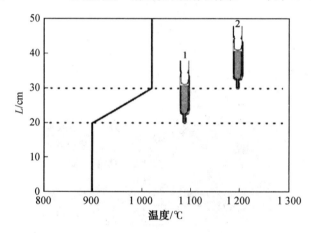

图 2.39 梯度冷凝法 1 和坩埚下降法 2 温场及坩埚初始位置

GaSe 采用 B-S 生长技术在垂直双区炉中生长,试验装置图如图 2.40 所示。20 cm 长的高温区和低温区分别保持在 966 ℃和 920 ℃。梯度区长度为 10 cm,温度梯度为 4 ~ 5 ℃/cm。装有多晶原料的坩埚从高温区到低温区的移动速度为 1 ~ 2 mm/h。我们采用了自发成核技术,因此生长用坩埚的形状十分重要,采用带有籽晶阱的 PBN 坩埚,籽晶阱直径为 5 mm、长为 25 mm,籽晶阱可以实现晶体生长过程中几何淘汰机制,最终获得大尺寸单晶体。

生长操作步骤有如下几点。

①用王水浸泡生长用石英管和盛装多晶原料的 PBN 坩埚,然后用超纯水清洗,烘干。其中 PBN 坩埚为带有籽晶阱的圆柱形。

②将多晶原料加入到 PBN 坩埚中,然后将 PBN 坩埚竖直放在石英管中,将石英管抽真空至 10^{-5} Pa,最后用氢氧火焰熔封石英管。

③将熔封的石英管放入垂直双温区管式电阻炉中,垂直双温区管式电阻炉从上到下依次为高温区、梯度区和低温区,石英管中 PBN 坩埚底部的籽晶阱底端位于梯度区起始位置。

④首先使高温区温度升高至 1 010 ~ 1 020 ℃,同时低温区温度升高至 950 ~ 960 ℃,梯

度区的温度梯度为 5 ~ 7 ℃/cm,保温 15 ~ 20 h,此为第一阶段。然后将高温区的温度降低 7 ~ 10 ℃,同时低温区的温度降低 7 ~ 10 ℃,保持 1 ~ 2 h,此为第二阶段。再将高温区的温度提高 5 ~ 8 ℃,同时低温区的温度提高 5 ~ 8 ℃,保持 2 ~ 3 h,此为第三阶段。再将高温区的温度降低 50 ~ 70 ℃,同时低温区的温度降低 50 ~ 70 ℃,此为第四阶段。最后将整个电阻炉的温度降至室温,得到大尺寸单晶体。

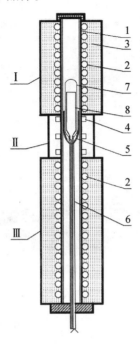

图 2.40　单晶生长炉示意图

1—炉体;2—加热电阻丝;3—保温材料;4—水冷管;5—石英托; 6—测温热电偶;7—熔封的生长用石英管;8—带籽晶阱的 PBN 坩埚。高温区 Ⅰ、梯度区 Ⅱ 和低温区 Ⅲ

采用本方法共获得三种晶体,如图 2.41 所示。

(4)GaSe 晶体性能表征。

图 2.42 为 GaSe 晶体的 DSC 曲线。熔化过程的起始点为 874 ℃,在 936 ℃处出现一个吸热峰。熔点数据与图 2.1 的 Ga-Se 体系相图中 GaSe 的熔点(938 ℃)一致,表明 GaSe 晶体处于接近化学计量比,GaSe 是一种稳定化合物。

图 2.43 为 GaSe 晶体的红外透射和吸收光谱。显然,从 14 μm 到 17 μm 的特征吸收峰为该晶体的特定晶格振动。灰色晶体的光吸收明显低于红色晶体。灰色晶体的光吸收从 0.64 μm 到 12.82 μm,吸收曲线平坦。在整个透过范围内,红色晶体的光吸收随波长的增加而单调增加。这两种样品的吸收差异可能与晶体组成和晶格缺陷有关。根据元素的相对含量,计算出的红色晶体和灰色晶体的化学式分别为 $GaSe_{1.07}$ 和 $GaSe_{1.06}$。两种样品的硒含量都过高。与红色晶体相比,灰色晶体的 Ga/Se 比接近化学计量学。GaSe 晶体在 1 cm^{-1} 的吸收水平下的透明范围为 0.64 ~ 17.80 μm。最短波长为 0.64 μm,最长波长为 17.80。短波区域的截止波长与带隙有关,本证的点缺陷的类型导致了长波截止边缘的偏移。两个截断

(a) 直径为20 mm, 长度为60 mm的红色GaSe单晶体

(b) 直径为20 mm, 长度为60 mm的灰色GaSe单晶体

(c) 直径为40 mm, 长度为130 mm的灰色大尺寸GaSe单晶体

图 2.41 生长的大尺寸 GaSe 单晶体

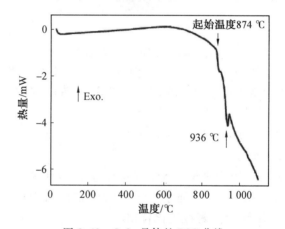

图 2.42 GaSe 晶体的 DSC 曲线

边的位移可以归因于晶体组成和晶体颜色。类似的情况也发生在另一种晶体材料 $LiInSe_2$ 中。

图 2.44 为 8 mm 厚度的 GaSe 晶体的 THz 吸收光谱。GaSe 的太赫兹吸收主要由声学和光学声子(即 TO 和 LO)吸收决定,以及在 1 太赫兹以下的自由载流子吸收决定。在 0.58 THz 处有一个强吸收峰,在 1.1 THz 处有一个宽吸收峰。0～10 THz 吸收系数 α 均低于 5.5 cm^{-1},但由于干扰(Etalon 效应),振荡吸收谱出现在 1.7 THz 以上。

脉冲频率和脉冲宽度分别为 500 Hz 和 27 ns。$1/e^2$ 的光束直径聚焦在离样品表面

0.65 mm 处,光束质量 M^2 为 1.2,能量密度为 3.2 J/cm^2,无损伤,对应的功率密度为 118 MW/cm^2。远红外激光输出功率可以达到 8~9 W,THz 波段激光输出功率达到 50 mW。

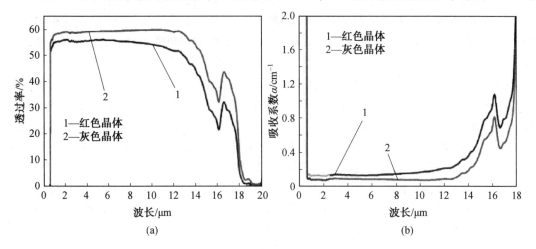

图 2.43 GaSe 晶体的透过谱(a)和吸收谱(b)退火后晶体吸收谱

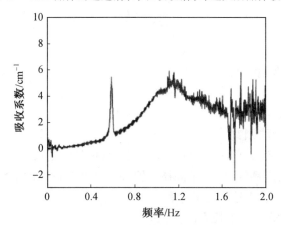

图 2.44 GaSe 晶体的 THz 吸收光谱

4. 磷化锗锌($ZnGeP_2$)和砷化锗镉($CdGeAs_2$)晶体生长

$ZnGeP_2$ 和 $CdGeAs_2$ 的合成及生长与 LiInSe2 和 GaSe 相近,只是 P 的蒸气压要更高一些,在合成过程中更容易发生爆炸,因此 $ZnGeP_2$ 只能采用双温区合成。$ZnGeP_2$ 的合成原料为高纯单质 Zn、Ge、P。原料按 Zn∶Ge∶P=1∶1∶2 配料,其中 P 过量 0.2%(质量比)。Zn 和 Ge 混合物置于高温区(~1 050 ℃),P 置于低温区(~500 ℃)。在这一阶段要持续数小时,直至单质 P 全部反应。在合成初始阶段,P 的气相传递和中间产物(Zn_3P_2)的生成占主导,之后低温区也被加热到 1 050 ℃,Zn_3P_2 分解为气相,进入熔体,最终生成 $ZnGeP_2$。

合成 $CdGeAs_2$ 多晶要求用高纯(6N)As、Ge、Cd 单质原料,合成前原料应进行预处理,通常采用"加热抽真空去除法"以去除表面的氧化物。$CdGeAs_2$ 可以采用单温区合成,也可以采用双温区合成,双温区合成过程的主要反应如下:

$$2Cd(g) + As_4(g) \xrightarrow{650\ ℃} 2CdAs_2(g)$$

$$CdAs_2(s) + Ge(s) \xrightarrow{940 \text{ ℃}} CdGeAs_2(s)$$

CdGeAs$_2$ 单晶生长的难点是 CdGeAs$_2$ 晶体存在严重的各向异性,在结晶冷却时易造成严重的开裂,所以大的无开裂的单晶生长非常困难。俄罗斯科学家利用"垂直的布里奇曼法"生产出合格的晶体,它是将砷化锗镉多晶料放入生长用石英管中,然后在真空条件下用氢氧火焰密封,并装入垂直生长炉中。生长炉温度梯度为 2 ~ 50 ℃/cm,生长速率为 0.3 ~ 5 cm/d。这种方法生长出合格晶体的比例大约为 10%,其主要原因是垂直的布里奇曼法在生长过程中其生长面为凹液面,这样会不可避免地产生多晶,同时单晶表面添加相和氧化物的存在将导致物料与器壁粘连,这也是产生开裂的原因。美国学者采用的水平梯度冷凝法生长 CdGeAs$_2$ 单晶体,它是将多晶料放入裂解氮化硼 PBN 小舟中,并将小舟放入生长用石英管中,再进行抽真空,密封。最后将密封的石英管放入水平双温区透明管式炉中。高温区温度为 670 ℃,低温区温度为 650 ℃,由于两温区温度差较小,所以产生的温度梯度也非常小(在水平方向为 1 ~ 2 ℃/cm),从而使开裂最小化,同时生长界面接近平面,温度梯度稳定,且观察方便。目前利用这种方法生产单晶的产率达到 78%。

思考题

1. 利用公式说明饱和溶液中晶核如何形成?
2. 说明均匀成核与非均匀成核的差别。
3. 什么是理想完整晶体生长模型——科赛尔机制?
4. 如何理解布拉维法则?
5. 溶液法和熔体法生长单晶体的原理是什么,两种晶体生长方法的驱动力是什么?
6. 高温溶液法(助溶剂法)生长单晶体的原理是什么? 选取助溶剂的原则是什么?
7. 简述焰熔法法生长人造宝石的过程。
8. 简述 KDP 和 DKDP 的生长方法。
9. 简述 GaSe 单晶体生长方法。

第3章 功能陶瓷

3.1 概　述

3.1.1 功能陶瓷的定义

陶瓷材料包含金属元素和非金属元素的化合物相。陶瓷材料在热的和化学的环境中比它们的组元更稳定。由于化合物本质上比它们相应的组元包含更为复杂的原子配位,从而对滑移具有更大的抗力,所以陶瓷通常比相应的金属或聚合物更硬,而往往缺乏塑性。现在将陶瓷一般分为两大类:传统陶瓷和先进陶瓷。传统陶瓷以天然的硅酸盐矿物烧制而成,人们一般将其称为传统陶瓷或普通陶瓷,也叫硅酸盐陶瓷,诸如日用陶瓷、艺术陶瓷和工业陶瓷(电力工业用的高压电瓷、化学工业用耐腐蚀的化工陶瓷、建筑工业用的建筑陶瓷和卫生陶瓷等)。与之相区别,人们将近代发展起来的各种陶瓷总称为先进陶瓷,先进陶瓷又称现代陶瓷、精细陶瓷、特种陶瓷和高技术陶瓷、高性能陶瓷等。它是为了与传统陶瓷相区别而命名的。先进陶瓷按照其在使用中的作用,可分为结构陶瓷和功能陶瓷两大类。先进陶瓷中功能陶瓷占较大部分(60% ~70%),目前功能陶瓷和结构陶瓷的产值比为3∶1。

结构陶瓷是指在应用时主要利用其力学性能的先进陶瓷,如果能在高温下应用的则称为高温结构陶瓷。

功能陶瓷是在应用时主要利用其非力学性能的先进陶瓷材料。这类材料通常具有一种或多种功能,如电学、磁学、光学、热学、化学、生物学等,有的有耦合功能,如压电、压磁、热电、电光、声光、磁光等。功能陶瓷是新材料的重要组成部分。

3.1.2 功能陶瓷的分类及应用

功能陶瓷材料的品种非常多,从应用的角度可大致分类如下几类。

(1)结构陶瓷。这类陶瓷材料主要用来制造装置零部件、小电容量的电容器、绝缘子、电感线圈骨架、电子管插座、电阻基体、电真空器件和集成电路基片等。根据具体的应用要求,这些陶瓷材料应具有不同的特性。

①制造一般的装置零部件和电感线圈骨架等应用时,要求陶瓷材料的绝缘性能好、介质损耗小、机械强度高、具有一定的散热性能等。这类应用的代表性陶瓷材料有氧化铝陶瓷和滑石陶瓷。

②制造电阻基体时,要求陶瓷材料可在较高温度下工作,绝缘性能好、致密、气孔率低,可精确地进行磨加工、抛光和保证一定的加工精度,能与碳膜和金属膜等电阻膜形成牢固结合,且不发生化学反应。这类应用的代表性陶瓷材料有低碱陶瓷、长石陶瓷等。

③制造电真空器件和集成电路基片等时,要求陶瓷材料具有良好的气密性和致密度、绝缘性能好、高温性能稳定、导热性能好、耐化学腐蚀性好、机械强度高、与金属形成良好的封接等。其代表性陶瓷材料有刚玉陶瓷、氧化镀陶瓷、氮化硼陶瓷和氮化铝陶瓷等。

（2）电容器介质陶瓷。这类陶瓷材料主要用来制造各种条件下应用的电容器,根据国家标准规定分为Ⅰ类电容器陶瓷介质、Ⅱ类电容器陶瓷介质和Ⅲ类电容器陶瓷介质。

Ⅰ类电容器陶瓷介质主要用来制造高频陶瓷电容器,其代表性陶瓷材料有金红石陶瓷、钛酸钙陶瓷、钙钛硅陶瓷等。

Ⅱ类电容器陶瓷介质主要用来制造电子线路中的旁路、耦合电路、低频及其他对电容量温度稳定性和介质损耗要求不高的电容器。一般要求这类陶瓷材料具有大的介电常数。介电常数与电场的关系为非线性。其代表性陶瓷材料有 $BaTiO_3$ 陶瓷和 $SrTiO_3$ 陶瓷等。

Ⅲ类电容器陶瓷介质又称为半导体陶瓷介质。该类陶瓷主要用来制造用于较低电压下工作的大电容量、小体积的电容器。要求这类电容器陶瓷介质具有介质层极薄、介电常数大、介电常数的温度变化小等性能。其代表性陶瓷材料有 $BaTiO_3$ 半导体陶瓷和 $SrTiO_3$ 半导体陶瓷。

（3）压电陶瓷。这类陶瓷材料具有良好的机械能与电能之间的转换性能,主要用来制造各种压电陶瓷换能器、扬声器等电声器件,滤波器等频率元器件等。其代表性陶瓷材料有 $Pb(Zr,Ti)O_3$ 陶瓷、$PbZrO_2$ 陶瓷等。

（4）半导体陶瓷。半导体陶瓷除可用来制造Ⅲ类半导体陶瓷电容器外,还可用来制造各种敏感元器件、传感器等。如用来制造热敏电阻、压敏电阻、光敏电阻、湿敏电阻、气敏电阻、红外敏电阻、光电池等很多对外界不同因素敏感的元器件,用于电子线路中进行信息采集和自动控制、过电流保护、过热保护、节能降耗等设备和仪器中。这些敏感陶瓷材料具有随外界相应条件和因素变化而发生电阻、电容和形变等的变化。半导体陶瓷具有使应用过程中的电信号、磁信号、温度和应力等发生相应变化的性能,所以用途非常广泛。其代表性陶瓷材料有 $BaTiO_3$ 半导体陶瓷、PTC 热敏电阻陶瓷、ZnO 压敏陶瓷等。

（5）导电陶瓷。导电陶瓷主要用来制造各种大功率的电阻器、显示器件、微波衰减器、夜视仪等。这种陶瓷材料的电阻率非常小。其代表性陶瓷材料有 SnO_2 导电陶瓷等。

（6）超导陶瓷。超导陶瓷主要用来制造超导量子干涉计、磁通变换器、超导计算机、混频器、高温超导无源和有源微波器件、超导电缆、超导同步发电机、超导磁能存储系统、超导电磁推进系统、超导磁悬浮装置等。其代表性陶瓷材料有 $YBa_2Cu_3O_{7-8}$ 陶瓷等。

（7）磁性陶瓷。磁性陶瓷材料主要用来制造多路通信用电感器、滤波器、磁性天线、记录磁头、磁芯以及雷达、通信、导航、遥测、遥控等电子设备中的各种微波器件,各种电子计算机的磁性存储器磁芯等。铁氧体材料分为软磁、硬磁、旋磁、矩磁和压磁等五类。这种陶瓷材料具有良好的磁导率、压磁耦合系数、品质因数、损耗角正切等。其代表性陶瓷材料有 $MnO-ZnO-Fe_2O_3$ 陶瓷、$NiO-ZnO-Fe_2O_3$ 陶瓷、$BaO \cdot 6Fe_2O_3$ 陶瓷、$MgO-MnO-Fe_2O_3$ 陶瓷等。

（8）生物陶瓷。生物陶瓷材料具有良好的生物功能性、生物相容性和机械强度等特性。其主要用来制造人工牙齿、人造关节等人工器官和人体硬组织的修复替换等材料。这种材料不会对人体组织、生理、生化产生不良影响。其代表性陶瓷材料有羟基磷灰石、磷酸钙陶瓷、玻璃陶瓷、生物活性陶瓷、Al_2O_3 陶瓷、ZrO_2 陶瓷和碳材料等。

(9)超硬陶瓷。超硬陶瓷材料具有高的硬度、良好的机械强度和温度特性等。其主要用来制造磨料、磨具、刀具、各种精密机械、手表、装饰材料等需要高硬度材料的应用领域。其代表性陶瓷材料有金刚石、碳化硅陶瓷、氧化铝陶瓷、氮化硼陶瓷、氮化钛陶瓷等。

在功能陶瓷中电磁功能陶瓷所占的比例可达 80% 左右。这些元件主要用于计算机、通信、电视、广播、家用电器、空间技术、自动化、汽车及医疗等领域。我国已有近百个功能陶瓷生产厂、研究所和设计院。这些单位主要生产和研究的是在微电子、光电子信息和自动化技术中应用的电子陶瓷制品。

3.2　功能陶瓷粉体制备

功能陶瓷工业生产所用原料分为天然矿物原料(滑石、菱镁矿、黏土类矿物、方解石、石英、萤石、长石、锂辉石等)和化工原料(二氧化钛、氧化铝、氧化锆、氧化锌、铅丹、二氧化锡、稀土金属氧化物、氧化铍、氮化硼、碱土金属碳酸盐等)两类。功能陶瓷研究和生产中的配料计算方法主要有两种,一种是已知预合成化合物的化学计算式计算原料配比,另一种是从瓷料预期的化学组成计算原料配比。第一种方法是功能陶瓷进行配料计算用到的主要方法,主要用于合成料块(或称烧块、熔块)的配制。原料质量对最终产品的性能起着决定性的作用,原料的化学组成、纯度、杂质的种类及其含量等将直接影响材料性能,而原料的物理状态如颗粒大小、颗粒形状、矿物组成等也会影响产品性能以及各道工序的工艺过程。选取好功能陶瓷所有的原料并计算好配料后,进入功能陶瓷的制备过程。一般功能陶瓷的制备工艺包括备料、成型、烧结、加工等几个方面。

备料工艺包括原料的称量、混磨、干燥、加黏合剂、造粒,制成符合成型工艺要求的粉料。原料称量前,大部分原料需要进行干燥处理、拣选、过筛,有些则需要预合成、煅烧等,以制成符合要求的化学组成或晶体结构的原料。

1.原料的煅烧

天然矿物原料和化工原料中,很多原料是同质多晶体,在不同温度下,结晶状态或矿物结构不同,同时原料的特殊矿物结构给生产工艺带来困难。通常采取将原料进行煅烧促进晶体转化,获得具有优良电性能晶型的原料,这样可改变矿物结构,改善工艺性能,减少制品最终烧结的收缩率,保证产品质量,提高和保证功能陶瓷产品的机电性能。

2.熔块合成

化工原料多是单成分的化合物,但在许多生产中需要多成分的原料。这些中间原料一般需要先合成,用于再配料。合成过程大多是固相反应。合成过程也可在液相和气相下进行,并可形成超细、高纯、高活性的粉体。合成的温度选择很重要。温度太低,反应不充分,主晶相质量不好;温度太高,烧块过硬,不易粉碎,活性降低,使烧成温度升高和变窄。一般选择略高于理论温度值,根据试验,确定合适的合成温度和保温时间。合成料通常采用 800 ~ 1 300 ℃ 的高温进行,煅烧后的合成料称为烧块、熔块或团块。

合成陶瓷粉体的方法有很多种,大致分为两类:机械法和化学法。机械法常通过天然原料制备传统陶瓷粉体。通过机械法制备粉体是一个相当成熟的陶瓷加工工艺,其中可开发的空间相当小。近年来,采用高速研磨的机械法制备了功能陶瓷的细粉,这种方法受到了广泛关注。化学法常通过合成材料或经历相当程度化学精制的天然材料制备功能陶瓷粉体。一些被归类为化学法的方法也涉及了部分机械研磨过程,研磨步骤通常是必要的,以分散团聚体和制备具有某特定物理特性(如平均粒径和粒度分布)的粉体。表3.1 概述了常见的陶瓷粉体制备方法。

表 3.1 常见的陶瓷粉体制备方法

粉体制备方法		优点	缺点
机械法	粉碎法	便宜,具有广泛的适用性	纯度有限,均匀性有限,粒径大
	机械化学合成法	粒度小,适用于非氧化物,制备温度较低	纯度有限,均匀性有限
化学法	固相反应 分解反应法、固相反应法	设备简单、价格低廉	团聚态粉体,多组分粉体的均匀性有限
	液相反应 沉淀或共沉淀法;溶剂蒸发法(喷雾干燥法、喷雾热解法、冷冻干燥法);凝胶法(溶胶-凝胶法、Pechini 法、柠檬酸盐凝胶法、甘氨酸硝酸盐法)	纯度高、粒度小、成分可控、化学均匀性好	价格昂贵,对非氧化物效果较差,粉体团聚普遍是个问题
	气相反应 非水液体反应	纯度高、粒度小	仅限于非氧化物
	气-固反应	制备大粒径粉体通常比较便宜	通常纯度低,对于制备细粉较为昂贵
	气-液反应	纯度高、粒度小	昂贵,有限的适用性
	气相反应	纯度高、粒度小,对于制备氧化物比较便宜	对于制备非氧化物较为昂贵,粉体团聚通常是一个问题

3.2.1 粉碎法

通过机械力使大颗粒变小而产生小颗粒的过程称为粉碎,包括破碎、研磨和铣削等操作。对于传统的黏土基陶瓷,采用颚式、回转式、锥形破碎机等机械方法粉碎开采的粗粒度原料,从而制备尺寸为 $0.1 \sim 1$ mm 的颗粒粉体。实现这种尺寸的最常见方法是研磨。研磨过程可以使用一种或多种研磨机。常见的研磨机包括高压辊磨机、气流粉碎机(也称为流体能量磨机)和球磨机。图 3.1 总结了不同类型的研磨机用于生产细粉的应力机制和粒度。在研磨过程中,由于与研磨介质或其他颗粒的压缩、冲击或剪切,颗粒在其接触点处经受机械应力。机械应力导致弹性和非弹性变形,并且如果应力超过颗粒的强度极限,则将导致颗粒破裂。提供给颗粒的机械能不仅用于产生新的表面,而且还用于产生颗粒中的其他物理变化(如非弹性变形、温度升高和颗粒内的晶格重排);也可能发生化学性质(尤其是表面性质)的变化,特别是在长时间研磨之后或在非常剧烈的研磨条件下。因此,该方法的能量利用率可能相当低,从不足 5% 到 20% 不等,其中通过压缩力产生的研磨的能量利用率接近 20%,而通过冲击力产生的研磨的能量利用率还不足 5%。

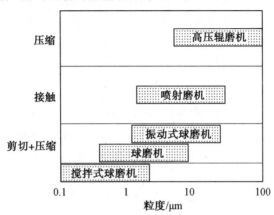

图 3.1　不同类型的研磨机用于生产细粉的应力机制和粒度

3.2.2　固相反应

固相反应指所有包含固相物质参加的化学反应。在化学分解反应中,加热固相反应物可以产生新的固相和气相,其中固相反应物包括碳酸盐、氢氧化物、硝酸盐、硫酸盐、乙酸盐、草酸盐、醇盐和其他金属盐,生产简单氧化物粉体可以利用这种反应。如碳酸钙(方解石)分解产生氧化钙和二氧化碳气体

$$CaCO_3(s) \longrightarrow CaO(s) + CO_2(g)$$

固体原料之间的化学反应通常以混合粉体的形式发生,这在生产复合氧化物粉体(如钛酸盐、铁酸盐和硅酸盐的粉体)的过程中是很常见的。反应物通常由简单的氧化物、碳酸盐、硝酸盐、硫酸盐、草酸盐或乙酸盐组成。如氧化锌和氧化铝发生反应生成铝酸锌

$$ZnO(s) + Al_2O_3(s) \longrightarrow ZnAl_2O_4(s)$$

这些涉及固相分解或固相之间发生化学反应的方法在陶瓷文献中称为煅烧。

3.2.3　液相反应

从溶液中生产粉体材料有两种常规途径,一种是蒸发液体,另一种是通过添加可以与溶液反应的化学试剂使其沉淀。

1.溶液沉淀法

从溶液中产生沉淀包括两个基本步骤:首先是细颗粒的形核;其次是通过向表面添加更多材料来产生更多沉淀。实际上,通过控制形核和生长的反应条件以及这两个过程之间的偶联程度,可以实现对粉体特性的控制。

2. 液相蒸发法

液体的蒸发提供了另一种使溶液过饱和的方法,这种方法可以引起颗粒的形核和生长。最简单的情况是单一盐溶液。对于细颗粒的生产,必须快速形核且缓慢生长。这要求溶液可以非常迅速地达到过饱和状态,从而在短时间内形成大量的晶核。一种方法是将溶液分散成非常小的液滴,这样发生蒸发的表面积就会大大增加。对于两种或更多种的盐溶液,必须考虑另一个问题,即不同盐的浓度不同,并且具有不同的溶解度。蒸发液体将导致它们具有不同的沉淀速率,这会使固体分离。同样,如果形成的液滴非常小,固体则难以分离,因为各个液滴之间没有质量传递。此外,对于特定的液滴尺寸,若溶液越稀,则颗粒的尺寸越小。这意味着可以通过使用稀释溶液的方法进一步减少分离的程度。

3. 溶胶-凝胶法

溶胶-凝胶法最适合生产薄膜和纤维,并且经过干燥后,这一工艺也适合生产一些陶瓷单片,同时也可以用于生产粉体。该方法包括通过金属醇盐溶液的水解、缩合和凝胶化形成聚合物凝胶,将其干燥并研磨后可以产生粉体。在粉体的生产中不需要小心控制干燥过程。具有较低黏度的干燥凝胶更容易研磨,并且在研磨期间引入的污染程度较低。在超临界条件下液体的去除几乎不产生收缩,从而可以获得具有低黏度的干燥凝胶。研磨通常可以在塑料介质中进行。

3.3 成 型

陶瓷坯体的成型是将制备好的坯料,用各种不同的方法制成具有一定形状和尺寸的坯体(生坯)的过程。功能陶瓷常用的成型方法有挤压成型、干压成型、热压铸成型、轧膜成型、流延成型、等静压成型、浇注成型、印刷成型等。功能陶瓷的成型技术对其制品的性能有很大的影响,应当根据制品的性能要求、形状、尺寸、产量和经济效益等综合选择陶瓷的成型方法。从工艺上讲,根据坯料的性能和含水量的不同可将成型方法分为干压法、可塑法、浇注法等。

3.3.1 干压法

1. 模压成型

将含有一定水分(或其他黏结剂)的粒状粉料填充于模具之中,在压机柱塞施加的外压力作用下,使之成为具有一定形状和强度的陶瓷坯体,然后卸模脱出坯体的成型方法叫作模压成型或干压成型。自动压片机的工作过程如图3.2所示。

干压成型的坯料含水量一般控制在4%~8%,含水量过小时,基层表层松散,成型易起层,碾压容易起皮,难以压实;含水量过大,碾压时粘轮,表面起拱,而且基层成型后水分散失愈多,形成的裂缝愈多,还易引起成型粘模等表面缺陷。

模压成型的模具可用工具钢制成。模具设计应遵循下列原则:便于粉料填充和移动,脱模方便,结构简单,设有透气孔,装卸方便,壁厚均匀,材料节约等。模具加工应注意尺寸精

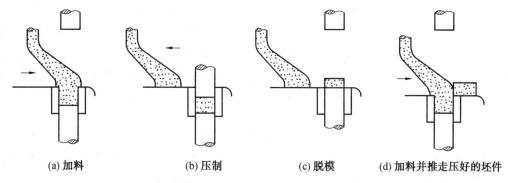

(a) 加料　　　　　(b) 压制　　　　　(c) 脱模　　　　(d) 加料并推走压好的坯件

图 3.2　自动压片机的工作过程

确,配合精密,工作面要光滑等。模压成型的施压设备有机械压机、油压机或水压机等。

模压成型时为了提高坯料成型时的流动性、增加颗粒间的结合力,提高坯体的机械强度,通常需要加入黏结剂进行造粒。干压成型常用的黏结剂有石蜡、酚醛清漆、聚乙烯醇水溶液、亚硫酸纸浆废液等,其中聚乙烯醇水溶液是最常用的黏结剂。

干压成型应注意以下工艺问题。

(1)加压方式。加压方式不同时其成型结果也不同。由于成型压力是通过松散粉粒的接触来传递的,在此过程中产生的压力损失会造成坯体内压力分布的不均匀,从而造成压坯内密度分布不均匀。加压方式对坯体密度的影响情况如图 3.3 所示。干压成型的加压方式有单面加压和双面加压两种。单面加压(图 3.3(a))时,直接受压一端的压力大,密度大;远离加压一端的压力小,坯体密度也小。双面加压(图 3.3(b))时,坯体两端直接受压,因此,两端密度大,中间密度小。如果坯料经过造粒、加润滑剂,再进行双面加压(图3.3(c)),则坯体密度非常均匀。

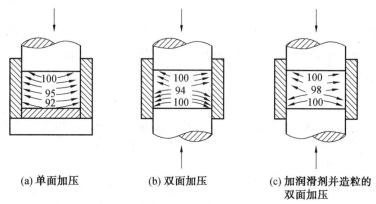

(a) 单面加压　　　　(b) 双面加压　　　　(c) 加润滑剂并造粒的
　　　　　　　　　　　　　　　　　　　　　双面加压

图 3.3　加压方式对坯体密度的影响

(2)成型压力。成型压力的大小直接影响瓷体密度和收缩率。成型压力小,则坯体密度小。当成型压力达到一定值时,压力再增大,坯体的密度提高很少。压力过大,坯体容易出现裂纹层和脱模困难等问题。

粉料在受压时,加压第一阶段,坯料密度急剧增加,迅速形成坯体;加压第二阶段中压力继续增加时,坯体密度增加缓慢,后期几乎无变化;加压第三阶段压力超过某一数值后,坯体密度又随压力增大而增加。若以成型压力为横坐标,以坯体的密度为纵坐标作图,可定性地得到坯体密度与压力的关系曲线,如图3.4所示。坯体密度随压力变化的规律可做如下解释。粉料开始受压的第一阶段,大量颗粒产生相对滑动和位移,位置重新排列,孔隙减小,假颗粒破裂。拱桥破坏,坯体密度增大。而压力愈大,发生位移和重排的颗粒愈多,孔隙消失愈快,坯体密度和强度也愈大。在压制的第二阶段中,坯体中宏观的大量空隙已不存在,颗粒间的接触由简单的点、线或小块面的接触发展为较复杂的点、线、面的接触。在压力达到使固体颗粒变形和开裂的程度以前,不会再出现大量孔隙被填充和颗粒重新排列的情况,因此,坯体密度变化很小。在压制第三阶段中,当成型压力增加到能使固体颗粒变形和断裂的程度,颗粒的棱角压平,孔隙继续填充,因而坯体密度进一步增加。

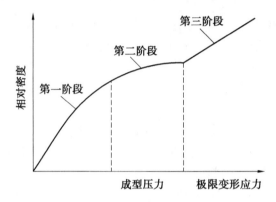

图3.4　坯体密度与压力的关系

（3）加压速度和时间。干压成型时,加压速度过快会导致坯体分层,坯体的表面致密中间松散,甚至在坯体中会存在许多气泡。因此,加压速度宜缓慢一些,而且还要有一定的保压时间。

干压成型是应用最广泛的一种成型方法。该方法生产效率高、生产周期短、工艺简单、易于自动化、成型尺寸精度高、制品烧成收缩率小、不易变形。但该法只适用于简单瓷件的成型,如厚度不大的圆片、圆环等,且对模具质量的要求较高。

2. 等静压成型

等静压成型是干压成型技术的一种新发展,又称静水压法,是利用高压液体传递压力,使装在封闭模具中的粉体在各个方向同时均匀受压成型的方法。

（1）等静压成型原理。

该工艺主要是利用了液体或气体能够均匀地向各个方向传递压力的特性来实现坯体均匀受压成型的。该工艺是把陶瓷粒状粉料置于有弹性的软模中,使其受到液体或气体介质传递的均衡压力而被压实成型的一种方法。

（2）等静压成型设备。

等静压成型用的高压容器如图3.5所示。设备的主要部件为高压容器和高压泵,辅助设备有高压管道、高压阀门、高压表及弹性模具等。

等静压对成型模具有特殊的要求,包括有足够的弹性和保形能力;有较高的抗张抗裂强度和耐磨强度;有较好的耐腐蚀性能,不与介质发生化学反应;脱模性能好;价格低廉,使用

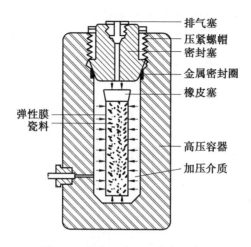

图 3.5 等静压成型用的高压容器

寿命长。一般湿式等静压法多使用橡胶类模具,干式等静压法多使用聚氨酯、聚氯乙烯等材料的模具。

(3)等静压成型的分类。

等静压成型又分为湿袋法和干袋法。

湿袋法是液体和模具直接接触的成型过程,将粉料装入橡胶等可变形的容器中,密封后放入液压油或水等流体介质中,加压后可获得所需的形状。湿袋法成型设备如图 3.6 所示。湿袋法的优点是粉料不需要加黏合剂、坯体密度均匀性好、所成型的制品几乎不受限制,并具有良好的烧结体性能。温袋法适用于小批量生产和科研。该法的缺点是仅适用于简单形状制品的制备,形状和尺寸控制性差,而且生产成型时间长,效率低,难以实现自动化批量生产。

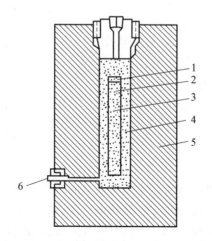

图 3.6 湿袋法等静压成型设备示意图

1—橡皮塞;2—弹性模具;3—粉料;4—刹车油;5—高压容器;6—刹车油进口

干袋法是加压橡皮袋封紧在高压容器中,加料后的弹性模具送入压力室,加压成型后退出脱模。干袋法成型设备如图 3.7 所示。这种方法的优点是模具不和加压液体直接接触,可以减少模具的移动,不必调整容器中的液面和排除多余的空气,因而能加速取出压好的坯体,可实现连续等静压。但此法只使粉料周围受压,模具的顶部和底部无法受压,因而密封较困难。这种方法只适用于大量压制同一类型的产品,特别是几何形状简单的产品,如管子、圆柱等。

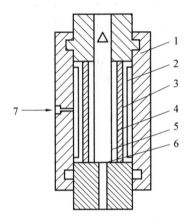

图 3.7　干袋法等静压成型设备示意图

1—高压容器;2—刹车油;3—加压橡皮;4—弹性模具;5—粉料;6—芯棒;7—刹车油进口

(4)等静压成型工艺。

等静压成型工艺也需要对瘠性粉体进行预处理,通过造粒工艺提高粉体的流动性,加入黏结剂和润滑剂减少粉体的内摩擦力,提高黏结强度,使之适应成型工艺需要。等静压成型工艺包括装料、加压、保压、卸压等过程。装料应尽量使粉料在模具中装填均匀,避免存在气孔;加压时应力求平稳,加压速度适当;针对不同的粉体和坯体形状,选择合适的加压压力和保压时间;同时选择合适的卸压速度。

(5)等静压成型特点。

由于模型的各个面上都受力,故等静压成型优于干压成型的两面受力。可以压制形状复杂、大件且细长的新型陶瓷制品;湿袋法等静压容器内可同时放入几个模具,可压制不同形状的坯体;可以任意调节成型压力;压制的产品质量高,烧成收缩小,坯体致密不易变形。用等静压压制出来的坯体密度大而均匀,而且避免了分层,因而被广泛应用于科研和生产中,如这种方法可应用于火花塞绝缘体和高压装置陶瓷的批量生产。

3.3.2　可塑法

可塑成型是一种古老的成型方法。我国古代采用的手工拉坯就是最原始的可塑法。可塑成型主要是通过胶态原料制备、加工,从而获得一定形状的陶瓷坯体。功能陶瓷生产中常用的可塑成型方法主要是挤压成型、热压铸成型、流延成型、轧膜成型等。

1.挤压成型

挤压成型又称挤制或挤出成型,是将经真空炼制的可塑泥料置于挤制机(挤压成型机)内,利用压力把具有塑性的粉料通过模具挤出,成型其截面形状为模具形状的坯体。只需更换挤制机的机嘴,就能挤压出各种形状的坯体,坯体截面形状为机嘴模具形状。挤压成型装置示意图如图3.8所示。

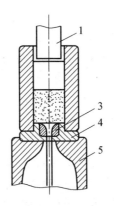

图 3.8 挤压成型装置示意图
1—上冲模;2—模套;3—挤压嘴;4—模嘴室;5—支架

黏土含量较多的电阻瓷体和装置瓷的成型,一般不再加黏合剂,配料经过真空练泥、困料后即可进行挤制成型。坯料中一般含水量为16%~25%。含黏土(<15%)或不含黏土的电容器瓷料,必须加黏合剂,经真空练泥、困料后方可进行挤制成型。挤制成型常用的黏合剂有糊精、桐油、甲基纤维素、羧甲基纤维素、羟丙基甲基纤维素、亚硫酸纸浆废液等。

挤制瓷管时,为了防止坯体变形(变为椭圆),管的壁厚和直径(外径)有一定关系,管的外径越大,壁越薄,机械强度越差,越容易变形。表3.2列出了挤压管坯件外径和壁厚的关系。

表 3.2 挤压管坯件外径与壁厚尺寸

瓷管外径 /mm	3	4~10	12	14	17	18	20	25	30	40	50
瓷管最小厚度 /mm	0.2	0.3	0.4	0.5	0.6	1	2	2.5	3.5	5.5	7.5

挤压成型适用于连续化批量生产,生产效率高,环境污染小,易于自动化操作,但机嘴结构复杂,加工精度要求高,耗泥量多,制品烧成收缩大。挤压成型主要用于制造棒形和管形及厚板片状制品,如电阻基体陶瓷棒、陶瓷管、片形陶瓷制品等,也能挤制薄的片状坯膜,或蜂窝状、筛格式穿孔瓷筒,基片、管式电容、线圈滑架等电子陶瓷。挤压成型不适宜形状复杂的三维制品,要求外形平直的二维制品。

2. 热压铸成型

热压铸成型是特种陶瓷生产中应用较为广泛的一种成型工艺,其基本原理是利用石蜡受热熔化和遇冷凝固的特点,在较高的温度下(80~100 ℃),将无可塑性的瘠性陶瓷粉料与热石蜡液均匀混合形成可流动的浆料,在一定的温度和压力下使陶瓷料浆充满金属铸模,并在压力的持续作用下冷却凝固,形成半成品后脱模取出成型好的坯体。坯体经适当修整,埋入吸附剂中加热进行脱蜡处理,然后脱蜡坯体烧结成最终制品。热压铸成型适用于形状复杂、尺寸精度高的中小型陶瓷制品。

热压铸成型工艺如下所述。

(1)制备蜡浆(铸浆的配制)。

热压铸成型要求热压铸陶瓷粉料的含水量要小于 0.5%,否则铸浆流动性很差。因此热压铸成型必须使用煅烧过的熟料,煅烧的目的是保证铸浆有良好的流动性,减少坯体的收缩率,提高产品尺寸精度。热压铸成型以石蜡为黏结剂。含蜡瓷浆的配制是热压铸成型的关键工艺之一。蜡(铸)浆由粉料(86.5% ~87.5%,含 0.4% ~0.8%的油酸)、石蜡(塑化剂)12.5% ~13.5%、表面活性剂组成。首先将石蜡加热熔化(70 ~90 ℃),粉料加热后倒入石蜡熔液,边加热边搅拌制成蜡饼。然后将蜡饼放入和蜡机(图 3.9)中。先放入快速和蜡机中,温度为 100 ~110 ℃,转筒速度 40 r/min,至蜡饼熔化,冷却到 60 ~70 ℃,倒至慢速和蜡机中,搅拌速度为 30 r/min,以排出气泡,约需 2 h。此过程主要用的设备为快速和蜡机和慢速和蜡机。蜡浆制备好后由热压铸机进行坯体浇注成型。

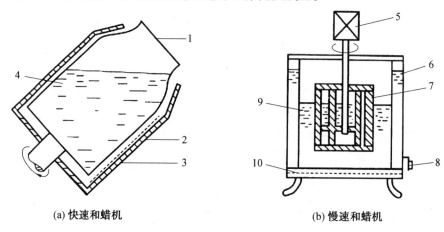

(a) 快速和蜡机　　　　(b) 慢速和蜡机

图 3.9　和蜡机示意图

1—转动料筒;2—外壳;3—电热丝;4—瓷料浆;5—电动机;6—油浴;7—搅拌浆;8—出浆口;9—料浆;10—加热器

(2)坯体浇注成型。

图 3.10 为热压铸成型机的构造示意图。坯体浇注成型时先将铸模安装在工作台上,使铸模的注口和供料装置的供料孔相吻合,而铸模上部的位置需在压紧装置的压杆下面。压缩空气的压力先传到压杆上,而把铸模紧压在供料装置的平台上。接着压缩空气便进入盛浆桶,将陶瓷料浆沿供料管压入铸模的型腔内,保持一定时间(视铸件大小而定)。先去掉盛浆桶压力,后去掉压杆压力。从工作台上取下铸模,从模内取出铸件。

(3)排蜡。

热压铸成型得到的坯体中含有大量的石蜡黏结剂,在高温烧成过程中,将会大量熔化、挥发,会导致坯体变形、开裂。因此必须先将坯体中的石蜡排除干净,再进行产品的烧成。工业生产上通常是将吸附剂埋于坯体周围置于耐火匣钵中,通过适当的热处理,使蜡液通过吸附剂的毛细管作用,从坯件逐渐迁移到吸附剂中,然后蒸发排掉。吸附剂除了吸附石蜡和黏结剂外,还起到固定瓷坯体形状、使坯体受热均匀、防止坯体变形和开裂的作用。工艺中常用在 1 200 ~1 300 ℃煅烧过的氧化铝作为吸附剂。

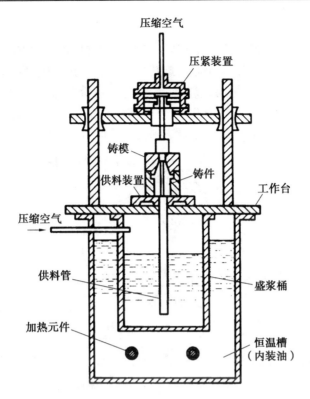

图 3.10　热压铸成型机构造示意图

热压铸成型的主要有以下优点。

(1) 能成型形状复杂的制品,尺寸精度高,几乎不需要后续加工,是制作异形陶瓷制品的主要成型工艺。

(2) 成型时间短,生产效率高。

(3) 对原料适用性强,如氧化物、非氧化物、复合原料及各种矿物原料均可适用。

(4) 压铸用的模具结构比干压法的简单,而且寿命长,比干压模具长 6 ~ 10 倍。

(5) 热压铸设备结构简单,价格便宜,尺寸小,占用生产面积不大,同时操作简易,而干压则必须有熟练的工人才能成型出合格的产品。相比其他陶瓷成型工艺,热压铸生产成本相对较低,对生产设备和操作环境要求不高。

(6) 提高了制品的合格率和原料的利用率。由于热压铸可以一次获得制品所需的形状,不需另行加工,也不需留出任何的加工余量,而且去除注口的废料还可以全部回收利用。

热压铸成型方法的缺点有气孔率高、内部缺陷相对较多、密度低,制品力学性能和性能稳定性相对较差;需要脱蜡环节,增加了能源消耗和生产时间,因受脱蜡限制,难以制备厚壁制品;不适合制备大尺寸陶瓷制品;对于壁薄、大而长的制品不宜采用该法;难以制造高纯度陶瓷制品,限制了该工艺在高端技术领域的应用。

热压铸工艺主要用于生产中小尺寸和结构复杂的结构陶瓷、耐磨陶瓷、电子陶瓷、绝缘陶瓷、纺织陶瓷、耐热陶瓷、密封陶瓷、耐腐蚀陶瓷、耐热震陶瓷制品等。

3. 轧膜成型

轧膜成型是将准备好的陶瓷粉料,拌以一定量的有机黏结剂(如聚乙烯醇等)和溶剂均匀混合后,通过如图 3.11 所示的两个相向旋转、表面光洁的轧辊间隙,反复混炼粗轧、精轧,形成光滑、致密而均匀的膜层(称为轧坯带)。粗轧是将粉料、黏结剂和溶剂等成分置于两辊轴之间充分混合,混炼均匀,伴随着吹风,使溶剂逐渐挥发,形成一层膜。精轧是逐步调近轧辊间距,多次折叠,90°转向反复轧炼,以达到良好的均匀度、致密度、光洁度和厚度。

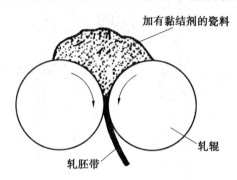

图 3.11　轧膜成型示意图

轧好的坯带需在冲片机上冲切形成一定形状的坯件。因此在轧膜成型工艺中,炼泥与成型是同时进行的,粗轧后的厚膜仍要多次反复轧炼以保证泥料高度均匀并排出气泡。轧膜过程中坯料只在长度、厚度方向受碾压,宽度方向缺乏足够的压力,故具有颗粒定向排列,导致烧成收缩不一致,从而使产品的致密度、机械强度具有方向性。为解决这一问题,在轧膜时需要不断地将所轧膜片做 90°倒向、折叠。

轧膜成型具有工艺简单、生产效率高、膜片厚度均匀、生产设备简单、粉尘污染小、能成型厚度很薄的膜片等优点。但用该法成型的产品干燥收缩和烧成收缩较干压制品的大。

轧膜成型是薄片瓷坯的成型工艺,主要用在电子陶瓷工业中瓷介电容膜片、独石电容及电路基板等瓷坯的轧制,适于 1 mm 以下薄片的轧制,常见为 0.15 mm,也能轧制 10 μm 的薄片。

4. 流延成型

流延成型又称带式浇注法、乱刀法,是一种目前比较成熟的能够获得高质量、超薄型瓷片的成型方法,可成型厚度为 10 μm 以下的陶瓷薄片。流延成型是在超细粉料中均匀混合适当的黏合剂,制成浆料,通过流延嘴,浆料依靠自重流在一条平稳转动的环形钢带上,经过烘干,钢带又回到初始位置,经多次循环重复,直至得到需要的厚度。图 3.12 为流延机加料部分结构示意图。流延机的构造原理如图 3.13 所示。图 3.13 中流延嘴前的刮刀用来调节流延膜的厚度,膜厚与刮刀和钢带之间的间隙成正比,与钢带速度、料浆黏度成反比。

流延法的特点是生产效率高于轧膜法,成本低;致密均匀,质量优于轧膜法;膜片弹性好,致密度高。但黏合剂含量高,因而收缩率大。

流延成型已广泛应用于独石电容器瓷、多层布线瓷、厚膜和薄膜电路基片、氧化锌低压压敏电阻及铁氧体磁记忆片等新型陶瓷的生产。

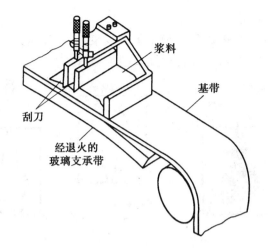

图 3.12　流延机加料部分结构示意图

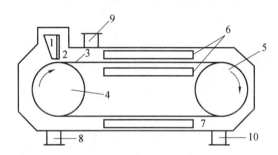

图 3.13　流延机构造原理示意图

1—料斗与流延嘴;2—调厚刮刀;3—不锈钢带;4—前转鼓;5—后转鼓;6—上干燥
器;7—下干燥器;8—热风进口;9—上热风出口;10—下热风出口

3.3.3　浇注法

　　浇注成型的基本原理是将泥浆灌注到多孔石膏模中,由于石膏是多孔性物质,具有毛细管作用,能够吸收泥浆中的水分,使泥浆在模壁逐渐固化,时间越长,干涸层越厚。待达到所需厚度后,将多余的泥浆从石膏模中倒出,并让干涸的陶瓷坯体层在石膏模中继续干燥。此时由于陶瓷坯体逐渐失去水分而相应地产生一些收缩,使注件很容易从石膏模中取出,等干到一定强度后再进行修整。

　　浇注成型是在石膏模中进行的。石膏模是用粉碎的天然石膏在 120 ~ 170 ℃下进行烘炒,形成半水石膏($CaSO_4 \cdot 1/2H_2O$)做成的。一般半水石膏:水 = 1:1。浇注成型所用瓷浆的配比为粉料:水 = 100:(30 ~ 50)。在注浆中常加入阿拉伯树胶作为黏合剂,其作用是一方面增加注浆的流动性,使注浆不易发生沉淀和分层,另一方面能显著地减少注浆中的水分,提高坯体的强度和密度。例如,加入 0.3% ~ 0.5% 阿拉伯树胶粉,注浆的含水量就可降低 22% ~ 24%,而其流动性仍很好,阿拉伯树胶是一种很好的稀释剂。

　　浇注成型的浇注方法有以下几种。

（1）空心浇注——单面浇注。

空心浇注是指料浆注入模型后，由模型单面吸浆，当注件达到要求的厚度时，排出多余料浆而形成空心注件。图3.14为空心浇注成型示意图。

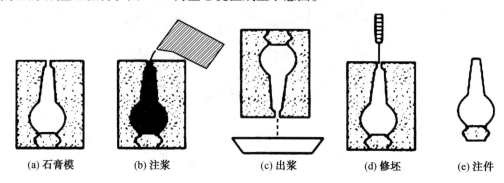

| (a) 石膏模 | (b) 注浆 | (c) 出浆 | (d) 修坯 | (e) 注件 |

图 3.14　空心浇注成型示意图

（2）实心浇注——双面浇注。

实心浇注是指料浆注入模型后，料浆中的水分同时被模型的两个工作面吸收，注件在两模之间形成，没有多余料浆排出。图3.15为实心浇注成型。

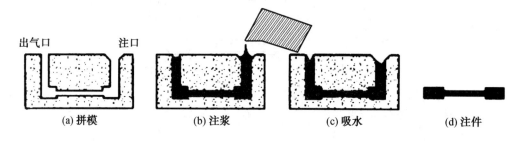

| (a) 拼模 | (b) 注浆 | (c) 吸水 | (d) 注件 |

图 3.15　实心浇注成型

（3）压力浇注。

以上两种浇注方法共同的缺点是注件不够致密，干燥和烧成收缩较大，容易变形，使制品的尺寸难以控制。此外，对于大型的制品来说，因为制品较大，注浆时间就必然很长，又因为注件壁厚，当石膏模吸水能力不够时，就不易干涸，多余泥浆倒出后，有时注件内壁还很潮湿，注件容易损坏。为了提高注件的致密度，缩短注浆时间，并避免大型或异型注件发生缺料现象，必须在压力下将泥浆注入石膏模。一般加压方法是将注浆斗提高，形成一个压头。

（4）真空浇注。

泥浆中一般都含有少量空气，这些空气会影响注件的致密度和制品的性能（如机械强度、电性能等）。对质量要求高的制品来说，泥浆要用真空处理来排除所含的空气，有时也可将石膏模置于真空室内浇注，这些方法都叫作真空浇注。图3.16为真空处理泥浆的装置。

（5）离心浇注。

为提高注件的致密度，去除泥浆中的空气，将石膏模放在离心机的底座上，使模子做旋转运动。泥浆注入型腔后，由于离心力的作用，能形成很致密的干涸层，对于泥浆中含有的

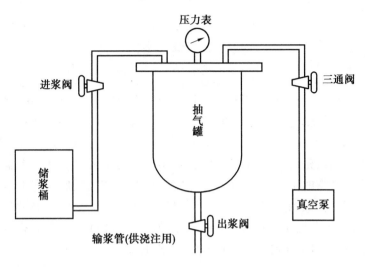

图 3.16　真空处理泥浆的装置

气泡,因其较轻,当模子旋转时多集中于中心,而后破裂掉。离心速度为 400 r/h。在正常情况下经 4~5 h 即可浇注好。图 3.17 为离心浇注法示意图,在石膏模和底座之间衬有一层塑料布,塑料布下面再垫一层布,以免泥浆漏掉。底座中间有一个凹洞,是为了在浇注完毕后把多余泥浆舀出用的。

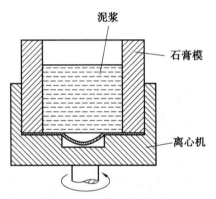

图 3.17　离心浇注法示意图

　　浇注法的优点有浇注成型工艺简单,不需复杂的机械设备,只要简单的石膏模就可成型;适于成型各种产品,能制出任意复杂外形和大型薄壁注件;成型技术容易掌握。但浇注法也有缺点,如劳动强度大,不易实现自动化;生产周期长,石膏模占用场地面积大;注件密度小、收缩大,烧成时容易变形等。

　　浇注成型工艺简单,适于生产一些形状复杂且不规则、外观尺寸要求不严格、壁薄及大型厚胎的制品。

3.4 烧 结

烧成,就是使材料具有某种显微组织结构。在烧成的过程中,当温度逐渐升高时瓷料内就产生一系列的物理化学变化,最后由松散状态变成像石头一样的致密瓷体。也就是说烧成包括多种物理和化学变化,如脱水、坯体内气体分解、多相反应和熔融、溶解、烧结等。而烧结指粉料经加热而致密化的简单物理过程,烧结仅仅是烧成过程的一个重要部分。烧结是功能陶瓷生产中必需的工序之一,也经常是陶瓷材料生产的最后一道工序。按热力学观点烧结是系统总能量降低的过程。由于粉体原料比表面积大,表面自由能高,且在粉体内部存在各种晶体缺陷,因此比块状物体具有高得多的能量。降低系统能量的趋势是烧结过程的驱动力。通过烧结,总能量降低,系统由介稳状态转变为稳定状态。

3.4.1 固相烧结

固相烧结是混合粉末或者样品在高温下物质相互扩散,使微观离散颗粒逐渐形成连续的固态结构,此过程样品整体自由能降低,然而强度提高。

1.固相烧结机理

多晶材料的烧结是通过物质沿着特定的路径进行扩散传输而发生的,传质路径不同,烧结机理也不同。物质从化学势较高的区域运输到化学势较低的区域。在多晶材料中至少存在六种不同的烧结机理,图3.18为固态晶体颗粒的六种不同的烧结机理。这六种机理均会导致颗粒间的黏结和颈部的生长,因此在烧结过程中粉体颗粒之间的结合强度会有所增加。然而,只有某些机理会导致收缩或致密化,通常会使用致密化和非致密化的机理进行区分。表面扩散、从颗粒表面到颈部的晶格扩散和蒸气运输(机理1、2和3)会导致颈部生长,但不会导致致密化。这三种机理称为非致密化机理。晶界扩散和从晶界到孔隙的晶格扩散(机理4和5)是多晶陶瓷中最重要的致密化机理。从晶界到孔的扩散会导致颈部生长和致密化。位错的塑性流动(机理6)也会导致颈部生长和致密化,此现象在金属粉体的烧结中更为常见。但不能简单地忽略非致密化机理,非致密化的发生会减小颈部表面的曲率(即烧结的驱动力),从而降低致密化的速率。烧结过程并不能简单地归结为上述某一种机理,而是在某一种条件下,某一种机理是主要的,而在另一种条件下,另一种机理又是主要的。除上述机理外,化合物中不同种类离子的扩散也会进一步增加烧结的复杂性。受化学计量数和电中性的约束,化合物中不同种类离子的通量是相互耦合在一起的,因此致密化速率是由最慢的扩散类型控制的。

对于玻璃等没有晶界的非晶态材料,颈部生长和致密化是由颗粒的黏性流动引起的。表3.3给出了多晶和非晶材料的固相烧结机理的总结。

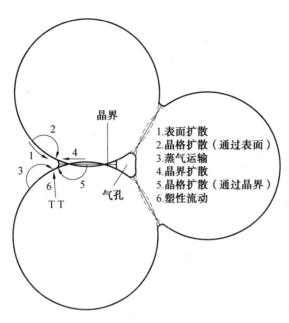

图 3.18　固态晶体颗粒的六种不同的烧结机理

表 3.3　多晶和非晶材料的固相烧结机理

固体类型	机理	物质来源	物质连接	致密化	非致密化
多晶	表面扩散	表面	颈部		√
	晶格扩散	表面	颈部		√
	蒸气运输	表面	颈部		√
	晶界扩散	晶界	颈部	√	
	晶格扩散	晶界	颈部	√	
	塑性流动	位错	颈部	√	
非晶	黏性流动	不确定	不确定	√	

2. 固相烧结过程

烧结过程主要决定于瓷料的表面能或晶粒的界面能。能量大的物质有降低其能量的趋向,在能量释放过程中,引起了物质的迁移。由于这一过程的进行,使得粉料总表面下降(烧结前后总表面可降低 10^3 数量级)、瓷坯内气孔排除、晶界减少并导致晶粒长大,产生所谓烧结。

(1)扩散。

从颗粒间生成颈部直到形成致密的陶瓷坯体的过程,主要是靠质点与空位的扩散来完成的。温度升高,振动的幅度就增大,最后可能有某些高于离开其平衡位置而产生所谓扩散的物质迁移现象,通过扩散使晶粒长大,晶界移动,而导致瓷坯烧结。

对扩散速率有影响的是温度和晶格缺陷。温度愈高扩散愈快。晶格缺陷愈多,表面能愈大,扩散的动力也愈大。

（2）烧结初期。

相互接触的颗粒通过扩散使物质向颈部迁移，而导致颗粒中心接近，气孔形状改变并发生坯体收缩。这时颗粒所形成的晶界是分开的，继续扩散，相邻的晶界就相交并形成网络。在晶界表面张力的作用下，晶界已可移动，开始了正常的晶粒长大。这时初期结束，进入烧结的中期阶段。

（3）烧结中期。

烧结中期是晶粒正常长大的阶段。晶粒的长大不是小晶粒的互相黏结，而是晶界移动的结果。形状不同的晶界，移动的情况是不一样的：弯曲的晶界总是向曲率中心移动，曲率半径愈小，移动就愈快。边数大于六边的晶粒易长大，边数小于六边的晶粒则易被吞并（从平面看，当晶界交角为120°时最为稳定）。

由于第二相包裹物（杂质、气孔等）的阻碍作用，当一个晶界向前移动，遇到一粒第二相物质时，为了通过这个障碍就要付出能量。通过以后，补全这段界面又要付出能量。因此，晶粒长到多大，就完全取决于瓷坯中所有第二相包裹物的阻碍作用。

（4）烧结末期。

凡是能够排除的气孔都已经从晶界排走，剩下来的都是孤立的、彼此不通的闭口气孔。这些气孔一般可以认为是处在晶界上。要进一步把这些封闭的气孔排除是困难的，所以这时坯体的收缩和气孔率的下降都比较缓慢，这些就是烧结末期表现出来的现象。

（5）二次重结晶——反常长大。

当晶粒的正常长大由于包裹物的阻碍而停止的时候，可能有少数晶粒特别大，边数特别多，晶界的曲率比较大，可能越过包裹物而继续反常长大。

3.4.2　液相烧结

前面讨论了固相烧结，即材料完全处于固态。在许多陶瓷体系中，液相的形成通常会促进烧结的进行和微观结构的演变。液相烧结就是在一定温度的时候，主成分还没有液化，但是其中的杂质成分已经液态化，主成分在杂质形成的液相中烧结，结晶。与固相烧结相比，液相的存在可以增强固体颗粒的重排和物质在液相中的传输，从而提高致密度，以实现晶粒的加速生长，或产生特定的晶界特性。图3.19所示为一个理想化的双球模型的示意图，图中对固相烧结的微观结构与液相烧结的微观结构进行了比较。在液相烧结中，假设液相湿润并扩散包覆到固体表面，这样颗粒就可以通过液相彼此连接（也称液桥）。颗粒间的摩擦明显减小，在液相施加的毛细管压应力作用下，颗粒更容易重新排列。一旦建立了准稳态晶界膜，致密化的过程就类似于固相烧结，但致密化速率相对提高。致密化后产生的液相及其冷却后凝固相的分布对烧结材料的性能至关重要。

液相烧结致密化过程可以分为三个阶段，图3.20给出了液相烧结时间和致密化系数的关系。曲线段1为液相生成与颗粒重排，这时，由于液相本身的黏性流动使颗粒重新分布并排列得更加致密；曲线段2为溶解与析出，细小颗粒和粗颗粒表面凸起部分在液相中溶解，并在粗颗粒表面上析出。因此，小颗粒减少，粗颗粒长大，颗粒形状变得比较规整，且颗粒表面趋于光滑，与曲线段1相比，致密化程度减慢；曲线段3为固相烧结，经过前两个阶段的颗粒重排、溶解与析出，使固相颗粒结合形成骨架，剩余液相填充于骨架的间隙。固相烧结的

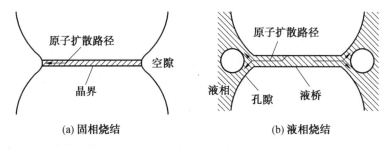

(a) 固相烧结　　　　　　　　(b) 液相烧结

图 3.19　固相烧结与液相烧结的双球模型

实质是颗粒与颗粒接触面积增大,并发生晶粒长大与颗粒融合,促使制品进一步致密化的过程。

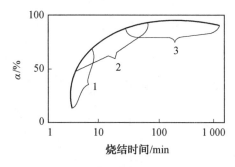

图 3.20　液相烧结收缩曲线

3.4.3　烧结法

1.常压烧结

常压烧结是指坯件在常压下进行的烧结。其中有时也施有外加气压,但并不是以气压作为烧结的驱动力,而只是为了在高温范围内抑制坯件化合物的分解和组成元素的挥发。因此,仍属于常压烧结。采用什么烧结气氛要由产品的性能需求来决定,可用保护气体,一般是氢气和氮气,也可在真空或空气中进行。传统陶瓷多半在隧道窑中进行烧结。特种陶瓷主要在电炉(电阻炉、感应炉等)中进行烧结。

一般烧结过程包括以下三个阶段。

(1)升温阶段。这一阶段主要是水分和有机黏合剂的挥发、结晶水和结构水的排除、碳酸盐的分解。通常机械吸附水在 200 ℃ 以前逐步挥发掉,有机黏合剂在 200～350 ℃ 温度区间挥发完,结晶水和结构水的排除以及碳酸盐的分解则视具体材料而异。在升温的开始阶段,坯件由于受热,先膨胀后收缩,而后随着系统温度的再升高,坯件收缩,颗粒之间接触得更紧密,烧结反应开始,气孔率下降,晶粒形成。这时升温不可太快,否则会造成坯体的结构疏松、变形和开裂。

(2)保温阶段。坯体要很好地致密化,并要形成晶粒,且晶粒还要长大。

(3)降温阶段。对于大多数陶瓷材料,采取随炉冷却的方法。有些材料的降温速度不能太快,否则易造成坯体的开裂。

常压烧结工艺的优点是设备简单、成本低、适于形状复杂的制品,并便于批量生产。其缺点是所获陶瓷材料的致密度和性能不及热压烧结好。

2. 热压烧结

用普通烧结法很难烧结成完全致密的烧结体。特别是坯件内存在的气孔对致密度有很大影响。为了获得高密度的烧结体,可采用热压烧结。

热压烧结是将粉体或坯件装在热压模具(金属或高强石墨)中,置于热压高温烧结炉内加热,当温度升到预定的温度(一般加热到正常烧结温度或稍低温度)时,对粉体或坯件施加一定的压力(一般为金属模压成形压力的 1/10～1/3),在短时间内粉体被烧结成致密、均匀、晶粒细小的陶瓷制品。所以此法是一种成型和烧结同时进行的方法。图 3.21 为热压烧结的装置示意图。热压烧结的模具一般选用既耐用又便宜的材料,大多是石墨材料,也可用氧化铝等。热压法一般适用于难熔瓷粉体。由于热压是压制和烧结同时进行的过程,所以致密化程度要比一般烧结高得多。用热压法可以制取无孔的制品。

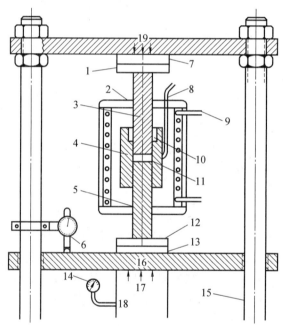

图 3.21 热压烧结的装置示意图

1—压模隔板;2—石英绝缘板;3—上模冲;4—模体;5—下模冲;6—测量板移动用的指示表盘;7—二氧化硅绝热板;8—Pt+Pt/Rh(质量分数为 10%)热电偶;9—装在陶瓷管上的电阻加热器件;10—挤出物容腔;11—被压制材料;12—压模隔板;13—二氧化硅绝热板;14—压力表;15—紧固在机架上的杆;16—下活动板;17—液体压力;18—液压缸;19—固定顶板

热压烧结具有的优点有如下几条。

(1)晶粒的长大得到了有效控制。降低气孔率、提高烧结密度、控制较小的晶粒尺寸,就可以制得接近理论密度的制品。

(2)降低烧结温度,缩短烧结时间,成型压力低。

(3)可防止普通烧结下出现的成分挥发或分解。

(4)可控制材料的显微结构。通过调节烧结温度、保温时间、外加压力等参数,可以控制材料的晶粒尺寸。

热压烧结的缺点有生产率低,制品形状和尺寸有一定的限制,设备复杂,只用于有特殊要求的材料;采用石墨做模具时,模具的损耗大、寿命短;制品表面粗糙,精度低,一般还要进行精加工。故此热压烧结在较大程度上制约了其发展,而等静热压烧结方法能在一定程度上克服这些缺点。

3. 等静热压烧结

等静热压烧结也称热等静压烧结,是一种在高压保护气体下的高温烧结方法,其等静压由高压气体提供。热等静压烧结也是一种成型和烧结同时进行的方法。实际上这种方法是利用常温等静压工艺与高温烧结相结合的新技术,解决了普通热压烧结中缺乏横向压力和产品密度不够均匀的问题,并可使瓷体的致密度基本上达到 100%。这种方法是在炉体内有一个高压容器,将要烧结的物体放在里面,粉体或压坯被密封在不透水的韧性金属套或玻璃套中。温度上升到所需范围时,引入适当压力的中性气体,如氮气或氩气。也就是说在一定温度下有效地施加等静压力,其装置如图 3.22 所示。

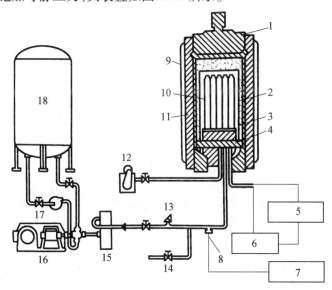

图 3.22　等静压工艺装置示意图

1—上盖;2—发热体;3—热电偶;4—电极接头;5—内部计算机;6—功率控制器;7—压力控制器;8—压力传感器;9—水冷套;10—压坯;11—高压缸;12—真空泵;13—安全网;14—排气阀;15—电蒸发器;16—液体泵;17—输送泵;18—液氩罐

等静热压烧结具有如下优点。

(1)能克服在石墨模中热压的缺点,使制品形状不受限制。除特长特大的坯件外,原则上用等静热压法可以生产任意种陶瓷制品。

(2)由于制品在加热状况下,各个方向同时受压,所以能制得密度极高(几乎达到理论密度),几乎无气孔的制品。

(3)大幅度提高抗弯强度。由于等静热压加工的特殊性,能制得晶粒微细的制品,大幅度提高了制品的抗弯强度和其他所需要的物理机械性能。就其抗弯强度提高的幅度而言,比冷压烧结制品抗弯强度高 1~2.5 倍,比普通热压制品抗弯强度高 10%~25%。

由于等静热压法具有诸多优点,因而在陶瓷的生产中被越来越广泛地采用。

等静热压烧结的缺点是设备投资大,不易操作;制品成本较高;难以形成规模化和自动化生产。

3.4.4 烧结的影响因素

1.烧结温度和保温时间

烧结温度是影响烧结的重要因素,一般来说,提高烧结温度,延长保温时间,会不同程度地完善坯体的显微结构,促进烧结的完成。但若烧结温度过高、保温时间过长,易导致晶粒异常长大,出现过烧现象,反而使烧结体的性能下降。所以选择适当的烧结温度和保温时间是十分重要的。

2.烧结气氛

气氛对烧结的影响比较复杂。在空气中烧结,会使晶体生成空位、缺陷,所以要选择烧结气氛。一般材料(如 TiO_2,BeO,Al_2O_3 等),在还原气氛中烧结,氧可以直接从晶体表面逸出,形成缺陷结构,利于扩散,有利于烧结。

3.压力

外压对烧结的影响主要表现为生坯成型时的压力和烧结时的外加压力(热压)。成型压力增大,坯体中颗粒的堆积就较紧密,相互的接触点和接触面积增大,加速烧结完成。

4.添加剂

纯陶瓷材料有时很难烧结,所以有时常添加些烧结助剂,以降低烧结温度,改变烧结速度。

当添加剂能与烧结物形成固溶体时,将使晶格畸变而得到活化,使扩散和烧结速度增大,烧结温度降低。

5.粉体的粒度

降低粉体的粒度也是促进烧结完成的重要方法之一。粉体越细,表面能越高,烧结越容易。

3.5 典型功能陶瓷的制备技术及其性能评价方法

3.5.1 钛酸钡($BaTiO_3$)陶瓷

3.5.1.1 概述

作为著名的铁电和压电材料,$BaTiO_3$ 早在 1942 年就已经为美、苏学者所发现,是迄今为止研究得最为透彻的物质之一,而以现代人的眼光来看,$BaTiO_3$ 压电陶瓷的优异电性能和低污染性是其再次受到人们重视的重要因素,因此 $BaTiO_3$ 也是目前制备无铅压电陶瓷的重要候选材料。现阶段对 $BaTiO_3$ 压电陶瓷的研究主要集中在以 BT 为基的二元或多元陶瓷体系。

$BaTiO_3$ 具有两种基本结构,1 460 ℃ 以上为六方晶型(无铁电性),在 1 460 ℃ 以下为立方钙钛矿结构(ABO_3 型),常见可用的 $BaTiO_3$ 陶瓷产品都为钙钛矿型结构。随着温度的变化,$BaTiO_3$ 经历以下的相变过程:立方顺电相 ~ 130 ℃—四方相 ~ 5 ℃—正交相 ~ −90 ℃—三方相。在室温时,它有很强的压电铁电性,表现出较强的沿 c 轴自发极化的铁电性,自发极化值为 $26 \times 10^{-12} C/cm^2$。当温度高于 130 ℃ 时,$BaTiO_3$ 晶体属于立方晶系,压电铁电性能消失。

$BaTiO_3$ 陶瓷是研究与发展得相当成熟的无铅压电陶瓷材料,其具有高的介电常数、较大的机电耦合系数和压电常数,中等的机械品质因数和较小的介电损耗。但其居里温度较低,工作温区狭窄,且在室温附近存在相变,即 $BaTiO_3$ 陶瓷在 5 ℃ 附近,要发生铁电四方相到铁电正交相的转变,使用不方便,不能用于大功率的换能器。同时该陶瓷压电性能的温度和时间稳定性欠佳,烧结困难(烧结一般在 1 300 ~ 1 350 ℃ 温度范围),难以通过掺杂改性大幅度提高其性能来满足不同的需要。

自 20 世纪 40 年代发现钛酸钡陶瓷的压电性以来,压电陶瓷的发展已有 80 余年的历史。压电陶瓷作为一类重要的、国际竞争极为激烈的功能材料,其应用已遍及人类生产及生活的各个角落。然而,传统的压电陶瓷大多是含铅陶瓷,其中氧化铅(或四氧化三铅)约占原料总质量的 70% 左右,在制备、使用及废弃处理过程中,都会给环境和人类带来危害。从生态环境保护和社会可持续发展战略的实施来看,压电陶瓷的无铅化是其发展的必然趋势。ABO_3 型钙钛矿结构的 $BaTiO_3$ 是最早发现的无铅压电陶瓷,也是最先获得应用的压电陶瓷材料。

钛酸钡晶体有一般压电材料的共有特性:当它受压力而改变形状的时候,会产生电流,一通电又会改变形状。于是,人们把钛酸钡放在超声波中,它受压便产生电流,由它所产生的电流的大小可以测知超声波的强弱。相反,用高频电流通过它,则可以产生超声波。现在,几乎所有的超声波仪器中,都要用到钛酸钡。除此之外,钛酸钡还有许多用途。例如,铁路工人把它放在铁轨下面,来测量火车通过时候的压力;医生用它制成脉搏记录器。用钛酸钡做的水底探测器,是锐利的水下眼睛,它不只能够看到鱼群,而且还可以看到水底的暗礁、冰山和潜艇等。

钛酸钡是电子陶瓷材料的基础原料,被称为电子陶瓷业的支柱。它具有高介电常数、低介电损耗、优良的铁电、压电、耐压和绝缘性能,被用作电容器介质材料和制作多种压电器件,也被广泛地应用于制造陶瓷敏感元件,尤其是正温度系数热敏电阻(PTC)、多层陶瓷电容器(MLCCS)、热电元件、压电陶瓷、声呐设备、红外辐射探测元件、晶体陶瓷电容器、电光显示板、记忆材料、聚合物基复合材料以及涂层等。钛酸钡具有钙钛矿晶体结构,用于制造电子陶瓷材料的粉体粒径一般要求在 100 nm 以内。

3.5.1.2　制备方法

钛酸钡粉体制备方法有很多,如固相法、化学沉淀法、溶胶−凝胶法、水热法、超声波合成法等。

1. 固相合成法

固相合成法是目前制备 $BaCO_3$ 陶瓷最成熟的方法,主要依靠固相扩散传质方式进行反应。以 $BaCO_3$、TiO_2 为主要原料,经球磨、成型、烧结等工艺过程,即可得到 $BaCO_3$ 陶瓷。固相合成法是钛酸钡粉体的传统制备方法,典型的工艺是将等量碳酸钡和二氧化钛混合,在 1 500 ℃温度下反应 24 h,反应式为:$BaCO_3 + TiO_2 \longrightarrow BaTiO_3 + CO_2 \uparrow$。由于是在高温下完成固相间的扩散传质,故所得 $BaTiO_3$ 粉体粒径比较大(微米),必须再次进行球磨。高温煅烧能耗较大,化学成分不均匀,影响烧结陶瓷的性能,团聚现象严重,较难得到纯 $BaTiO_3$ 晶相,粉体纯度低,原料成本较高。固相合成法一般只用于制作技术性能要求较低的产品,但该法产量高、成本低,工艺简单,设备可靠,是目前国内大多数生产厂家所采用的方法。

2. 草酸盐共沉淀法

将精制的 $TiCl_4$ 和 $BaCl_2$ 的水溶液混合,在一定条件下以一定速度滴加到草酸溶液中,同时加入表面活性剂,不断搅拌即得到 $BaTiO_3$ 的前驱体草酸氧钛钡沉淀 $BaTiO(C_2O_4)_4 \cdot 4H_2O$(BTO)。该沉淀物经陈化、过滤、洗涤、干燥和煅烧,可得到化学计量的烧结良好的 $BaTiO_3$ 微粒

$$TiCl_4 + BaCl_2 + 2H_2C_2O_4 + 4H_2O \longrightarrow BaTiO(C_2O_4)_2 \cdot 4H_2O \downarrow + 6HCl$$

$$BaTiO(C_2O_4)_2 \cdot 4H_2O \longrightarrow BaTiO_3 + 4H_2O + 2CO_2 \uparrow + 2CO \uparrow$$

该法工艺简单,但容易带入杂质,产品纯度偏低,粒度目前只能达到 100 nm 左右,前驱体 BTO 煅烧温度较低,产物易掺杂,难控制前驱体 BTO 中 Ba/Ti 的物质的量比;微粒团聚较严重,反应过程中需要不断调节体系 pH 值。尽管有不同的改进方法,但该法仍难以实现工业化生产。

3. 喷雾水解法

喷雾水解法的实质是在一个液滴"微反应器"环境中,利用均相沉淀反应原理,实现草酸盐共沉淀。用超声雾化器将含有四氯化钛、氯化钡和草酸二甲酯的前驱体雾化为细小的液滴,在特定设备中,液滴与水蒸气反应生成草酸氧钛钡,然后在 700 ~ 1 200 ℃温度下煅烧得到粉体。

4. 溶胶-凝胶法

溶胶-凝胶法是一种湿化学法,主要是由金属 Ba 和 Ti 的有机化合物或金属无机盐经水解和缩聚过程、凝胶化及相应的热处理而获得粉体,再经成型、烧结即可得到 $BaCO_3$ 陶瓷。

溶胶-凝胶法是指将金属醇盐或无机盐水解成溶胶,然后使溶胶凝胶化,再将凝胶干燥焙烧后制得纳米粉体。其基本原理是:Ba 和 Ti 的醇盐或无机盐按化学计量溶解在醇中,然后在一定条件下水解,使直接形成溶胶或经解凝形成溶胶。再将凝胶脱水干燥、焙烧去除有机成分,得到 $BaTiO_3$ 粉体。

醇盐水解法一般以 Ba 和 Ti 的醇盐为原料,将两种醇盐按化学计量溶解在醇中,或用钡钛双金属醇盐溶解在醇中。然后在一定条件下水解,最后将水解产物经过热处理制得 $BaTiO_3$ 粉体。该法制得的粉体纯度高、分散性好、烧结活性好、粒度小,并且在制成溶液中一步加入掺杂剂,如镧、钕、钪、铌等元素,从而获得原子尺寸混合掺杂。该方法可以制备多组分钛酸钡基陶瓷粉体。但醇盐价格高,且容易吸潮水解,不适合大规模生产。

溶胶-凝胶自燃合成法和自蔓延低温燃烧合成法是指有机盐与金属硝酸盐在加热过程

中发生氧化还原反应,燃烧产生大量气体,合成所需产物的一种材料合成工艺。其主要特点是燃烧体系的点火温度低(50~200 ℃);燃烧火焰温度低(1 000~1 400 ℃),可获得具有高比表面积的陶瓷粉体;各组分达到分子或原子水平的复合;反应迅速,一般反应在几分钟或几十分钟内完成;耗能低;所用设备和工艺简单、投资少;产品自净化;纯度易于提高;合成的粉体疏松多孔,分散性好,并获得多组元复合氧化物。

双金属醇盐法是用金属钡棒和乙二醇甲醚为原料,在 0 ℃水浴和氮气保护下充分反应形成混浊状溶液,然后将溶液在 130 ℃温度下回流至溶液呈褐色透明,冷却到室温,合成钡先驱体和化学纯钛酸丁酯。二者按钡钛物质的量比为 1∶1 配料混合后,在 130 ℃下回流 1 h,获得钡钛复合醇盐,然后加入一定量的去离子水,溶液迅速成胶。将湿凝胶陈化 7 d 后,干燥成干凝胶,再进行热处理,得到钛酸钡陶瓷粉体。此反应可在 150 ℃下合成 $BaTiO_3$;纳米粉体晶粒尺寸在 14~16 nm 范围内。

溶胶-凝胶法制备的粉体具有粒径小、分布较窄且尺度可控、化学均匀性好、热处理温度低、纯度高、成分配比可控、过程易于控制等特点。以此粉体为原料可制备出介电性能优异的 $BaTiO_3$ 陶瓷材料。但其原料价格昂贵、有机溶剂具有毒性以及高温热处理会使粉体快速团聚,并且反应周期长,工艺条件不易控制,产量小,难以在工业上得到广泛的应用。

5. 水热合成法

水热合成法是先将含 Ti 和 Ba 的原料浆体化,然后将浆体化的 Ti 和 Ba 置于一定温度和一定压力的容器中,在水热条件下进行化学反应。经过一定的时间,取出并干燥,经过研磨、成型、烧结即可得到 $BaTiO_3$ 陶瓷。水热合成法制备的粉体粒度小、分布均匀、团聚较少,且其原料便宜,粉体无须高温煅烧处理,避免了晶粒长大、缺陷的形成和杂质的引入,具有较高的烧结活性。但其需要较高的温度和压力,设备投资大,这限制了该法的应用。

6. 微波烧结法

微波烧结是利用微波电磁场中陶瓷材料的介质损耗使材料整体加热至烧结温度而实现烧结和致密化。介质材料在微波电磁场的作用下会产生介质极化,如电子极化、原子极化、偶极子转向极化和界面极化等。材料与微波的交互作用导致材料吸收微波能量而被加热。

3.5.1.3 性能研究

1. 功能陶瓷的介电性能

功能陶瓷的基本电学性质是指其在电场作用下的传导电流和被电场感应的性质。通常人们接触的金属是电的良导体,一般陶瓷是电的不良导体,超导陶瓷和绝缘陶瓷是陶瓷的两种极端的典型实例,这种性质可用下式描述:

$$J = \sigma E \tag{3.1}$$

式中,J 为电流密度;E 为电场强度;σ 为电导率。

陶瓷材料在电场作用下被感应的性质,通常可用下式进行描述:

$$D = \varepsilon E \tag{3.2}$$

式中,D 为电位移;ε 为介电常数。

电导率和介电常数是功能陶瓷材料电学性质的两个最基本的参数。

（1）电导率

陶瓷材料在低电压作用时，其电阻 R 和电流 I 与作用电压 V 之间的关系符合欧姆定律，但在高电压作用时，三者之间的关系则不符合欧姆定律。陶瓷材料的表面电阻不仅与材料的表面组成和结构有关，还与陶瓷材料表面的污染程度、开口气孔和开口气孔率的大小、是否亲水以及环境等因素有关，而陶瓷材料的体积电阻率只与材料的组成和结构有关系，是陶瓷材料导电能力大小的特征参数。因此，国际有关标准和国家标准规定采用三电极系统测量陶瓷材料的体积电阻和表面电阻，再根据陶瓷试样的几何尺寸计算陶瓷试样的体积电阻率和表面电阻率。设陶瓷试样为国家标准规定的圆片形，其中的一个平面上设有金属保护电极和测量电极。保护电极为环状金属薄层，在该平面的最外端；测量电极在该平面的中部，为圆形金属薄层。两电极中间是没有金属的环状陶瓷表面，另一平面为高压电极，该表面均为金属薄层。该陶瓷试样的体积电导率为（以下简称电导率）：

$$\sigma = \frac{Gh}{S} \tag{3.3}$$

式中，G 为试样的电导；S 为标准陶瓷试样的测量电极面积，h 为测量电极与高压电极的间距。

电导率又称比电导或导电系数，单位为 S/m（每米西门子），通常用 $\Omega \cdot cm^{-1}$ 表示。体积电导率 σ 的倒数 ρ 称为体积电阻率，也是衡量陶瓷材料导电能力的特性参数。

室温时 $BaTiO_3$ 的电导率为 10^{-10} $\Omega \cdot cm^{-1}$，其禁带宽度为 $2.5 \sim 3.2$ eV。

（2）介电常数

介电常数是描述某种材料放入电容器存储电荷能力的物理量，通常又叫介电系数或电容率，是材料的特征参数。介电常数是表征电介质或绝缘材料电性能的一个重要数据，常用 ε 表示。相对介电常数 $\varepsilon_r = \varepsilon/\varepsilon_0$，其中 ε_0 为真空介电常数。

（3）介质损耗

陶瓷材料在电场作用下的电导和部分极化过程都消耗能量，即将一部分电能转变为热能等。在这个过程中，单位时间所消耗的电能称为介质损耗。在直流电场作用下，陶瓷材料的介质损耗由电导过程引起，即介质损耗取决于陶瓷材料的电导率和电场强度，表示为

$$P = \sigma E^2 \tag{3.4}$$

即当电场强度一定时，陶瓷材料的介质损耗与该材料的电导率成正比。介质损耗对化学组成、相组成、结构等因素都很敏感，凡是影响电导和极化的因素都对陶瓷材料的介质损耗有影响。

一般可采用介质损耗仪、电桥、Q 表等测量介电常数和介电损耗。如阻抗分析仪可测量电容和介电损耗，从而通过公式求得介电常数。

（4）绝缘强度

陶瓷介质和其他介质一样，其绝缘是在一定的电压范围内，即在相对弱电场范围内，介质保持介电状态。当电场强度超过某一临界值时，介质由介电状态变为导电状态，这种现象称介质的击穿。由于击穿时电流急剧增大，在击穿处往往产生局部高温、火花、炸碎、裂纹等，造成材料本身不可逆的破坏。在击穿处常常形成小孔、裂缝，或击穿时整个瓷体炸裂的现象，击穿时的电压称击穿电压 U，相应的电场强度称击穿电场强度、绝缘强度、介电强度、

抗电强度等,用 E 表示。绝缘强度表示避免击穿(破坏)所能承受的最高电场强度。

2. $BaTiO_3$ 陶瓷的介电性能

钛酸钡陶瓷的介电性能受多种因素的影响。如在采用固相法合成 $BaTiO_3$ 粉体时,固相烧结的温度、晶粒大小等均对其介电性能有影响。

在采用固相法合成 $BaTiO_3$ 粉体时,球磨工艺对 $BaTiO_3$ 陶瓷的介电性能有一定的影响。如搅拌磨制备的 $BaTiO_3$ 陶瓷的介电性能优于滚筒磨,同时在 $BaTiO_3$ 粉体制备过程中,浆料的粒度、凝聚程度与球磨时间、筒容积等对 $BaTiO_3$ 陶瓷介电性能(介电常数、介电损耗、耐电强度等)均有影响。$BaTiO_3$ 陶瓷的介电性能除了受制备方法的影响外,还与晶粒尺寸、组成有关。

(1)晶粒尺寸效应。

居里温度是反映陶瓷介电性能的重要物理量之一。晶粒尺寸对居里温度影响较大,一般情况下,晶粒尺寸较大的钛酸钡陶瓷,居里温度也较高。晶粒尺寸减小,介电常数增加。

(2)组成。

① Ba/Ti 比。实验研究结果表明,随着 Ba/Ti 比的减小,居里温度向高温方向移动,介电常数呈现出先增加后减小的变化。

②掺杂。掺杂是一种改善钛酸钡陶瓷介电性能的常用手段。掺杂元素及掺杂方式对钛酸钡晶格常数、介电性能也有影响。如随 Ag 含量的提高,钛酸钡陶瓷的介电常数持续升高,而介电损耗先减小后增大,Ag 含量为 1.0% (摩尔分数)时介电性能最佳。

3.5.2 金刚石

3.5.2.1 概述

金刚石,又名钻石,是超硬陶瓷材料。金刚石是世界上目前已知且工业应用的最硬物质,是地球上的一种罕见的矿物。宝石级金刚石晶莹剔透,呈现特有的金刚光泽,闪闪发光,灿烂夺目。自古以来,它就被视为极其珍贵的装饰品,被制成钻戒、胸饰甚至王冠上的明珠。到了近代,当金刚石的各种特殊性能和使用价值被发现以后,开始了多方面的工业应用,成为现代工业和科学技术的瑰宝。金刚石可作为磨削工具,用来制成各种砂轮、磨石、砂布、砂纸、研磨膏等多种形式的工具。金刚石可作为切削刀具,由金刚石聚晶复合片或天然大单晶制成车刀、镗刀、铣刀、铰刀等,用来精加工汽车、飞机、精密机械上的非铁金属零件及塑料、陶瓷之类的非金属材料。金刚石还可作为锯切工具、钻探工具、修整工具、拉丝模具、特殊功能器件以及其他工具和部件。

金刚石结构中,碳原子具有四价状态,即 sp^3 杂化状态。每个碳原子与 4 个邻近的碳原子按照等价的 sp^3 杂化轨道形成四个共价键(σ 键),构成正四面体结构,如图 3.23 所示。共价键是饱和键,具有很强的方向性,所以金刚石具有很高的硬度和熔点,而且不导电。碳原子所形成的正四面体结构在空间的排列有立方晶系和密排立方晶系两种形式,因此相应晶系结构的金刚石被分别称为立方金刚石和六方金刚石。天然金刚石和人造金刚石一般都是立方晶体结构,而六方金刚石很少见。金刚石晶体的形态是多种多样的,可分为单晶体、连生体和聚晶体。单晶体可分为六面体、立方体、八面体、菱形十二面体以及由这些单形晶体所组成的聚形晶体。天然金刚石的晶体形态常见的为八面体,其次是菱形十二面体、立方体及其聚形。

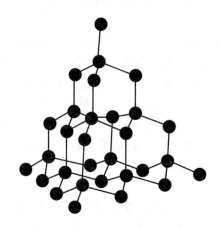

图 3.23　金刚石结构

金刚石和石墨是同素异构体,它们都是由碳原子组成的晶体,但其结构和性能截然不同。金刚石与石墨的结构及性能对比见表 3.4。

表 3.4　金刚石与石墨结构及性能比较

项目	石墨	金刚石
外电子层结构	sp^2	sp^3
晶格构型	立方片层结构	面心立方(或密排立方)结构
晶格常数/nm	0.335 4(层间距)	0.356 7(0.356 0)
化学键类型	共价键+金属键+分子间力	共价键
键角	120°(正三角形)	109°28′(正四面体)
键长/nm	1.415	1.545
键级	4/3	1
键能/$(kJ \cdot mol^{-1})$	478.6	347.4
密度/$(g \cdot cm^{-3})$	2.25	3.515
硬度(旧莫氏级)	1	10
熔点/℃	3 527(3 625)	3 550(3 570)
沸点/℃	4 827	4 827
外观颜色	黑色,不透明	无色,透明
导电性	导体	一般为电介质
导热性	良体	比石墨好
化学活泼性	加热与氧化性酸作用	比石墨稳定,不与酸作用

3.5.2.2　制备方法

静压催化剂法是国内外工业生产上应用最为广泛方法,人造金刚石的绝大部分(约99%)都是用这种方法生产的。爆炸法在某些国家被应用于金刚石微粉的生产,但产量不大。

1. 静压催化剂法

静压催化剂法是指在金刚石热力学稳定的条件下,在恒定的超高压高温和催化剂参与的条件下合成金刚石的方法。该法以石墨为原料,以过渡金属或合金作为催化剂,用液压机产生恒定高压,以直流电或交流电通过石墨产生持续高温,使石墨转化成金刚石。转化条件一般为压力 5 ~ 7 GPa,温度为 1 300 ~ 1 700 ℃。

根据产生高压方式的不同,超高压设备(压机)有两面顶压机和六面顶液压机等类型。国外生产厂家主要采用两面顶压机,而我国多数企业采用的设备是铰链式六面顶液压机。

静压法合成人造金刚石的工艺过程是:首先将石墨原料片和催化剂合金片及其他配属组件,按一定要求,装入事先准备好的叶蜡石块(传压介质)中,放入烘箱烘烤;然后把全套组件放入压机中心部位,开动压机加压,通过加温、保温、保压一定时间,完成石墨向金刚石的转化过程。而后将压制过的组件取出,敲掉叶蜡石外壳,经电解、化学处理,除去剩余石墨和催化剂合金以及叶蜡石残渣并经过球磨打碎连晶,再经筛选分级、选形、磁选等工序,即得到人造金刚石成品。

2. 爆炸法

爆炸法压力、温度条件与不用催化剂的静压法相似(压力一般在 20 GPa 以上),但产生高压高温的方法不同,不是用压机,而是用炸药。利用 TNT(三硝基甲苯)和 RDX(黑索金)等烈性炸药爆炸后产生的强冲击波作用于石墨,在几微秒的瞬间可产生 60 ~ 200 GPa 的高压和几千摄氏度的高温,使石墨转变为金刚石。这种方法获得的产品多为 5 ~ 20 nm 的细小多晶体,结晶缺陷多,强度低,可作为研磨膏或者制造聚晶的原料。其作为纳米材料的用途也在不断拓宽。

爆炸法的优点是不需要贵重设备,单次产量高,每次使用 15 kg 炸药(TNT15% + RDX60%)可生产约 120 克拉的金刚石微粉。爆炸法的缺点是温度、压力不好控制,尤其无法分别控制温度和压力,并且样品回收提纯过程繁多。

爆炸法常用的一种装置是单飞片装置,图 3.24 为其剖面简图。平面波发生器使顶端的点爆源变成面爆源,产生平面冲击波,引爆主炸药包,驱动飞片以每秒几千米的速度撞击石墨,产生高温高压,使石墨转变成金刚石。

3.5.2.3　性能研究

1. 化学性质

(1)金刚石的化学成分。

纯净的金刚石的化学成分是碳。实际的金刚石,无论是天然的还是人造的,都或多或少含有杂质,如 N、B、Si 等非金属元素以及 Fe、Co、Ni 等金属元素。

(2)疏水性。

金刚石具有疏水性、亲油性。这一特征提示人们可以使用油脂去提取金刚石,在制造磨具时,宜选用含有亲油基团的有机物作为金刚石的润湿剂。

(3)常温下的化学稳定性。

在常温下,金刚石对酸、碱、盐等一切化学试剂都表现为惰性,王水也不能与它发生化学反应。在加热情况下(1 000 ℃以下),除个别氧化剂外,不受其他化学试剂的腐蚀。

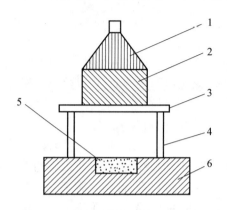

图 3.24　单飞片爆炸合成装置示意图
1—平面波发生器;2—主炸药包;3—金属板(飞片);4—支架;
5—碳源;6—托板(收集器)

(4)热稳定性。

在数百度高温下,某些氧化剂,如 KNO_3、$NaNO_3$ 以及高氯酸盐,能与金刚石发生作用。$NaNO_3$ 之类的试剂在熔融状态下能腐蚀金刚石。

在纯氧中,600 ℃以上,金刚石开始失去光泽,出现黑色表皮,这个现象称为烬化,700 ~ 800 ℃时开始燃烧。人造金刚石在空气中开始氧化的温度,依其晶质不同,一般在 600 ~ 840 ℃。人造金刚石开始燃烧的温度在 850 ~ 1 000 ℃,在非氧化介质中,加热到某一高温时,会发生石墨化现象。在极少量氧存在的条件下,金刚石石墨化在较低的温度下(1 000 ℃以下) 就开始了。

(5)金刚石与过渡金属的化学作用。

一些过渡金属能与金刚石起化学作用,促使金刚石解体。一类是 Fe、Co、Ni、Mn 及 Pt 系金属,其在熔融状态下是碳的溶剂;另一类是 W、V、Ti、Ta、Zr 等,它们与金刚石有更强的亲和力,在高温下能与金刚石起化学反应,生成相应的稳定碳化物。

2. 力学性能

(1)硬度。

金刚石,旧莫氏硬度为 10 级,新莫氏硬度为 15 级,维氏硬度可达 100 GPa,努氏硬度可达 90 GPa 以上,是世界上实际应用的最硬物质。

金刚石单晶体各向异性,不同晶面上硬度不同,各晶面硬度顺序与面网密度顺序一致,即(111)>(110)>(100)。同一晶面上不同方向硬度也有差别,原子间距小的方向,硬度高。

(2)韧性。

金刚石虽然很硬,但是比较脆,韧性较低。这与其容易发生八面体解理有关。此外,其脆性还与晶体完整程度有关。结晶缺陷会产生很大的内应力,甚至会引起自然劈裂;而完整晶体有较高韧性,劈裂所需临界压力达到 30 ~ 100 MPa。

冲击韧性是评价金刚石质量的重要指标之一。冲击韧性以一定量试样在一定冲击频率、冲击次数下的未破碎率来表示。

（3）强度。

①抗压强度：一般磨料级金刚石抗压强度在 1.5 GPa 左右，晶形完整的高品级金刚石为 3 ~ 5 GPa。

②抗张强度：压痕法测得的抗张强度值为 1.3 ~ 1.5 GPa。测量结果与压头材料和尺寸有关。

③抗剪切强度：金刚石的抗剪切强度理论值为 120 GPa，摩擦实验值为 87 GPa，扭力实验值为 0.3 GPa。

一般 YG 硬质合金的抗剪切强度为 10 ~ 20 MPa。

（4）弹性模量。

金刚石具有最高的弹性模量和最小的压缩系数。

杨氏模量 $E = 1\,050$ GPa（比 WC 的 350 ~ 600 GPa 还大）。

体积模量 $K = 500$ GPa（比体弹模量非常大的钨的 299 GPa 还大）。

压缩系数 1.7×10^{-8} cm^2/N（比钨的 3.3×10^{-8} cm^2/N 还小）。

金刚石与几种材料的杨氏模量、抗压强度对比见表 3.5。

表 3.5　几种材料的杨氏模量和抗压强度

材料	杨氏模量/GPa	抗压强度/GPa
金刚石	1 054	8.69 ~ 16.53
WC	350 ~ 600	3.7
SiC	390	1.5
Al$_2$O$_3$	350	2.9

3. 物理性质

（1）金刚石的颜色和密度。

纯净的金刚石应当是无色透明的。实际上金刚石常因含有各种杂质和结晶缺陷而呈现不同的颜色。天然金刚石多呈淡黄色，人造金刚石多呈黄绿色。含杂质多的呈现灰绿色和黑灰色。

金刚石的理论密度为 3.515 3 g/cm^3。不同产品的实际密度一般为 3.48 ~ 3.54 g/cm^3。人造金刚石堆积密度一般为 1.5 ~ 2.1 g/cm^3。颗粒越规则，堆积密度越大。

（2）金刚石的热学性质。

①熔点高。金刚石的熔化温度为 3 550 ℃。

②热导率高。金刚石热导率大小受温度影响，并受杂质含量支配。

③比热容小。$C_v = 6.17$ J/(mol·K)。

④热膨胀系数小。

（3）金刚石的光学性质。

①光泽、折射与色散。完整光滑的金刚石有强烈的光泽，反射比 $R = 0.172$。

金刚石具有很高的折射率（$n = 2.40 ~ 2.48$）。

金刚石具有很强的散光性，色散系数为 0.063。这意味着折射率强烈地随入射光的波长而改变。如果我们不停地旋转钻石，自然光线经过折射后会分解为各种光色，于是就可以看到变幻无穷的绚烂多彩的反射光。

②透光性。金刚石具有优良的透光性能，能透过很宽的波段。

③金刚石的发光。金刚石有光致发光、电致发光、热致发光和摩擦发光等现象。

光致发光——在紫外线、X 射线和 Y 射线的照射以及高速离子的激发作用下，金刚石会发出各种频率和强度的光。

热致发光——具有结晶缺陷的金刚石晶体，当受热时有一定的热发光特性。经过高压下热处理后，热发光强度随着热缺陷的减小而减弱。

电致发光——在电场中一定的电势差作用下而发光。

此外，还有摩擦发光特性。有些晶体不完整的金刚石还有荧光现象。有些天然金刚石在 X 射线照射后会发出蓝绿色荧光。

（4）金刚石的电学磁学性质。

①导电性。纯净的不含杂质的金刚石是绝缘体，室温下的电阻率在 $10^{12} \sim 10^{14}$ $\Omega \cdot cm$ 以上。只有掺入少量硼或磷杂质后，才显示出半导体特性。表 3.6 列出了金刚石与几种半导体材料的电学性质。由表 3.6 中数据可以看出，金刚石具有非常宽的禁带、小的介电常数、高的载流子迁移率、大的电击穿强度。这些性质说明金刚石是一种性能非常良好的宽禁带高温半导体材料，有可能在大功率、超高速、高频和高温半导体器件领域发挥重要作用。

表 3.6 金刚石与几种半导体材料的电学性质

电学性质	Si	GaAs	单晶金刚石
禁带宽度/eV	1.1	1.4	5.5
介电常数	11.9	13.1	5.58
电阻率/$\Omega \cdot cm$	10^8	10^8	10^{16}
热导率/kW·$(K \cdot m)^{-1}$	0.15	0.05	2
电子迁移率/$cm^2 \cdot (V \cdot s)^{-1}$	1 500	8 500	2 200
空穴迁移率/$cm^2 \cdot (V \cdot s)^{-1}$	450	400	1 600

②磁性。金刚石分有磁性和无磁性两种。天然金刚石一般无磁性。人造金刚石一般有磁性。人造金刚石具有磁性是由于含有镍、钴、铁等催化剂杂质。金刚石磁性与杂质含量呈线性关系，包含的杂质越多，其磁性越强。一般地，金刚石磁性越弱，其强度越高，晶型越好，热稳定性越好，但非线性关系。强磁性金刚石在 700 ℃ 熔烧后强度会显著下降。无磁性产品经 1 100 ℃ 熔烧后强度才开始下降。

思考题

1. 什么是功能陶瓷，常见的功能陶瓷分类、特性及用途有哪些？

2. 简述固相反应和液相反应制备粉体的原理。

3. 列举两种陶瓷坯体的成型方法，并分析其优缺点。

4. 简述烧结的定义、主要类型及各因素对其影响。

5. 列举两种烧结方法,并分析其优缺点。

6. BaTiO$_3$ 陶瓷的制备方法有哪些,如何测试其介电性能?

7. 简述金刚石的主要性能特点、制备方法及应用领域。

第4章 功能薄膜

4.1 概　述

4.1.1　功能薄膜定义

当固体或液体的一维线性尺度远远小于它的其他二维尺度时,我们将这样的固体或液体称为膜。那什么叫薄膜(thin film)?有多"薄"才算薄膜?真实"薄膜"是随科学的发展而自然形成的。它和"涂层""箔"相比既有类似的含义,但又有差别。通常把膜层无基片而能独立成型的厚度作为薄膜厚度的一个大致标准,厚度大于 $1~\mu m$ 的膜称为厚膜;厚度小于 $1~\mu m$ 的膜称为薄膜。显然这种划分也具有一定的任意性。也有学者将膜按其厚度进行细分,其中厚度小于 $10~nm$ 的膜称为超薄膜,厚度在 $50~nm \sim 10~\mu m$ 之间的膜称为薄膜,厚度在 $10~\mu m \sim 100~\mu m$ 之间的膜称为厚膜,而典型薄膜的厚度在 $50~nm \sim 1~\mu m$ 之间。随着科学与工程应用领域的不断扩大和发展的深入,薄膜领域也在不断扩展。不同的应用,对薄膜的厚度有着不同的要求。功能薄膜是一类具有电、磁、光、热等方面特殊性质,或者在其作用下表现出特殊功能的薄膜材料。与块体材料相比,功能薄膜材料在结构和性能上具有很多独特之处,能够实现块体材料无法实现的一些功能。功能薄膜具有非常明显的交叉学科的特点,涉及高分子、精密机械、电脑辅助分析、光学设计等,在我国战略新兴产业、高科技领域中扮演着重要的角色。

4.1.2　功能薄膜分类

功能薄膜处于一个高速发展之中,难以找到一个绝对完善的功能薄膜分类方法,无论怎么分类,都会出现部分重叠现象。其按化学组成可分为无机功能薄膜、有机功能薄膜、复合功能薄膜;按相组成可分为固体功能薄膜、液体功能薄膜、气体功能薄膜、胶体功能薄膜;按晶体形态可分为单晶功能薄膜、多晶功能薄膜、微晶功能薄膜、纳米晶功能薄膜、超晶格功能薄膜。

按照薄膜的功能用途,可将其大体分为装饰功能薄膜、机械功能薄膜、物理功能薄膜和特殊功能薄膜四大类。

(1)装饰功能薄膜。主要应用薄膜的色彩效应和功能效应,包括各种色调的彩色膜、幕墙玻璃用装饰膜、塑料金属化装饰膜、包装用装潢及装饰膜、镀铝纸等。

(2)机械功能薄膜。主要应用薄膜的力学性能和防护性能的功能效应,包括有高强度、高硬度、耐磨损、耐腐蚀、耐冲刷、抗高温氧化、防潮、防热、润滑与自润滑、成型加工等机械防护效应。这类薄膜主要包括氮化物系(TiN、ZrN、CrN、HfN、$TiAlN$、Mo_2N 等),碳化物系(TIC、

ZrC、CrC、DLC 等);其次包括硼化物系(TiB、ZrB_2 等),硅化物系(TiSi、ZzrSi 等),金属(Cr、Mo、W、MCrAlY(M = Co、Ni、Co-Ni)等)和超硬膜系(硬度大于 3 000 HV 以上)等。

(3)物理功能薄膜。主要应用薄膜物理性能的功能效应,是最重要的功能薄膜,也是人们通常所称的功能薄膜。这里所泛指的物理功能薄膜,完整地说是利用那些具有优异的物理、化学、生物功能和具有声、光、电、磁、热等互相转换功能及其他相关的效应,并用之于高新技术,特别是用于制造微电子的功能器件,并与元器件相组成为一体,以元器件的优异特性对薄膜做出评价的功能薄膜。研究物理功能薄膜的目的是在功能器件上应用,功能器件当今小型化、集成化和多功能化是它发展的总趋势。

①微电子学薄膜(主要是半导体功能)。主要有硅、锗薄膜,III_A-V_A 族化合物半导体薄膜(GaAs、CaP 等),II_A-VI_A 族化合物半导体薄膜和 IV_A-VI_A 族化合物半导体薄膜。微电子学薄膜还包括介质薄膜,主要有 SiO、SiO_2、Si_3N_4、Ta_2O_5、钽基复合介质膜、Al_2O_3、TiO_2、Y_2O_3、HfO_2、氮氧化硅等;导电薄膜主要有低熔点、高熔点导电膜、复合导电膜、多晶硅导电膜、金属硅化物导电膜、透明导电膜、电阻薄膜等。

②电磁功能薄膜。主要有超导膜、压电和铁电膜、磁性膜、磁性记录膜、磁光膜、磁阻膜等。

③光学薄膜。主要有减反射膜、反射膜、分光膜、截止滤光片、带通滤光片、阳光控制膜、低辐射系数膜、反热镜和冷光镜膜、光学性能可变膜等。

④光电子学薄膜。主要有探测器膜、光电池膜、光敏电阻膜、光学摄像靶膜、氧化物透明导电膜等。

⑤集成光学薄膜。主要有光波导膜、光开关膜、光调制及光偏转膜、薄膜透镜、激光器薄膜等。

(4)特殊功能薄膜。主要是指一些特殊用途的功能薄膜。如导弹雷达整流罩用的高温耐磨与透光功能薄膜、超高真空中的润滑用的功能薄膜、耐高压天然气冲蚀的密封面材料、热沉材料等。

4.1.3　功能薄膜应用

功能薄膜是现代表面科学与技术中的重要组成部分,它已广泛地应用在微电子行业、精密机械制造、生物医学材料、新能源(太阳能薄膜电池、燃料电池)、半导体照明、航空航天等国民经济的重要领域。功能薄膜在实现材料发展的复合化、多功能化、轻量化、智能化等方面显示出了独特的优势,已成为材料科学研究和应用的热点领域。

在应用功能薄膜材料时,一般是选取其某一方面或多方面的性质,表 4.1 给出了功能薄膜材料的性质及其对应的典型应用。

表 4.1　功能薄膜材料的性质及其对应的典型应用

性质	应用	功能薄膜
力学性质	耐磨和抗冲刷膜层	TiN、ZrN、TiC 等
	润滑膜层	MoS_2 等
	微机械	金刚石薄膜、类金刚石薄膜(DLC)等

续表4.1

性质	应用	功能薄膜
热学性质	热防护膜层	VO_2 等
	热敏感元件	Pt 薄膜等
	光电器件热沉	金刚石薄膜、金刚石-铜复合薄膜等
化学性质	扩散阻挡层	ZrO_2、W-Ti 纳米晶薄膜、SiCN 等
	抗高温氧化、防腐蚀膜层	SiO_2、ZrO_2 等
	生物材料相容性膜层	DLC 膜等
	化学催化膜层	TiO_2 等
	气体或液体敏感器	SnO_2、TiO_2 等
光学性质	反射或减反射膜层	MgF_2、SiO_2、SiN、Al_2O_3、ZnS 等
	光吸收膜层	CdS、CdTe、CIS、CIGS 等
	干涉滤色膜	TiO_2、SiO_2、CrO_2 等
	装饰性膜层	TiN、TiN/Ni 等
	光记录介质	TbFeCo 等
	集成光波导	$LiNbO_3$、SiO_2 等
	集成电路光刻掩膜	Cr 薄膜等
电学性质	绝缘膜	SiO_2、SiN、Al_2O_3、AlN 等
	导电膜	ITO 导电膜等
	半导体器件	Si 薄膜等
	光电转换器	掺镧的锆钛酸铅(PLZT)透明铁电陶瓷、$Bi_4Ti_3O_{12}$ 铁电薄膜等
	压电器件和信息存储单元	ADP、CdS、ZnO 等
	超导电器件	YBCO 超导薄膜等
	电子发射阴极	$Ga_{1-x}IN_xA_S$ 等
	显示器件	ITO 薄膜等
磁学性质	磁记录介质	γ-Fe_2O_3、CrO_2、Co-Fe_2O_3、Co-Ni 等
	磁存储膜	CdCo、InSb 等

同块体材料相比较,功能薄膜材料的厚度更薄,很容易产生尺寸效应。由于功能薄膜材料的表面积同体积之比很大,所以其表面效应显著。同时功能薄膜材料中包含大量的表面晶粒间界和缺陷态,加上功能薄膜沉积在基体上,基体与薄膜界面之间还存在一定的相互作用,故在应用功能薄膜材料时,这些都应考虑。各种具有新结构、新功能的薄膜材料的应用,对国民经济的发展起到了巨大的推动作用。

4.2　功能薄膜材料的制备方法

薄膜制备的过程是将一种材料(薄膜材料)转移到另一种材料(基底)的表面,形成和基底牢固结合成薄膜的过程。任何功能薄膜制备方法都包括源蒸发、迁移和凝聚三个重要环节。"源"的作用是提供镀膜的材料,通过物理或化学方法使镀膜材料成为气态物质;"迁移"过程都是在气相中进行的,在气态物质迁移时,为了保证膜层的质量,一般都是在真空或惰性气氛中进行,并施加电场、磁场或高频等外界条件来进行活化,以增加到达基体上的气态物质的能量,提供气态物质发生反应的能量,即提供气态物质反应的激活能;薄膜在基体的形成过程是一个复杂的过程,包括膜的形核、长大、膜与基底表面的相互作用等。在基底上施加电场、磁场、离子束轰击等辅助手段,其目的是控制凝聚成膜的质量和性能。

功能薄膜的制备方法分为物理方法和化学方法。物理方法包括真空蒸发、溅射、离子束和离子助、外延生长等,其中外延生长又分为分子束外延生长、液相外延生长、热壁外延生长等。化学方法包括热氧化生长法、化学气相沉积法、电镀、化学镀、阳极反应沉积、LB 技术、溶胶-凝胶法等。其中化学气相沉积又包括激光化学气相沉积法、光化学气相沉积、等离子体化学气相沉积等。本书针对其中的真空蒸发法、溅射法、分子束外延、液相外延、化学气相沉积法和溶胶-凝胶法进行介绍。

4.2.1　真空蒸发法(vacuum evaporation method)

1.定义

真空蒸发镀膜法(简称真空蒸镀法)是在真空室中,加热蒸发容器中待形成薄膜的原材料,使其原子或分子从表面气化逸出,形成蒸气流,入射到基片表面,凝结形成固态薄膜的方法。该法是一种物理制膜方法,广泛地应用在机械、无线电、光学、原子能、空间技术等领域。

2.原理

图 4.1 为真空蒸发镀膜法设备示意图。其主要部分有真空室、蒸发源或蒸发加热器、基片(或基板)、基板加热器及测温器等。其中真空室为蒸发过程提供必要的真空环境;蒸发源或蒸发加热器用来放置蒸发材料并对其进行加热;基板(基片)用于接收蒸发物质并在其表面形成固态蒸发薄膜。

真空蒸发的物理过程如下:

(1)采用各种形式的热能转换方式,使镀膜材料粒子蒸发或升华,成为具有一定能量的气态粒子(原子、分子、原子团);

(2)气态粒子通过基本上无碰撞的直线运动方式传输到基体;

(3)粒子沉积在基体表面上并凝聚成膜;

(4)组成薄膜的原子重新排列或化学键合发生变化。

3.基本过程

真空蒸镀法包括三个基本过程,即加热蒸发过程、飞行过程和沉积过程。

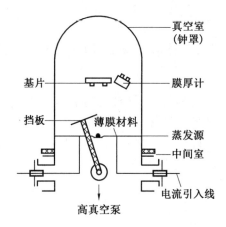

图 4.1　真空蒸发镀膜法设备示意图

（1）加热蒸发过程。加热蒸发过程包括由凝聚相转变为气相（固相或液相→气相）的相变过程。每种蒸发物质在不同温度时有不同的饱和蒸气压。蒸发化合物时，其组分之间发生反应，其中有些组分以气态或蒸气进入蒸发空间。

（2）飞行过程。气化原子或分子在蒸发源与基片之间的输运，及这些粒子在环境气氛中的飞行过程。飞行过程中与真空室内残余气体分子发生碰撞的次数，取决于蒸发原子的平均自由程以及从蒸发源到基片之间的距离，通常称之为源–基距。

（3）沉积过程。蒸发原子或分子在基片表面上的沉积过程，即蒸气凝聚、成核、核生长、形成连续薄膜的过程。由于基板温度远低于蒸发源温度，因此沉积物分子在基板表面将发生直接从气相到固相的相转变过程。

影响真空镀膜质量和厚度的因素主要有蒸发源的温度、蒸发源的形状、基片的位置、真空度等。

4.特点

真空蒸镀法具有如下优点：

（1）设备比较简单，操作容易；

（2）制成的薄膜纯度高、质量好，厚度可较准确控制；

（3）成膜速率快、效率高；

（4）薄膜生长机理比较简单。

真空蒸镀法的主要缺点是不容易获得结晶结构的薄膜；所形成的薄膜在基板上的附着力较小；工艺重复性不够好等。

4.2.2　溅射法（sputtering）

1.定义

用加速的离子轰击固体表面，离子和固体表面原子交换能量，使固体表面的原子离开固体，这一过程称为溅射。被轰击的固体是制备薄膜所用的材料，通常称为靶。溅射过程是外来离子的动能使源材料的原子发射出来，这点与蒸发法不同。

所谓溅射法成膜是指在真空室中，利用几十电子伏或更高动能的荷能粒子（例如正离子)轰击靶材,使靶材表面原子或原子团逸出,逸出的原子在工件的表面形成与靶材成分相同的薄膜。由于离子容易在电磁场中加速或偏转,荷能粒子一般为离子,这种溅射称为离子溅射。

2. 原理

根据电极的结构、电极的相对位置以及溅射法成膜的过程,溅射法可以分为二极溅射、三级(包括四极)溅射、磁控溅射、对向靶溅射、离子束溅射、吸气溅射等。在这些溅射方式中,如果在氩气中混入反应气体,如 O_2、N_2、CH_4、C_2H_2 等,可制得靶材料的氧化物、氮化物、碳化物等化合物薄膜,这就是反应溅射。成膜的基片上若施加到 500 V 的负电压,使离子轰击膜层的同时成膜,使膜层致密,改善膜的性能,这就是偏压溅射。在射频电压的作用下,利用电子和离子运动特征的不同,在靶的表面感应出负的直流脉冲,从而产生溅射现象,这就是射频溅射。对绝缘体也能溅射镀膜。按溅射方式的不同,又可以分为直流溅射、反应溅射、偏压溅射和射频溅射等。

溅射镀膜基于荷能离子轰击靶材时的溅射效应,而整个溅射过程都是建立在辉光放电的基础上,即溅射离子都来源于气体放电。不同的溅射技术所采用的辉光放电方式有所不同,直流二极溅射利用的是直流辉光放电,三极溅射是利用热阴极支持的辉光放电,射频溅射时利用的是射频辉光放电,磁控溅射是利用环状磁场控制下的辉光放电。表4.2列出了各种溅射法成膜的特点及原理图。

表4.2　各种溅射法成膜的特点及原理图

溅射方式	溅射电源	氩气压力/MPa	特点	原理图
1.二极溅射	DC 1 ~ 7 kV 0.15 ~ 1.5 mA·cm^{-2} RF 0.3 ~ 10 kW 1 ~ 10 W·cm^{-2}	~ 1.3	构造简单,在大面积的基板上可以获得均匀的薄膜,放电电流随压力和电压的变化而变化	阴极(靶) 底片 阳极 DC1~7 kV RF A 阴极和阳极底片也有采用同轴圆柱结构的
2.三极或四极溅射	DC 0 ~ 2 kV RF 0 ~ 1 kW	6×10^{-2} ~ 1×10^{-1}	可实现低气压、低电压溅射,放电电源和轰击靶的离子能量可独立调节控制,可自动控制靶的电流,也可进行射频溅射	阳极 靶 底片 辅助阳极 阴极 A DC 50 V DC 0~2 kV RF

续表4.2

溅射方式	溅射电源	氩气压力/MPa	特点	原理图
3.磁控溅射	0.2~1 kV（高速低温）3~30 W·cm⁻²	10^{-2}~10^{-1}	在与靶表面平行的方向上施加磁场,利用电场和磁场相互垂直的磁控管原理减少电子对基板的轰击(降低基板温度),使高速溅射成为可能	
4.对向靶溅射	DC RF	~1.3	两个靶对向放置,在垂直于靶的表面方向上加磁场,可以对磁性材料进行高速低温溅射	
5.射频溅射(RF溅射)	RF 0.3~10 kW 0~2 kV	~1.3	可制取绝缘体,例如石英、玻璃、Al_2O_3 薄膜,也可射频溅射金属膜	
6.偏压溅射	在基板上施加0~500 V的相对于阳极的正的或负的电位	~1.3	在镀膜过程中同时清除基板上轻质量的带电粒子,从而能降低基板中杂质气体,如H_2,O_2,N_2等残留气体等	
7.非对称交流溅射	AC 1~5 kV 0.1~2 mA·cm⁻²	~10^{-3}	在振幅大的半周期内对靶进行溅射,在振幅小的半周期内对基板进行离子轰击,去除吸附的气体,从而获得高纯度的镀膜	

续表4.2

溅射方式	溅射电源	氩气压力/MPa	特点	原理图
8. 离子束溅射	DC		在高真空下,利用离子束溅射镀膜,是非等离子体状态下的成膜过程,靶接地电位也可	
9. 吸气溅射	DC 1～7 kV 0.15～1.5 mA·cm⁻² RF 0.3～10 kW 1～10 W·cm⁻²	～1.3	利用活性溅射离子的吸气作用,除去杂质气体,能获得纯度高的薄膜	
10. 反应溅射		在氩气中混入适量的活性气体,如 N_2,O_2 等分别制备 TiN,Al_2O_3	制备阴极物质的化合物薄膜,如果若阴极(靶)是钛,可制备 TiN,TiC	从原理上讲,上述方法除 1 和 9 外都可以进行反应溅射

3. 基本过程

利用带电离子在电磁场的作用下获得足够的能量,轰击固体(靶)物质,从靶材表面被溅射出来的原子以一定的动能射向衬底,在衬底上形成薄膜。在实际进行溅射时,多半是被加速的正离子轰击作为阴极的靶,并从阴极靶材溅射出原子,所以也称为阴极溅射。溅射镀膜的过程包括靶的溅射、逸出粒子的形态、溅射粒子向基片的迁移和在基片上成膜。

(1)靶材溅射过程。当入射离子在与靶材的碰撞过程中,将动量传递给靶材原子,使其获得的能量超过其结合能,才可能使靶原子发生溅射。这是靶材在溅射时主要发生的一个过程。但实际上,溅射过程十分复杂,当高能离子轰击固体表面时,还会产生许多效应。

(2)逸出粒子的形态。

(3)溅射粒子的迁移过程。靶材受到轰击所逸出的粒子中,正离子由于反向电场的作用,不能到达基片表面,其余的粒子均会向基片表面迁移。

(4)溅射粒子的成膜过程。

4.特点

溅射镀膜的优点：

（1）对于任何待镀材料，只要能作为靶材，就可实现溅射。

（2）溅射所获得的薄膜与基片结合较好。真空蒸镀法制备薄膜，从薄膜与基体的结合力来看，是依靠加热温度高低来控制蒸发粒子的速度。例如加热温度为 1 000 ℃，蒸发原子平均动能只有 0.14 eV 左右。平均动能较小，所以蒸镀薄膜与基体附着强度较小。而溅射逸出的原子能量通常在 10 eV 左右，即为蒸镀原子能量的 100 倍以上，所以溅射法与基体的附着力大大优于蒸镀法。

（3）溅射所获得的薄膜纯度高，致密性好。

（4）溅射工艺可重复性好，可以在大面积衬底上获得厚度均匀的薄膜。

溅射镀膜也有不足之处，主要是需要按要求预先制备各种成分的靶，装卸靶不太方便，靶的利用率不太高，相对于真空蒸发，沉积速率低，基片会受到等离子体的辐照等作用而产生升温。

4.2.3 分子束外延法(molecular beam epitaxy,MBE)

外延是指沉积膜与基片之间存在结晶学关系时，在基片上取向或单晶生长同一物质的方法。当外延膜在同一种材料上生长时（即生长外延层和衬底是同一种材料），称为同质外延，这种工艺简单，但成本较高。如果外延是在不同材料上生长（即外延生长的薄膜材料和衬底材料不同，或者说生长化学组分、甚至是物理结构和衬底完全不同的外延层）则称为异质外延，这类工艺复杂，成本较低。外延用于生长元素、半导体化合物和合金薄结晶层，这一方法可较好地控制膜的纯度、膜的完整性以及掺杂级别。外延生长技术及基本原理涉及热力学、质量传输运动学、表面过程。

1.定义

分子束外延法是一种在晶体基片上生长高质量的晶体薄膜的新技术。在超高真空条件下，由装有各种所需组分的炉子加热而产生的蒸气，经小孔准直后形成的分子束或原子束，直接喷射到适当温度的单晶基片上，同时控制分子束对衬底扫描，就可使分子或原子按晶体排列一层层地"长"在基片上形成薄膜。

2.原理

图 4.2 所示为砷稳态结构下，As_2 和 As_4 入射到 GaAs 衬底表面外延过程的原理。

3.基本过程

MBE 法是把加热的组元的原子束（或分子束）入射到衬底表面，并与衬底表面进行反应的过程。这个过程的步骤包括组元的原子或分子吸附于衬底表面、吸附的分子在表面迁移和离解为原子、该原子与近衬底的原子结合成核并外延成单晶薄膜、在高温下部分吸附在衬底薄膜上的原子脱附。

4.特点

分子束外延生长法是真空蒸镀的进一步发展。其优点包括以下几个方面：

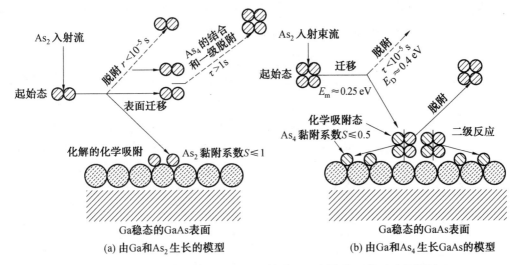

图 4.2　砷稳态结构下 As_2 和 As_4 入射到 GaAs 衬底表面外延过程的原理

（1）生长是在超高真空中进行的，残余气体等杂质混入较少，可保持表面清洁，生长出质量好的外延层；

（2）外延生长的温度低，如 GaAs 在 500～600 ℃ 条件下生长，Si 在 500 ℃ 左右条件下生长；

（3）膜的生长速率慢（大约 1 μm/h），具有较好的膜厚可控性；

（4）MBE 是一个动力学过程，即将入射的中性粒子（原子或分子）一个一个地堆积在衬底上进行生长，而不是一个热力学过程，所以它可以生长按照普通热平衡生长方法难以生长的薄膜，是非热平衡状态下的生长；

（5）MBE 是一个超高真空的物理沉积过程，既不需要考虑中间化学反应，又不受质量传输的影响，并且利用快门可以对生长和中断进行瞬时控制。因此，膜的组分和掺杂浓度可随源的变化而迅速调整。

分子束外延法生长的缺点是生长时间长，不适于大量生产；观察系统受到蒸发分子的污染，使性能劣化，且观察系统本身也成为残余气体的发生源；表面缺陷的密度大；难于控制混晶系和四元化合物的组成。

4.2.4　液相外延法（liquid phase epitaxy，LPE）

1. 定义

液相外延法是将拟生长的单晶组成物质直接熔化或溶解在适当溶剂中保持液体状态，将用作衬底的单晶薄片浸渍在其中，缓慢降温使熔化状态的溶质达到过饱和状态，在衬底上析出单晶薄膜的成膜方法。单晶薄膜的生长厚度通过浸渍时间和液相过饱和度来控制。这里的溶剂，也称熔体，不是水、酒精等液体，而是低熔点金属的熔体，如硅外延用的熔体是锡，也可用镓、铝。

液相外延法可分为倾斜法、垂直法和滑舟法三种，其中倾斜法是在生长开始前，使石英管内的石英容器向某一方向倾斜，并将溶液和衬底分别放在容器内的两端；垂直法是在生长开始前,将溶液放在石墨坩埚中,而将衬底放在位于溶液上方的衬底架上;滑舟法是指外延生长过程在具有多个溶液槽的滑动石墨舟内进行。在外延生长过程中,可以通过四种方法进行溶液冷却:平衡法、突冷法、过冷法和两相法。

2. 原理

液相外延生长的基础是溶质在液态溶剂内的溶解度随温度降低而减少。因此一个饱和溶液,在它与单晶衬底接触后被冷却时,如条件适宜,就会有溶质析出,析出的溶质就会外延生长在衬底上。这里所述的外延,是指在晶体结构和晶格常数与生长层足够相似的单晶衬底上生长,使相干的晶格结构得以延续。如果衬底和外延层是由相同的材料组成的称为同质外延,反之称异质外延。在 GaAs 衬底上生长 $Ga_{1-x}Al_xAs$ 外延层就是异质外延的典型例子。液相外延生长过程可由平衡相图来描述,下面以 GaAs 衬底上生长 GaAs 外延层为例进行说明。图 4.3 为 Ga-As 二元体系的 T-C 图。由图可知,可以用 Ga 做溶剂,在低于 GaAs 的熔点温度下生长 GaAs 晶体。如 Ga 溶液组分为 C_{L1},当温度为 T_a 时,溶液与 GaAs 衬底接触,这时由于 A 点处于液相区,未饱和,所以它将溶掉 GaAs 衬底(吃片子)。衬底被溶掉后,溶液中 As 含量增加,相点 A 向右移动至 B 后,GaAs 衬底才停止溶解,溶液饱和。如果溶液组分为 C_{L1} 的 Ga 溶液,在 T_b 的温度下与 GaAs 衬底接触,此时溶液处于饱和状态,衬底将不会溶解。这时如果降温,溶液呈过饱和状态,若溶液不存在过冷,就会有 GaAs 析出。溶液组分将沿液相线上箭头方向向 C_{L2} 移动,析出的 GaAs 将外延生长在衬底上。

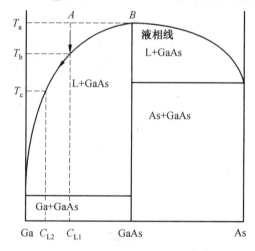

图 4.3　GaAs 溶液外延生长原理图

3. 基本过程

原则上讲,液相外延生长是从液相中生长膜,溶有待镀材料的溶剂是液相外延生长所必需的。当冷却时,待镀材料从溶液中析出并在相关的基片上生长。对于液相外延生长制备薄膜,溶液和基片在系统中保持分离。在适当的生长温度下,溶液因含有待镀材料而达到饱和状态。然后将溶液与基片的表面接触,并以适当的速度冷却,一段时间后即可获得所要的薄膜。其基本过程可以概况为以下三步:

(1)制成低熔点金属(如 Sn、In、Pb、Bi、Ga 等)的高温饱和溶液,逐步降温冷却,形成过

饱和溶液;

（2）过饱和溶液与基片相接触,控制冷却速度得当,过饱和溶液中的溶质就能够在单晶的基片上实现单晶生长,即外延生长;

（3）分离,外延膜与母液分离。

在液相外延生长过程中有三个基本生长技术:

（1）使用由 Nelson 研制的倾动式炉。通过倾斜含有溶液的盘,使含有待镀材料的饱和或近饱和溶液(在一特定温度下)与某一温度下的基片相接触(图 4.4)。冷却时,生长材料从溶液中析出并在基片表面形成膜,然后将倾斜盘回复到原来的位置,溶液离开基片,粘到基片表面的残余物通过采用适当的溶解液被除去或被溶解。

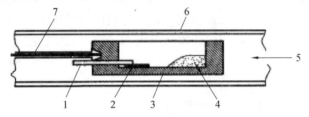

图 4.4　液相外延生长 GaAs 的倾动式系统示意图

1—夹具;2—基片;3—石墨盘;4—溶液;5—H_2;6—石英管;

7—热电偶

（2）使用浸透技术。在这一垂直生长系统中,基片被浸入到某一温度下的溶液中,在适当的温度下,从溶液中提拉基片,即基片的垂直运动控制基片与溶液的接触。

（3）使用滑动系统。尽管在操作原理和冷却原理上与浸透系统相似,但在滑动系统中,在控制熔体与基片接触的方法上有所不同,在简单的滑动系统中,熔体被包围在由石墨盘构成、且可滑动的热源里。基片放置在热源外部靠后的区域,一旦确立了生长条件,滑板即可移动,将基片放置在熔体下面。

4. 特点

与其他外延方法相比,液相外延法具有如下的优点:

（1）生长设备比较简单;

（2）有较高的生长速率;

（3）掺杂剂选择范围广;

（4）晶体完整性好,外延层位错密度较衬底低;

（5）成分和厚度都可以较精确地控制,重复性好;

（6）晶体纯度高,生长系统中没有剧毒和强腐蚀性的原料及产物,操作安全、简便。

液相外延法的不足在于,当外延层与衬底晶格常数差大于 1% 时,生长发生困难。其次,由于生长速率较快,难以得到纳米厚度的外延材料。再者,液相外延法的外延层表面形貌一般不如气相外延好。

4.2.5　化学气相沉积法(chemical vapor deposition,CVD)

1.定义

真空蒸镀及溅射过程由于没有化学反应,所以形成的薄膜和原始材料成分基本上是相同的。这种通过物理过程制备薄膜的方法称为物理气相沉积法(Physical Vapor Deposition,PVD)。与此相反,当形成的薄膜除了从原材料获得组成元素外,还在基片表面发生化学反应,获得与原成分不同的薄膜材料,这种存在化学反应的气相沉积称为化学气相沉积法。化学气相沉积是反应物质在气态条件下发生化学反应,生成固态物质沉积在加热的固态基体表面,进而制得固体材料的工艺技术。它可以生长高质量的单晶薄膜,能够获得所需的掺杂类型和厚度,易于实现大批量生产,因而在工业上得到广泛的应用。如可在半导体、大规模集成电路中用于生长硅、砷化镓材料、金属薄膜表面、绝缘层和硬化层。由于此法是利用各种气体反应来制备薄膜,所以可任意控制薄膜组成,能够实现全新结构和组成,且可以在低于薄膜组成物质的熔点温度下制备薄膜。

表4.3是PVD和CVD两种方法的比较。用PVD制备并得到应用的薄膜有单质金属、合金、氧化物和氮化物等,用CVD制备的薄膜主要有氧化物、氮化物等化合物和半导体等。

表4.3　PVD和CVD两种方法的比较

	PVD	CVD
物质源	生成膜物质的蒸气,反应气体	含有生成膜元素的化合物蒸气、反应气体等
激活方法	消耗蒸发热、电离等	提供激活能、高温、化学自由能
制备温度	250~2 000 ℃(蒸发源) 25 ℃~合适温度(基片)	150~2 000 ℃(基片)
成膜速度	25~250 μm/h	25~1 500 μm/h
用途	装饰、电子材料、光学	材料精制、装饰、表面保护、电子材料
可制备薄膜的材料	所有固体(C、Ta、W困难)、卤化物和热稳定化合物	碱及碱土类以外的金属(Ag、Au困难)、碳化物、氮化物、硼化物、氧化物、硫化物、硒化物、金属化合物、合金

2.原理

应用CVD法原则上可以制备各种材料的薄膜,例如单质、氧化物、硅化物、氮化物等薄膜。根据要形成的薄膜,采用相应的化学反应及适当的外界条件(温度、气体浓度、压力等参数),即可制备各种薄膜。表4.4列出了CVD法的各种不同的反应方式。

表4.4　CVD法的反应方式

反应	材料	反应举例	CVD产物
热分解	金属氢化物	$SiH_4 \xrightarrow{\Delta} Si+2H_2$	Si
	金属碳酰化合物	$W(CO)_6 \xrightarrow{\Delta} W+6CO$	W
	有机金属化合物	$2Al(OR)_3 \xrightarrow{\Delta} Al_2O_3+3R'$	Al_2O_3
	金属卤化物	$SiI_4 \xrightarrow{\Delta} Si+2I_2$	Si

续表4.4

反应	材料	反应举例	CVD 产物
氢还原	金属卤化物	$SiCl_4+2H_2 \xrightarrow{\Delta} Si+4HCl$	Si
		$SiHCl_3+H_2 \xrightarrow{\Delta} Si+3HCl$	Si
		$MoCl_5+5/2H_2 \xrightarrow{\Delta} Mo+5HCl$	Mo
金属还原	金属卤化物、单质金属	$BeCl_2+Zn \xrightarrow{\Delta} ZnCl_2+Be$	Be
		$SiCl_4+2Zn \xrightarrow{\Delta} Si+2ZnCl_2$	Si
基片材料还原	金属卤化物、硅基片	$WF_6+3/2Si \longrightarrow W+3/2SiF_4$	W
化学输送反应	硅化物等	$2SiI_2 \longrightarrow Si+SiI_4$	Si
氧化	金属氢化物 金属卤化物 有机金属化合物	$SiH_4+O_2 \longrightarrow SiO_2+2H_2$	SiO_2
		$PH_3+5/4O_2 \longrightarrow 1/2P_2O_5+3/2H_2$	P_2O_5
		$SiCl_4+O_2 \xrightarrow{\Delta} SiO_2+2Cl_2$	SiO_2
		$POCl_3+3/4O_2 \longrightarrow 1/2P_2O_5+3/2Cl_2$	P_2O_5
		$AlR_3+3/4O_2 \longrightarrow 1/2Al_2O_3+3R'$	Al_2O_3
加水分解	金属卤化物	$SiCl_4+2H_2O \longrightarrow SiO_2+4HCl$	SiO_2
		$2AlCl_3+3H_2O \longrightarrow Al_2O_3+6HCl$	Al_2O_3
与氨反应	金属卤化物 金属氢化物	$SiH_2Cl_2+4/3NH_3 \longrightarrow 1/3Si_3N_4+2H_2$	Si_3N_4
		$SiH_4+4/3NH_3 \longrightarrow 1/3Si_3N_4+4H_2$	Si_3N_4
等离子体激发反应	硅氢化物	$SiH_4+4/3N \longrightarrow 1/3Si_3N_4+2H_2$	Si_3N_4
		$SiH_4+2O \longrightarrow SiO_2+2H_2$	SiO_2
光激励反应	硅氢化物	$SiH_4+O_2 \longrightarrow SiO_2+2H_2$	SiO_2
		$SiH_4+4/3NH_3 \longrightarrow 1/3Si_3N_4+2H_2$	Si_3N_4

基本原理:将两种或两种以上的气态原材料导入到一个反应室内,然后他们相互之间发生化学反应,形成一种新的材料,沉积到基体表面上。反应物多为金属氯化物,先将其加热到一定温度,达到足够高的蒸气压,用载气(一般为 Ar 或 H_2)送入反应器。如果某种金属不能形成高压氯化物蒸气,就代之以有机金属化合物。在反应器内,被涂材料或用金属丝悬挂,或放在平面上,或沉没在粉末的流化床中,或本身就是流化床中的颗粒。在化学反应器中,产物就会沉积到被涂物表面,废气(多为 HCl 或 HF)被导向碱性吸收或冷阱。除了需要得到的固态沉积物外,化学反应的生成物都必须是气态沉积物本身的饱和蒸气压应足够低,以保证它在整个反应、沉积过程中都一直保持在加热的衬底上。

3. 基本过程

化学气相沉积反应过程如下:

(1)反应气体向衬底表面扩散;

(2)反应气体被吸附于衬底表面;

(3)在表面进行化学反应、表面移动、成核及膜生长;

（4）生成物从表面解吸；

（5）生成物在表面扩散。

所选择的化学反应通常应该满足：①反应物质在室温或不太高的温度下最好是气态，或有很高的蒸气压，且有很高的纯度；②通过沉积反应能够形成所需要的材料沉积层；③反应易于控制在沉积温度下，反应物必须有足够高的蒸气压。

4. 特点

化学气相沉积的优点：

（1）CVD 设备简单，操作简单，维护方便；

（2）与直接蒸发法相比，可在大大低于其熔点或分解温度的沉积温度下制造耐熔金属和各种碳化物、氮化物、硼化物、硅化物和氧化物薄膜；

（3）成膜所需的反应源材料一般比较容易获得，而且制备同一种薄膜可以选用不同的化学反应；

（4）根据实际情况改变和调节反应物的成分，又能方便地控制薄膜的成分和特性，因此灵活性较大；

（5）特别适用于在形状复杂的零件表面和内孔镀膜。

化学气相沉积的缺点是：沉积速率不太高，不如蒸发和离子镀，甚至低于溅射镀膜；在不少场合下，参加沉积的反应源和反应后的余气易燃、易爆或有毒，因此需要采取防止环境污染的措施；对设备来说，往往还有耐腐蚀的要求；基体需要局部或某一个表面沉积薄膜时很困难，不如 PVD 技术来得方便；即使采取了一些新的技术，CVD 成膜时的工件温度仍然高于PVD 技术，因此应用上受到一定的限制。

4.2.6 溶胶-凝胶法（sol-gel method，SG）

1. 定义

溶胶-凝胶法对我们来说并不陌生，追溯到古代，豆腐的制作即是采用了溶胶-凝胶法。溶胶-凝胶法制备材料属于湿化学法（包括化学共沉淀法、水热法、微乳液法等）中的一种。该法利用液体化学试剂（或粉末溶于试剂）为原料（高化学活性的含材料成分的化合物前驱体），在液相下将这些原料均匀混合，并进行一系列水解、缩合（缩聚）的化学反应，在溶液中形成稳定的透明溶胶液体系。溶胶经过陈化，胶粒间缓慢聚合，形成以前驱体为骨架的三维聚合物或者颗粒空间网络，网络间充满失去流动性的溶剂，这就是凝胶；凝胶再经过干燥，脱去其间溶剂而成为一种多孔空间结构的干凝胶或气凝胶；最后经过烧结固化制备所需材料。

2. 原理

溶胶-凝胶法制备薄膜涂层的基本原理是：将金属醇盐或无机盐作为前体，溶于溶剂（水或有机溶剂）中形成均匀的溶液，溶质与溶剂产生水解或醇解反应，反应生成物聚集成几个纳米左右的粒子并形成溶胶，再以溶胶为原料对各种基材进行涂膜处理。溶胶膜经凝胶化及干燥处理后得到干凝胶膜，最后在一定的温度下烧结即得到所需的涂层。

3. 基本过程

溶胶-凝胶法制备薄膜工艺步骤包括溶胶的制备、基材的预处理和涂抹技术。

(1)溶胶的制备:可分为有机和无机两种途径,有机途径是通过有机醇盐的水解与缩聚而形成溶胶;无机途径是通过某种方法制得的氧化物小颗粒稳定悬浮在某种溶剂中而形成溶胶。如 V_2O_5 溶胶的制备,由于 V_2O_5 粉末不溶于水,但熔融的 V_2O_5 淬冷于水时,体积迅速膨胀而扩散,并与水发生剧烈反应,通过调节 pH 值,就能形成稳定的 V_2O_5 溶胶。

(2)基材的预处理:由于基材种类及表面状况不同,表面清洗和预处理的方法也不一样。

(3)涂抹技术:采用溶胶-凝胶法制备陶瓷薄膜的涂覆方法有很多种,一般用的是提拉法、旋转涂覆法、喷涂法及电沉积法等。

4. 特点

溶胶-凝胶法与其他方法相比具有许多独特的优点:

(1)由于溶胶-凝胶法中所用的原料首先被分散到溶剂中而形成低黏度的溶液,因此,就可以在很短的时间内获得分子水平的均匀性,在形成凝胶时,反应物之间很可能是在分子水平上被均匀地混合。

(2)由于经过溶液反应步骤,那么就很容易均匀定量地掺入一些微量元素,实现分子水平上的均匀掺杂。

(3)与固相反应相比,化学反应将容易进行,而且仅需要较低的合成温度。一般认为溶胶-凝胶体系中组分的扩散在纳米范围内,而固相反应时组分扩散是在微米范围内,因此反应容易进行,温度较低。

(4)选择合适的条件可以制备各种新型材料。

溶胶-凝胶法也存在某些问题,如所使用的原料价格比较昂贵,有些原料为有机物,对健康有害;通常整个溶胶-凝胶过程所需时间较长,常需要几天或几周;凝胶中存在大量微孔,在干燥过程中又将会逸出许多气体及有机物,并产生收缩。

4.3　薄膜生长过程与机理

薄膜在基片上的形成涉及原子或分子在基片表面上的凝结、形成、长大或随后的薄膜生长过程。薄膜生长过程中,在基片表面上或者发生化学反应,或者发生物理变化,可见薄膜生长本身便涉及材料学、物理学、化学等多个学科领域。用蒸发、溅射和分子束外延等方法制备薄膜材料的过程中,同样存在成核和生长等过程。在沉积的过程中,到达衬底的原子,一方面和飞来的其他原子相互作用,同时也要和衬底相互作用,形成有序或无序排列的薄膜。薄膜形成过程与薄膜结构决定于原子种类、衬底种类以及制备工艺条件等,形成的薄膜可以是非晶态结构,也可以是多晶结构或单晶结构。

从薄膜生长过程来看,可以分成如下三类:

(1)核生长型,也称为三维生长机制,如图 4.5(a)所示,这种机制一般发生在 $\mu_{AB} < \mu_{AA}$ 的场合。

(2)层生长型,也称为二维生长机制,如图 4.5(b)所示,这种机制一般发生在 $\mu_{AB} > \mu_{AA}$ 的场合。

（3）层核生长型，也称为单层、二维生长后三维生长机制，如图4.5（c）所示，这种机制一般发生在 $\mu_{AB}=\mu_{AA}$ 的场合。

这里 B 表示衬底原子，A 表示沉积原子，μ_{AB} 代表衬底原子与沉积原子之间的键能，μ_{AA} 代表沉积原子之间的键能。

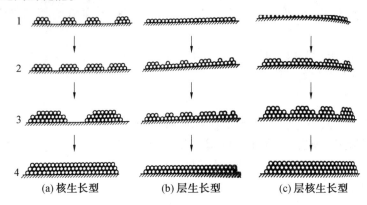

图4.5　薄膜生长过程分类示意图

4.3.1　核生长型

核生长型形成过程的特点是到达衬底上的沉积原子首先凝聚成核，后续飞来的沉积原子不断聚集在核附近，使核在三维方向上不断长大而最终形成薄膜。以这种方式形成的薄膜一般是多晶的，并和衬底无取向关系，此种类型的生长一般是在衬底晶格和沉积薄膜晶格很不匹配时发生，大部分薄膜的形成过程都属于这种类型。

核生长型薄膜的生长过程大致可分为如下四个阶段。当然，不同物质在经历这四个阶段时的情况可以有所不同。

（1）成核阶段。沉积到衬底上的原子，除其中一部分与衬底原子进行了少量的能量交换之后，由于本身仍具有相当高的能量，而又很快返回气相，还有一部分经过能量交换之后则被吸附在衬底表面上，这时的吸附主要是物理吸附。原子将在衬底表面停留一定时间，由于原子本身还具有一定的能量，同时也可以从衬底原子处得到部分能量，因此沉积原子就可以在衬底表面进行扩散或迁移。其结果有两种可能，一种是再蒸发而返回气相，另一种可能是与衬底发生化学反应而变物理吸附为化学吸附。此后若再遇到其他的沉积原子，便会形成原子对或原子基团，逐渐形成稳定的凝聚核。

（2）小岛阶段。稳定晶核的数目不断增多，当它达到一定的浓度之后，新沉积来的原子只需扩散一个很短的距离就可以合并到晶核上去而不易形成新的晶核，此时稳定晶核的数目达到极大值。继续沉积使晶核不断长大并形成小岛，这种小岛通常为三维结构，并多数已具有该种物质的晶体结构，即已形成微晶粒。

（3）网络阶段。新沉积来的吸附原子通过表面迁移而聚集在已有的小岛上，使小岛不断长大，相邻的小岛会相互接触并彼此结合。由于小岛再结合时会释放出一定的能量，这些能量足以使相接触的微晶状小岛瞬时熔化，结合以后，温度下降，熔化小岛将重新结晶。电子衍射结果发现，在尺寸和结晶取向不同的两个小岛结合时，得到新的微晶小岛的结晶取向与原来较大的小岛取向相同(大岛吞并小岛)。随着小岛的不断合并,小岛之间已经大体相连,而只留下少量沟状空白区,此时也称网络状薄膜。

(4)连续薄膜。继续沉积的原子填补空白区而使薄膜连成一片。一般情况下,形成连续薄膜的厚度约为 10 nm。少数低熔点元素(如 Ga,熔点仅为 30 ℃),可能还要厚一些。图 4.5(a)就表示出了核生长型薄膜的形成过程。

4.3.2　层生长型

层生长型的特点是沉积原子首先在衬底表面以单原子层的形式均匀地覆盖一层,然后再在三维方向上生长第二层、第三层……这种生长方式多数发生在衬底原子与沉积原子之间的键能大于沉积原子相互之间的键能的情况,即 $\mu_{AB} > \mu_{AA}$。以这种机制形成的膜材,衬底晶格与薄膜晶格匹配良好,形成的薄膜一般是单晶膜并且和衬底有确定的取向关系。这样的生长就是外延生长,最典型的例子就是就是同质外延生长或分子束外延生长,例如在 Au 单晶衬底上生长 Pd;在 PdS 单晶衬底上生长 PbSe;在 MoS_2 单晶衬底上生长 Au 等。

层状生长的过程如下:沉积到衬底表面上的原子经过表面扩散,并与其他沉积原子碰撞后而形成二维核,二维核捕捉周围的吸附原子,形成二维小岛。这种材料在表面上形成的小岛浓度大体是饱和浓度,即小岛之间的距离大体上等于吸附原子的平均扩散距离。在小岛成长过程中,小岛的半径均小于吸附原子的平均扩散距离,因此到达小岛上的吸附原子在岛上扩散以后,均被小岛边缘所捕获。小岛表面上的吸附原子浓度很低,不容易在三维方向上发生生长,也就是说,只有在第 n 层的小岛长到足够大或已接近完全形成时,第 $n+1$ 层的二维晶核或二维小岛才有可能形成。因此,以这种生长机制形成的薄膜是以层状的形式生长的,如图 4.5(b)所示。层状生长时,靠近衬底的膜层的晶体结构通常类似于衬底的结构,只是到一定的厚度时,才逐渐由刃型位错过渡到该材料固有的晶体结构。

4.3.3　层核生长型

层核生长型是在衬底原子和薄膜原子之间的键能接近于沉积原子之间的键能($\mu_{AB} = \mu_{AA}$)时出现的。它是上述两种生长机制的中间状态。其示意图如图 4.5(c)所示。首先在衬底表面上生长 1~2 层单原子层,这种二维结构强烈地受衬底晶格的影响,晶格常数会有较大畸变,然后再在这些原子层上吸附沉积原子,并以核生长的方式形成小岛,最终再形成薄膜。在半导体表面上形成金属薄膜时,常常呈现层核生长型,例如在 Ge 表面蒸发 Cd;在 Si 表面蒸发 Bi、Ag 等都属于这种类型。

4.4　影响薄膜结构的控制因素

薄膜的结构受制备条件的影响,其中主要的因素有蒸发速率、衬底温度、蒸发原子的入射方向、衬底表面状态及真空度等。

4.4.1 蒸发速率

对于不同类型的金属,蒸发速率的影响程度是不相同的。这是由于真空沉积的金属原子在衬底上的迁移率与金属的性质和表面状况有关。即使是同一种金属,在不同的工艺条件下,蒸发速率对薄膜结构的影响也不完全一致。一般说来,蒸发速率会影响膜层中晶粒的大小与晶粒分布的均匀度以及缺陷等。在低的蒸发速率的情况下,金属原子在衬底上迁移的时间比较长,容易到达吸附点位置,或被处于其他吸附点位置上的小岛所俘获而形成粗大的晶粒,使得薄膜的结构粗糙不密。同时由于蒸发原子到达衬底后,后续原子还没有及时到达,因而暴露在表面的时间比较长,容易受残余气体分子或蒸发过程中引入的杂质污染以及产生各种缺陷等。从以上两方面来看,蒸发速率高一些好。

高蒸发速率可以使薄膜晶粒细小,结构致密,但由于同时凝结的核很多,在能量上核处于比较高的状态,所以薄膜内部存在着比较大的应力,同时缺陷也较多。

低蒸发速率使膜层结构疏松,电子越过其势垒而产生电导的能力弱,加上氧化和吸附作用,所以电阻值较高,电阻温度系数偏小,甚至为负值。随着蒸发速率的增大,电阻值也由大到小,而温度系数却由小到大,由负变正。这是由于低蒸发速率的薄膜,由于氧化而具有半导体特征。所以温度系数出现负值,而高蒸发速率的薄膜趋向金属的特性,所以温度系数为正值。一般情况下希望有较高的蒸发速率,但对特定的材料要从具体的实验中正确的选择最佳的蒸发速率。

4.4.2 衬底参数

在影响薄膜质量的工艺参量和技术参量中,衬底参数是最重要的参量之一。衬底参数包括衬底的温度、结构和表面状态等。

1. 衬底温度

衬底温度对薄膜结构有较大的影响,对于每一对衬底和薄膜材料,都有一个临界外延温度,高于此温度的外延生长是良好的,而低于此温度的外延生长则是不完善的,此外,生长速率 V 与衬底温度 T 有关,根据试验结果可得

$$V = Ae\frac{-E_D}{kT}$$

式中,A 为常数,E_D 为表面扩散激活能,T 是绝对温度。

该式表明,外延薄膜生长的速率与吸附原子的扩散能力有关。衬底温度升高会促进外延生长,使吸附原子动能随之增大,使表面原子具有更多的机会到达平衡位置,使表面扩散和体扩散都增强,故结晶过程便容易进行,并使薄膜缺陷减少,同时薄膜内应力也会小些。若衬底的温度降低,薄膜得到结晶性能会变差,非晶成分会增多,则易形成无定型结构的膜。衬底温度过低,还会产生大量层错。

衬底温度的选择要视具体情况而定。一般说来,如果蒸发的膜层较薄,衬底温度比较低时,蒸发室的金属原子很快失去动能,而在衬底表面上凝结,这时的膜层比较均匀致密,当衬底温度过高时,反而会出现大颗晶粒,使膜层表面粗糙。如果蒸发比较厚的膜层,一般要求衬底温度适当高一些,可以使薄膜减少内应力,并减少薄膜被氧化的概率。

2. 衬底的结构

衬底的晶体结构对外延膜的结构与取向有十分重要的影响,特别是在异质外延中,由于薄膜材料的晶格常数与衬底的不匹配,必然会在与衬底的界面处发生晶格畸变,以便与衬底相配合。理论分析曾得出如下结论:当失配度 $m \approx 20\%$ 时($m = \dfrac{b-a}{a}$ 是衬底的晶格常数,b 是薄膜的晶格常数),薄膜界面处畸变区厚度可达几埃,当失配度为 4% 左右时,则可达几百埃,而当适配度大于 12% 时,靠晶格畸变已经达不到匹配,只有靠位错来调节了,所以在外延膜,特别是异质外延膜中,位错密度通常是较高的($10^{11} \sim 10^{12}$ cm^{-2}),同时衬底与薄膜材料之间的晶格不匹配,除了会引起界面处的晶格畸变之外,还会导致小岛之间的畸变。当小岛合并时,也会诱发位错的产生,所以在选择衬底材料时,要尽量选择晶格常数相差不多的(最好小于 1%),以保证外延膜的质量。

3. 衬底的表面状态

衬底的表面状态对薄膜的结构、质量也有很大的影响。如果衬底表面光洁度高,表面清洁,则所获得的膜层结构致密,容易结晶;否则相反,而且膜的附着力也很差。所以在使用前,一定要用腐蚀、超声波等清洗手段仔细地除去表面可能存在的氧化层、污物等。要尽量避免表面的机械负伤或出现划痕。

例如在用分子束外延法系统外延 GsAs/AlGaAs 高电子迁移率晶体管材料的过程中,首先将 GsAs 衬底进行清洁处理,用有机溶剂去除油,然后用 $H_2SO_4 : H_2O_2 : H_2O$ 体积比为 5:1:1 的腐蚀液腐蚀,再用去离子水冲净、甩干后送入样品室。也有采用离子轰击清洗、预溅射清洗等手段。总之,要想得到高质量的外延膜,制备过程的每一步都要认真对待。

4.4.3 蒸发原子入射方向

薄膜结构与蒸发原子的入射方向也有关。把蒸发原子飞向基片的方向和基片法线之间的夹角 θ 称为蒸发原子入射角。入射角的大小对薄膜的结构有很大影响,随着结晶颗粒的增大,后入射的蒸发原子就逐渐沿着原子的入射方向在晶体上生长,于是会产生所谓自身阴影效应,从而使薄膜表面出现凹凸不平、缺陷较多,并出现各向异性。这种沿蒸发原子飞来方向生长的倾向,在蒸发角度越大时表现得越严重。蒸发好的薄膜,经过热处理可以改善其结构和性能,而且热处理可使晶格排列得较整齐,部分地清除晶格缺陷,改善薄膜热稳定性,又可消除附近内应力,增强薄膜与衬底的附着力,同时还可以消除膜层中气体分子吸附,在薄层表面生成一层氧化保护层,从而保护膜层免受侵蚀和污染。

4.4.4 真空度

真空度的高低也直接影响薄膜的结构和性能。真空度低,材料受残余气体分子污染严重,薄膜性能变差。即使在高真空的情况下,薄膜中也免不了有吸附的气体分子,提高衬底温度有利于气体分子的解吸。

4.5 功能薄膜所用基片

4.5.1 玻璃基片

玻璃是一种透明的、具有平滑表面的稳定性材料,可以在低于500 ℃的温度下使用。玻璃的热性质和化学性质随其成分不同而有明显变化。表4.5列出了几种典型玻璃基片的成分(质量分数)。需要指出的是,不同厂家生产的玻璃基片的精确组成会有所不同。

表4.5 几种典型玻璃基片的成分(质量分数) %

玻璃种类	SiO_2	Na_2O	K_2O	CaO	MgO	B_2O_3	Al_2O_3
透明石英玻璃	99.9	—	—	—	—	—	—
石英玻璃	>96	<0.2	<0.2			2.9	0.4
低膨胀系数硼硅酸盐玻璃	80.5	3.8	0.4	—	—	12.9	2.2
铝代硅酸盐玻璃	55	0.6	0.4	4.7	8.5	4	22.9
铝代硼硅酸盐玻璃	74.7	6.4	0.4	0.9	2.2	9.6	5.6
低碱玻璃	49.2	<0.2	0.5	—		14.5	10.9
普通玻璃板	71 ~ 73	13 ~ 15	<0.1	8 ~ 12	1 ~ 3	—	1 ~ 2

石英玻璃在化学耐久性、耐热性和耐热冲击性方面都是最好的。普通玻璃板和纤维镜镜片玻璃是碱石灰系玻璃,容易熔化和成形,但其膨胀系数大。可以将普通玻璃板中的 Na_2O 置换成 B_2O_3,以减小其膨胀系数。硅酸盐玻璃就是这种成分代换的典型产品。

4.5.2 陶瓷基片

1. 氧化铝基片

氧化铝是很好的耐热材料,具有优异的机械强度,而且其介电性能随其纯度的提高而改善。基片必备的通孔、凹孔和装配各种电子器件、所有的孔穴等在成形时可同时自动加工出来。外形尺寸在烧结后可调整,而孔穴间距在烧结后无法调整,所以要控制、减少烧结时的收缩偏差量。

2. 多层基片

为缩短大规模集成电路组装件的延迟时间,在陶瓷基片上高密度集成大规模集成电路的许多芯片,芯片间的布线配置于陶瓷基片内部和陶瓷片上部。若将这些布线多层化,高密度化,则布线长度变短,延迟时间也会缩短。基片上的多层布线常采用叠层法,包括厚膜叠层印刷法或薄膜叠层法。

3. 镁橄榄石基片

镁橄榄石($2MgO \cdot SiO_2$)具有在高频下介电损耗小、绝缘电阻大的特性,易获得光洁表面的特点,因此其可以作为金属薄膜电阻、碳膜电阻和缠绕电阻的基片或芯体,还可以作为晶体管基极和集成电路基片,其介电常数比氧化铝小,因此信号传送的延迟时间短;其膨胀系数接近玻璃板和大多数金属,且随其组成发生变化,因此很容易选择与其匹配的气密封接材料。

4. 碳化硅基片

高导热绝缘碳化硅是兼有高热导率数(25 ℃下为 $4.53(W \cdot (m \cdot ℃)^{-1})$)和高电阻率(25 ℃下为 10^{13} $\Omega \cdot cm$)的优异材料。另外,其抗弯强度和弹性系数大,热膨胀系数在 25 ~ 400 ℃条件下为 $3.7 \times 10^{-6} ℃^{-1}$,因而适于装载大型元件。碳化硅的介电常数较大,约为 40,由于信号延迟时间正比于介电常数的平方根,因此碳化硅信号延迟时间为氧化铝的两倍,这是它的缺点。可以用 Cu 和 Ni 使碳化硅金属化,开发出许多应用领域,如集成电路基片和封装等。

4.5.3　单晶体基片

单晶体基片对外延生长膜的形成起着重要作用。实际上人们需要各种外延膜,但外延法制作的薄膜的许多性能是由所用的单晶体基片决定的。特别是为了能在高温基片上生长外延膜,需要很好地了解单晶体基片的热性质。由于基片晶体各向异性会产生裂纹,基片与薄膜间的热膨胀系数相差很大时,会在薄膜内残留大的应力,这会使薄膜的耐用性显著下降。

4.5.4　金属基片

在金属基片上制备薄膜的目的在于获得保护性、功能性和装饰性薄膜。目前作为金属基片的材料包括黑色金属、有色金属、电磁材料、原子反应堆用材料、烧结材料、非晶态合金和复合材料等。

4.6　典型功能薄膜的制备技术及其性能评价方法

4.6.1　类金刚石薄膜

1. 概述

类金刚石(diamond-like carbon,DLC)是一种亚稳态的非晶态材料,其机械、电学、光学和摩擦学特性类似于金刚石,导热性是铜的 2 ~ 3 倍,且透明度高、化学稳定性好,具有极高的硬度、良好的抗磨损性能、优异的化学惰性、低介电常数、宽的光学带隙以及良好的生物相容性等特性。碳元素因碳原子和碳原子之间的不同结合方式,从而使其最终产生不同物质。

金刚石的碳碳以 sp^3 键形式结合,石墨的碳碳以 sp^2 键形式结合,而 DLC 的碳碳是以 sp^2 和 sp^3 键形式结合,生成的无定形碳的一种亚稳定形态,它没有严格的定义,可以包括很宽性质范围的非晶碳,因此兼具了金刚石和石墨的优良特性。所以由类金刚石而来的 DLC 膜同样是一种亚稳态近程有序、远程无序的非晶材料,碳原子间的键合方式是共价键,主要包含 sp^2 和 sp^3 两种杂化键,而在含氢的 DLC 膜中还存在一定数量的 C-H 键。DLC 薄膜是一类性质近似于金刚石,具有高硬度、高电阻率、良好光学性能,又具有自身独特摩擦学特性的非晶碳薄膜。事实上目前对 DLC 薄膜尚无明确的定义和统一的概念,以其宏观性质而论,国际上广为接受的标准为硬度达到天然金刚石硬度 20% 的绝缘无定形碳膜就称为 DLC 薄膜。

DLC 薄膜,可分为无氢类金刚石碳膜(a-C)和氢化类金刚石碳膜(a-C:H)两类。无氢类金刚石碳膜有 a-C 膜(主要由 sp^3 和 sp^2 键碳原子相互混杂的三维网络构成),以及四面体非晶碳(tetrahedral carbon,简称 ta-C)(主要由超过 80% 的 sp^3 键碳原子为骨架构成)。氢化类金刚石碳膜(a-C:H)又可分为类聚合物非晶态碳(polymer-like carbon,简称 PLC)、类金刚石碳、类石墨碳 3 种,其三维网络结构中同时还结合一定数量的氢。类聚合物非晶态碳是含氢金刚石薄膜的一种,它是非晶体,又有类似于聚合物那种以相同简单的结构单元通过共价键重复连接而成的化合物。这种类金刚石薄膜因为 sp^2 键占据了主要数量,所以比较软,又不具备石墨的特性,使得它的用途受到了限制,在摩擦学的应用上还处在起步阶段。

2. 制备方法

DLC 薄膜制备技术的研究开始于 20 世纪 70 年代。1971 年 Aisenberg 和 Chabot 成功地利用碳离子束沉积出 DLC 薄膜以来,离子束沉积法开始用于制备 DLC 膜。其后研究者发现了一系列生成 DLC 薄膜的办法,如阴极电弧沉积(CAD)、溅射沉积、化学气相沉积等。

离子束沉积是采用电弧蒸发石墨靶材或热丝电子发射烃类气体的方式,产生碳或者碳氢离子,然后通过电磁场加速并引向基底,使荷能离子沉积于基底表面,形成 DLC 薄膜。离子束沉积的主要工艺参数是离子束能,它决定成膜离子的能量,从而影响 DLC 薄膜的结构。通常离子束能量控制在 100~1 000 eV 之间。

溅射沉积主要是以石墨靶材为碳源,首先利用阴极高压电离惰性气体,然后在电场的加速下获得动能并轰击石墨靶材,溅射出碳原子或离子,最后沉积在基底上,形成 DLC 薄膜。这种技术制备的 DLC 薄膜均匀性好,稳定性好,是工业上制备 DLC 薄膜最常用的方法。但是这种方法制备的 DLC 薄膜吸收较大,无法很好地满足红外窗口增透膜的应用要求。

3. 结构及化学键合的表征

由于 DLC 本质上是由 sp^3 和 sp^2 键碳原子复合而成的非晶复合体,它们的相对比例随着许多因素发生较大变化,其原子结构和化学键合决定 DLC 的性质。

DLC 结构和化学键合的实验表征技术有拉曼光谱、傅里叶变换红外光谱、透射电子显微镜(TEM)和 X 射线光电子能谱(XPS)。

拉曼光谱是最广泛应用于研究各种碳相键合状态的实验手段。与金刚石和石墨相比,DLC 除了没有长程有序外,其他一些因素也增加了 DLC 拉曼光谱的复杂性,特别是光谱的解释和光谱与 DLC 结构的相关性较为复杂。大多数 DLC 拉曼研究使用波长为 514.5 nm 的氩离子激光。

傅里叶红外光谱(FTIR)技术主要用来研究含氢 DLC 的键合,因为 C—H 键伸缩及弯曲是红外激活的。在大多数情况下,FTIR 用于确认 DLC 膜是否含氢和存在什么类型的 C—H 键。FTIR 的另一个重要应用是研究含氢 DLC 膜的热稳定性,特别是与退火相关的氢原子的行为。FTIR 技术之所以重要也是因为 DLC 被认为是用作红外增透涂层的理想候选材料。

透射电子显微镜,特别是带有电子能量损失谱(EELS)附件的透射电镜已用于研究 DLC 的显微结构和键合状态,径向分布函数(RDF)分析也已用于电子衍射花样分析中以获得 DLC 原子结构信息。

DLC 的 XPS 是否能提供样品的一些有用信息,特别是组元之间的键合状态,过去一直争论不休,目前还没有一致公认的结论。其主要原因是在解释 XPS 光谱时还有一些不确定性,如在测试得到光谱前,通常要用离子枪对样品进行清洁,现在还不清楚这一过程是否会影响到样品内部结构和键合情况。

4. 性能研究及应用

（1）力学性能及应用

DLC 薄膜的弹性模量、硬度、内应力、抗磨损、摩擦系数等在摩擦学和增透涂层应用方面都十分重要。DLC 薄膜的力学性能是由 sp^3 键和 sp^2 键数量比（sp^3/sp^2）和化学键所决定的。天然金刚石和一些 DLC 膜的部分力学性质列于表 4.6 中。

表 4.6　天然金刚石和一些 DLC 膜的部分力学性质

材料	制备技术	密度/(g/cm^3)	sp^3/%	硬度/GPa	弹性模量/GPa	在金属上的摩擦系数
金刚石	自然形成	3.522	100	100	1 050	0.02~0.10
a—C	溅射	1.9~2.4	2~5	11~24	140	0.02~1.20
a—C:H:M_e	反应溅射	1.9~2.4	2~5	10~20	100~200	0.10~0.20
a—C:H	射频等离子体	1.52~1.69	2~5	16~40	145	0.02~0.47
a—C;a—C:H	离子束	1.8~3.5	2~5	32~75	145	0.06~0.19
a—C	真空电弧	2.8~3.0	85~95	40~180	500	0.04~0.14
纳米金刚石	PLD	2.9~3.5	75	80~100	300~400	0.04~0.14
a—C	PLD	2.4	70~95	30~60	200~500	0.03~0.12

通过实验可知,DLC 薄膜中 sp^3/sp^2 是决定类金刚石薄膜硬度的主要因素,其值越大,硬度越高,因此,类金刚石具有可调节的高硬度。硬度受制备方法、沉积工艺和掺杂的影响。

制备方法不同,DLC 结构不同,则硬度也不同。如应用磁过滤阴极电弧法制备的 DLC 薄膜具有与金刚石相近的硬度,而真空阴极电弧法制备的 DLC 薄膜硬度在 HV5000 以上,磁控溅射法制备的 DLC 薄膜硬度较低,一般在 HV2000 以下。

沉积工艺和掺杂对 DLC 薄膜的硬度也有影响。适当的偏压、压强和气氛可不同程度地提高 DLC 薄膜的硬度。大部分实验研究结果表明掺杂使 DLC 薄膜的硬度有不同程度的下降,但 Si 的掺入可提高 DLC 薄膜的硬度。

由于 DLC 薄膜膜层的局部结构不尽相同,而且由于硬度与表面状态及测试方法密切相关,导致在不同的部位,或用不同的测试方法得到不同的硬度值。测试得到的数据只具有近似的和相对的意义,但足以表明它的实用价值及相对于其他硬质膜镀层的优越性。DLC 薄膜硬度测试方法有划痕硬度测试、维氏显微硬度测试、与未加镀层的刀具进行切削对比的测试。

由于 DLC 薄膜硬度很高,因而具有优异的耐磨性,而且其摩擦系数低,是一种优异的表面改性材料,一般适用于工具涂层。

(2)电学性能及应用

DLC 的光学带隙主要取决于 sp^2 的含量。对 DLC 电子过程的研究包括光发射、电导率测量、光导率和发光(PL)行为、介电常数测量、电子自旋光谱等。DLC 薄膜应用在半导体器件时,其电子传输、电子掺杂可能性及掺杂机制等也具有重要技术意义。

DLC 薄膜的电阻率在 $10^5 \sim 10^{12}\ \Omega \cdot m$ 之间,一般含 H 的 DLC 薄膜比不含 H 的 DLC 薄膜电阻率高。DLC 薄膜的介电强度一般在 $10^5 \sim 10^7\ V/cm$ 之间,介电常数一般在 5～11 之间。不同的制备方法和工艺参数对电阻率、介电常数等有一定的影响。如 N 的掺入使 sp^2 键增多,电阻率明显下降,另外基底偏差、温度、入射粒子能量等条件都可不同程度地影响其电阻率。

类金刚石薄膜在微电子领域具有广阔的前景,如类金刚石薄膜用作光刻电路板的掩膜,用于制作发射平面显示器等。

(3)光学性能及应用

DLC 薄膜的折射率一般在 1.5～2.3 之间,其光学带隙 E_0 一般低于 2.7 eV,且随着薄膜中 sp^3 键含量增多而增大,使 DLC 薄膜在可见及近红外区有很高的透过率。E_0 对制备方法和工艺参数均敏感。如磁控溅射制备的 DLC 薄膜的 E_0 随溅射功率增大而降低。

DLC 薄膜具有良好的光学特性,尤其是红外增透保护特性,即它不仅具有红外增透作用,还具有保护基底材料的功能。可用于光学仪器和红外窗口的增透保护,如光学透镜表面的抗磨损保护层等。

(4)其他性能及应用

由于 DLC 膜具有的优异性能,其在生物、医学、航空航天等领域均有广泛应用。如 DLC 膜在医学的应用包括替代人体关节如臀和膝关节,在 Co-Cr-Mo 合金、不锈钢、钛合金臀和膝关节样品上沉积 DLC 膜。DLC 膜是生物相容的,不会引起局部组织反应,而且也可提供良好的摩擦特性。在骨科内固定机械的 Ti-Ni 形状记忆合金上镀 DLC 膜,可使其具有良好的抗氧化性和生物学摩擦特性。在人造牙根上镀 DLC 膜,可提高其生物相容性。同时由于 DLC 膜的摩擦因数低,可以较好地使用在高温、高真空等不适于液体润滑的情况,以及有清洁要求的环境中。

4.6.2 ITO 薄膜

1. 概述

ITO 即锡掺杂氧化铟(质量比一般为 In_2O_3:SnO_2 为 90:10),它是一种 n 型半导体材料。

ITO 薄膜是一种重掺杂、高简并 n 型半导体氧化物薄膜。ITO 薄膜具有优良的光电性能,导电性和加工性能好,硬度高且耐磨腐蚀,因而在高技术领域起着重要作用。

2. 制备方法

ITO 薄膜的制备方法有很多种,几乎所有的制备薄膜的方法都可以用于制备 ITO 薄膜。如物理法包括真空蒸发法、磁控溅射法、离子增强沉积法等,化学法包括溶胶–凝胶法、化学气相沉积法等。制备方法不同、工艺参数不同均直接影响到 ITO 薄膜的厚度、均匀性、致密度以及其性能。

磁控溅射法制备 ITO 薄膜时,在电场和磁场的作用下,被加速的高能粒子(Ar^+)轰击氧化铟锡靶材表面或铟锡合金(IT)靶材,能量交换后,靶材表面的原子脱离原晶格而逸出,溅射粒子沉积到基体表面与氧原子发生反应而生成氧化物薄膜。

化学气相沉积法是一种或几种气态反应物(包括易蒸发的凝聚态物质在蒸发后变成的气态反应物)在衬底表面发生化学反应而沉积成膜的工艺。反应物质是由金属载体化合物蒸气和气体载体所构成,沉积在基体上形成金属氧化物膜,衬底表面上发生的这种化学反应通常包括铟锡原材料的热分解和原位氧化。如果在化学气相沉积法中采用铟、锡有机金属化合物作为原材料,则称为有机金属化学气相沉积(MOCVD)法。该法具有沉积温度低、薄膜成分和厚度易控制、均匀性好和重复性好等优点。采用该法可以制备出低电阻率、高可见光透射率的 ITO 薄膜,但需要预先制备高蒸发速率的反应前体,因此成本较高。该法的具体过程为:以乙酰丙酮铟[$In(C_5H_7O_2)_3$]和四甲基锡[$(CH_3)_4Sn$]为原料,在 300 ℃下通过化学气相沉积过程中的热分解和原位氧化制得 ITO 薄膜。其化学反应方程式为

$$2InC_5H_7O_2)_3(气)+36O_2(气) \longrightarrow In_2O_3(固)+30CO_2(气)+21H_2O(气)$$
$$(CH_3)_4Sn(气)+8O_2(气) \longrightarrow SnO_2(固)+4CO_2(气)+6H_2O(气)$$

3. 导电性能及应用

不同的固体有不同的导电特性,通常用电导率 σ 来量度它们的导电能力。电导率(conductivity)是用来描述物质中电荷流动难易程度的参数。在许多情况下,电导率的倒数是一个使用起来更方便的量,称之为电阻率,用 ρ 表示,单位是 $\Omega \cdot m$。

ITO 薄膜导电性能的影响因素有 ITO 薄膜的面电阻(R)、膜厚(d)和电阻率(ρ),面电阻等于电阻率与膜厚的比值($R=\rho/d$)。其中 ITO 薄膜的电阻率的大小则是 ITO 薄膜制备工艺的关键,电阻率也是衡量 ITO 薄膜性能的一项重要指标。

$$\rho=m/ne^2\tau$$

式中 m 为载流子的有效数量, n 为载流子浓度, e 为电荷, τ 为载流子迁移率。当 n、τ 越大,薄膜的电阻率就越小,反之亦然。而 n 与 ITO 薄膜材料的组成有关,即组成 ITO 薄膜本身的锡含量和氧含量有关。为了得到较高的 n,可以通过调节 ITO 沉积材料的锡含量和氧含量来实现;而 τ 则与 ITO 薄膜的结晶状态、晶体结构和薄膜的缺陷密度有关。为了得到较高的载流子迁移率 τ,可以合理地调节薄膜沉积时的沉积温度、溅射电压和成膜的条件等因素。

一般来讲,制备 ITO 薄膜时要得到不同的膜层厚度比较容易,可以通过调节薄膜沉积时的沉积速率和沉积的时间来制取所需要膜层的厚度,并通过相应的工艺方法和手段能进行精确的膜层厚度和均匀性控制。

从 ITO 薄膜的制备工艺上来讲,ITO 薄膜的电阻率不仅与 ITO 薄膜材料的组成(包括锡含量和氧含量)有关,同时与制备 ITO 薄膜时的工艺条件(包括沉积时的基片温度、溅射电压等)有关。有大量的科技文献和实验分析了 ITO 薄膜的电阻率与 ITO 材料中的 Sn、O_2 元素的含量,以及 ITO 薄膜制备时的基片温度等工艺条件之间的关系。

可采用紫外可见光光度计测量 ITO 薄膜的透光率。采用霍尔效应测量系统用于测量半导体的导电类型、载流子浓度、方块电阻、电阻率、载流子迁移率、霍尔系数等。

ITO 薄膜由于其具有低电阻率、高可见光透光率、高红外区反射率、与玻璃机体结合牢固、高的机械硬度、良好的化学稳定性等优点,广泛应用于平板显示器、触摸屏、太阳能电池、电子屏蔽、汽车挡风玻璃以及其他电子仪表的透明电极等。

思考题

1. 说明薄膜材料与体材料的联系和区别。
2. 给出四种以上功能薄膜的化学制备方法和四种以上物理制备方法。
3. 溅射法制备功能薄膜与真空蒸镀法制备功能薄膜相比,有何特点?
4. 如何用磁控溅射法制备形状记忆 NiTi 薄膜?
5. 分子束外延和液相外延生长有何不同?
6. 什么是化学气相沉积法,其与物理气相沉积法有何异同?
7. 溶胶-凝胶法成膜技术的特点和主要工艺过程是什么?
8. 功能薄膜所用的基片有哪些?
9. 影响功能薄膜结构的因素有哪些? 简述其对功能薄膜性能的影响。
10. 描述薄膜形成的基本过程。
11. 有哪些功能薄膜形貌分析的技术、结构分析的技术及组分分析的技术?
12. 什么是功能薄膜? 举例说明某种功能薄膜的制备方法和典型应用,并给出在该应用领域下需进行哪些表征和性能评价。

第5章 多孔材料

5.1 概 述

多孔材料普遍存在于我们的日常生活中,具有缓冲减震、隔热、消音、过滤等作用,因此,孔率高、固体刚性高、体积密度低的天然多孔材料常用作结构体。人类对多孔材料的使用,除了结构方面使用之外,更多的是功能方面的使用,并且开发了许多功能与结构一体化的应用。

多孔材料是一类含有大量孔隙的材料,多孔结构主要由形成材料本身基本构架的连续固相和形成孔隙的流体相组成。多孔材料通常具备两个要素:一是材料中包含有大量的孔隙;二是所含孔隙被用来满足某种或某些设计要求以达到所期待的使用性能指标。可见,多孔材料中的孔隙通常是设计者和使用者所希望出现的功能相,可为材料的性能提供优化作用。

根据孔径的大小,多孔材料通常分为三类:微孔材料(孔径<2 nm)、介孔材料(孔径为2~50 nm)和大孔材料(孔径>50 nm)。多孔材料的典型结构如图5.1所示。[1]根据孔的结构特征,多孔材料又可分为无序孔结构材料和有序介孔结构材料。其中有序介孔结构材料更为重要,也更受关注。

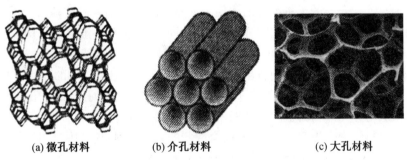

(a) 微孔材料　　　　(b) 介孔材料　　　　(c) 大孔材料

图 5.1　多孔材料典型结构示意图

5.2 有序介孔材料制备技术

有序介孔材料是20世纪90年代兴起的新型纳米结构材料,它的诞生得到国际物理学、化学与材料学界的高度重视,迅速成为研究热点。由于有序介孔材料具有孔道大小均匀、排列有序、孔径可在2~50 nm范围内连续调节等优点,因而在分离、吸附、催化、能源和生物医药等领域有着广泛的应用前景。此外,由于有序介孔材料有较高的比表面积、规整的孔道结构、较大的孔径,适用于活化较大的分子或基团,与沸石分子筛相比,有序介孔材料在催化反应中显示出更优催化性能。有序介孔材料直接用作酸碱催化剂时,可减少固体酸催化剂上的结炭,提高产物的扩散速度。在有序介孔材料骨架中引入具有氧化还原能力的金属离子及氧化物可以改变材料的性能,以适用于不同类型的催化反应。近年来,在介孔材料中引入各种有机金属配合物制成无机-有机杂化材料也是催化和材料领域热点研究的方向之一。由于有序介孔材料孔径尺寸较大,可用于高分子合成领域,作为聚合反应的纳米反应器。有序介孔材料还可作为光催化剂,用于环境污染物的处理。例如,介孔 TiO_2 比纳米 TiO_2 (P25)具有更高的光催化活性,在有序介孔材料中进行选择性的掺杂还可改善其光活性,增加可见光催化降解有机废弃物的效率。氧化硅介孔材料(例如 MCM-41,SBA-15 等)具有大的比表面积、规则的孔道结构、孔径连续可调和很好的热稳定性等,在吸附、分离、催化及缓释等领域显示出较好的应用效果,因而受到研究者的广泛关注。

5.2.1　合成方法概述

介孔材料的合成看似简单,国际上许多实验室都可以独立地合成出介孔材料,但若合成方法、条件控制不得当,所制备出来的同种类型介孔材料的性质则会产生很大的差别。典型的介孔分子筛材料的合成简单来说就是"造孔"。如何制造出有序的介孔,有多种方法和技巧。

造孔的方法按模板剂不同可分为硬模板法和软模板法。这里"软"和"硬"是相对而言的。所谓硬模板法是指所用的模板剂结构已经固定。在合成过程中,其结构相对较"硬",不发生变化或者变形。此类模板剂一般指固体材料,如介孔氧化硅分子筛等。在造孔过程中,硬模板剂主要作为硬的空间填充物,除去硬模板剂后就可以产生介孔。这样的方法不需要考虑模板剂与构成介孔的无机组分的作用力。软模板剂是指具有溶液态,"软"结构的分子或分子的聚集体,如表面活性剂。与硬模板剂不同,软模板剂一般需要与构成介孔的无机组分之间有较强的相互作用,软模板剂通过这种相互作用力将无机组分"拉在身边",聚合交联,形成凝固的无机骨架,从而制备出与自己反相的原形,起到模板的作用。软模板剂也可以看作是"空间"的"填充物",将模板剂脱除后就可以获得各种孔径的介孔材料。

根据模板剂与介孔产物的空间关系的不同,有人将其分为"外模板法"和"内模板法"。前者指用多孔材料作为模板剂,在其孔道内合成新的介孔材料;后者则是用模板剂做成孔的形状,由无机材料包裹,脱除模板剂后,所形成的介孔材料。

在很久以前人们就已经知道,沸石分子筛在脱铝的过程中可以产生一些介孔。这种介孔是分子筛骨架局部脱铝造成的空穴产生的,是无序的。其孔径大小和数量与脱铝的条件有关,很难控制。制造介孔材料还有其他许多方法。比如,利用类似于制备骨架镍催化剂的方法"造孔",即先形成铝镍合金,再用氢氧化钠等溶去铝,得到多孔性骨架镍催化剂。如果严格控制溶胶-凝胶的制备条件,也可以制备出孔径分布比较窄的硅铝凝胶。利用溶胶-凝胶法并结合相分离技术,也可以制造出介孔。但是,以上提及的介孔材料在结构上都是无序的,制备中很难控制孔道的大小和形状。

大部分合成方法都可归为制备介孔材料的硬模板法。介孔的有序性取决于硬模板的有序性和制备程序的可控性。采用有序的介孔氧化硅分子筛为硬模板(纳米浇铸),人们已经成功地合成了反相结构的介孔碳材料和一些用其他方法很难制备的介孔氧化物材料。尽管这些硬模板制备方法容易得到无序的介孔材料,但它的发展为创造新型有序的介孔分子筛奠定了坚实的基础,尤其是柱撑分子筛的思想,为新型介孔分子筛 M41S 和 FSM-16 材料的诞生提供了机会。

新一代的介孔分子筛 M41S 家族是用长链阳离子表面活性剂作为柱撑剂制备层柱分子筛的产物。合成 M41S 系列介孔材料所使用的表面活性剂是长链烷烃季铵盐,它有一个带正电荷的亲水的头和一个疏水的烷基长链。与制备微孔沸石分子筛材料所使用的有机模板剂(一般为有机胺或短链季铵盐)不同,此类表面活性剂在水溶液中可以形成复杂的超分子结构。有机表面活性剂实际上起到了"软模板"的作用。新一代介孔材料分子筛 M41S 不仅为大分子转化、重油裂化催化剂的诞生带来希望,还可以与另一伟大成果 ZSM-5 沸石分子筛的发现相媲美。而且有机表面活性剂的液晶模板作用,为沸石分子筛介孔材料科学界带来了真正的"模板"的概念。在此概念的指导下,一系列新颖的有特殊功能的新材料被开发合成出来。

除了孔径大小不同之外,介孔材料与经典的沸石分子筛相比较有许多不同之处。从结构上看两者的不同可以归纳为以下几点:

①沸石分子筛是一类分子(原子)水平上的完美无机晶体材料;

②结构密码不同;

③组成不同;

④合成介质不同;

⑤ 材料形貌不同。

按照化学组成,介孔材料一般可以分为硅基介孔材料和非硅基介孔材料两大类。本节主要从这两个方向介绍介孔材料的制备。

5.2.2　硅基介孔材料制备

在介孔材料中,关于介孔氧化硅材料的研究报道最多,目前已经能够实现对介孔氧化硅材料的设计合成,得到一系列具有不同空间对称性、孔道结构和表面性质的介孔氧化硅材料。介孔氧化硅材料没有统一的命名,研究者们通常以研究所的名字或者所用的模板剂来命名其合成的介孔材料。本节主要介绍"软模板法"介孔分子筛的制备。

5.2.2.1　水热合成

介孔分子筛一般是通过溶液化学反应制备的,制备过程经历了典型的"溶胶-凝胶"过程。介孔材料的合成温度通常较低(室温至 100 ℃),严格地讲不是真正意义的水热合成。介孔氧化硅材料可以在碱性或强酸性条件下合成。一般合成程序为:

①先将表面活性剂等模板剂溶解在水中,得到均匀的溶液;

②加入无机原料进行溶液化学反应,得到溶胶或凝胶;

③进行"水热"处理反应、晶化;

④冷却至室温后,过滤、洗涤、干燥;

⑤焙烧或萃取,除去表面活性剂等有机模板剂,得到介孔材料。

　　表面活性剂的结构和性质直接影响介孔分子筛的结构、孔径、比表面积,表面活性剂的选取是介孔分子筛合成的关键步骤之一。常用的表面活性剂可分为阳离子、阴离子和非离子表面活性剂,很少使用两性表面活性剂。季铵盐类阳离子表面活性剂 $C_nH_{2n+1}N(CH_3)_3Br$ 是最常用的表面活性剂。

　　无机原料的性质及其聚合度对介孔材料的合成也有重要影响。大多数无机盐都可以作为原料用于介孔材料的合成。由于介孔材料的形成是一个通过溶胶-凝胶化学的自组装过程,而这个自组装过程的驱动力是分子间弱的相互作用力,因此,一般而言,低聚态的无机原料有利于形成有序度高的介孔材料。例如,正硅酸乙酯是实验室中制备介孔氧化硅分子筛的最方便、最常用、最有效的硅源之一。

　　介孔材料的合成温度通常比较低,$-20\sim100\ ℃$ 都可以生成介孔材料。最方便且易获得的温度当然是室温。合成介孔材料的溶液反应一般是在室温下进行的。反应温度的选取与表面活性剂的临界胶束温度和浊点有关,一般应比临界胶束温度值高。

　　介孔分子筛的合成一般是通过溶液反应进行的。水是合成介孔氧化硅最常见的溶剂和介质。其他与水相似的极性较强的溶剂,如甲酰胺、N,N-二甲基甲酰胺(DMF)等,都可作为溶剂用于介孔分子筛材料的合成。除了溶剂之外,介质的酸碱度也是影响介孔分子筛材料合成的最主要因素之一。介孔氧化硅材料一般可采用酸性介质或碱性介质合成,中性条件下很难合成出有序的介孔氧化硅。碱性条件下介孔氧化硅的合成常需要经过水热处理的步骤,它被认为是改进介孔材料有序度的最有效的方法之一。在溶液反应步骤中,介孔结构通常已经生成。在水热处理过程中,介孔材料会经历重新组装和晶体进一步生长、晶化过程。水热处理操作不需分离,将上述溶液反应所有的母液转至反应釜中,在静态下加热处理即可。不是所有的介孔材料合成都必须经过水热处理这个步骤,有时水热处理会造成有序度下降或发生相转变。所以,是否采用水热处理技术要视所合成的材料而定。

5.2.2.2　模板法

　　在模板法制备介孔材料中,模板剂的脱除是介孔材料合成过程中必不可少的步骤。将新合成的无机-有机复合材料中的模板剂脱除后,才能得到介孔材料。不同的脱除方法会影响最终得到的介孔材料的性质。下面以不同的模板剂脱除方法对模板法做简单介绍。

　　(1)焙烧法。

　　焙烧是目前最常采用的脱除表面活性剂的方法,其具有操作简单、脱除彻底等优点。焙烧法是将新合成的材料置于马弗炉中,采用程序升温的方法,使表面活性剂等有机分子在空气或氧气中燃烧分解,达到脱除模板剂的目的。焙烧法在氧化硅(铝)基介孔材料、介孔金属氧化物以及介孔磷酸盐材料的制备中应用得比较多。但需要注意,制备过程中升温速率应尽可能慢,最好采用程序升温的方式。升温速率过快,可能造成局部过热,而影响材料的有序度。以介孔氧化硅 SBA-15 的制备过程为例,通常采用 $1\sim2\ ℃/min$ 的速率将炉内温度升至 $550\ ℃$,然后保持该温度数小时(一般 $4\sim6\ h$),至表面活性剂完全燃烧脱除,得到介孔材料。通过红外光谱、元素分析等手段可以证明最终得到的介孔材料中不含有表面活性剂。升温速率和焙烧温度的选择要根据材料而定。一般情况下,当焙烧温度较高时材料的比表面积和孔容会变小,表面羟基会减少,材料的交联度会提高,水热稳定性较好。相反,低温焙烧可以得到的材料比表面积和孔容相对较大,但材料的交联度较低,水热稳定性相对较差。

　　尽管焙烧是一个有效、简便的方法,但是其缺点在于表面活性剂不能回收,材料的表面羟基损失较大。同时,对于一些热稳定性差或者对空气敏感的材料,比如硫化物、有机硅骨架的材料,就不能采用焙烧的方法,只能采用萃取等其他方法。

　　(2)萃取法。

　　萃取是脱除表面活性剂的另一种重要、有效的方法。萃取可以在较温和、不影响骨架结构的情况下将表面活性剂除去,得到介孔材料。通常采用乙醇或四氢呋喃等有机溶剂作为萃取剂,经过多次萃取可以将表面活性剂除去。从溶解性能来看,四氢呋喃稍好于乙醇。为了不影响结构参数,人们往往在萃取剂中加入少量的盐酸以增加骨架的交联度。萃取脱除的表面活性剂一般可以回收利用。萃取法获得材料的微孔体积比由传统焙烧方法获得材料的微孔体积大。此外,萃取法也易得到比表面积、孔径较大的介孔材料。另外,萃取法得到的材料的硅羟基数量要远大于焙烧法得到的材料,这样材料具有更高的孔道亲水性和对亲水分子的吸附能力。同时,丰富的硅羟基也更容易使孔道改性。萃取法有着自身的特点,可以弥补焙烧法的许多不足。萃取法的缺点是很难将表面活性剂彻底脱除,总有微量的表面活性剂不能被脱除,通常其脱除率一般在 90% ~ 99%。

　　焙烧法和萃取法是目前应用最广的脱除模板剂的两种方法,也是最有效的方法,但是都有不可克服的缺点。为此,人们发展了许多新方法以满足各种应用的要求。

　　(3)超临界流体萃取法。

　　超临界流体萃取法是一种利用超临界流体为溶剂,从固体或液体中萃取出某些有效组分,并进行分离的方法。超临界流体的溶解性一般要好于常规的溶剂,与常规的萃取剂相比,效率较高,并且其脱除率和回收率都在 90% 以上。由于其萃取条件温和,对已经形成的结构破坏较小,所得到的材料的有序性、均一性较好,再加上超临界流体有极好的流动性和溶解性,因此,超临界流体萃取法适用于大多数组成以及各种形貌的介孔材料的模板剂的脱除,是一种有前途的方法。

　　(4)微波辐射法。

　　微波辐射通常是指频率在 300 ~ 300 000 MHz,波长在 1 m 以下的电磁波。微波辐射法即利用微波辐射脱除介孔分子筛材料的模板剂,其原理是在微波辐射下,利用氧化物(如 Co_2O_3、NiO 等)或活性炭等对微波敏感的物质产生的高温,脱除其中的表面活性剂而得到介孔材料。由于这些微波敏感材料在微波辐射下可以瞬间升至高温(大约 1 000 ℃/min),加热效率很高,因此可以在 10 ~ 30 min 内将模板剂完全脱除。而相应的焙烧法则需要 10 h 左右。因此,微波辐射法速度快,是其他方法无法比拟的。但是采用微波辐射法时需要注意,加热的功率不能过大,否则,材料的有序度会下降,且很容易在孔道内积炭(图 5.2)。

　　(5)紫外线辐射法。

　　紫外线辐射法主要是利用高能的紫外灯照射,使新合成的介孔材料中的模板剂得以脱除的方法。与焙烧法相比,紫外线辐射法所得到的介孔氧化硅的有序度较好。这里紫外线有两个作用:其一是利用紫外线打开 C—C 键,使模板剂有机分子发生分解;其二是紫外线可以与 O_2 分子发生如下反应:

$$2O_2 \xrightarrow{h\nu} O_3 + O \tag{5.1}$$

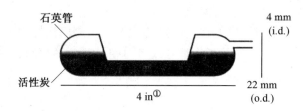

图 5.2　微波辐射法脱除表面活性剂装置示意图(① 1 in=2.54 cm)

该反应产生氧化能力很强的臭氧(O_3)和氧原子(O)。因此,在紫外线的照射下,介孔材料中的有机物可以分解,同时,也可以被紫外线激发产生的臭氧或氧原子所氧化,达到脱除表面活性剂的目的。

紫外线辐射法的优点是在低温下(室温)就可以脱除表面活性剂,得到有序度高的介孔材料。其缺点是反应的时间比较长,且效率不高,不适合大量样品的表面活性剂的脱除。因此,此法应用得较少。

总之,模板剂的脱除是合成介孔材料中很重要的一个步骤,对最终形成介孔材料的结构参数有较大的影响。以上介绍的各种方法各有优缺点,只有根据合成要求灵活地选取,才能得到期望的产物。

5.2.2.3　碱性合成

硅源与表面活性剂在碱性条件下作用,可以生成有序度高的介孔氧化硅分子筛。在碱性条件下,由于硅组分水解交联反应是可逆的,因此,硅源的选取几乎没有限制。各种硅胶、硅溶胶、水玻璃、白炭黑以及正硅酸乙酯(TEOS)等都可以用作硅源。常用的碱源有 NaOH、KOH、氨水,以及有机胺类,如四甲基氢氧化铵、四乙基氢氧化铵。由于 $NH_3 \cdot H_2O$ 的碱性较弱,以它为碱催化剂时,有时得到的是无序介孔氧化硅。有机季铵碱价格较高,使用相对较少,但其优点是可以直接合成出氢[H^+]型的硅铝酸盐介孔分子筛。一般合成氧化硅介孔材料的最佳 pH 值范围为 11.0~11.5。

碱性条件下合成介孔氧化硅,介质的 pH 值随时间变化。开始消耗碱较大,pH 值明显下降,硅组分进一步交联后,产生 OH^- 离子,pH 值稍有增加,这与硅酸盐在碱性下的水解规律一致。有研究者利用硫酸或醋酸调节合成体系的 pH 值在 11.0~11.5 范围内,可以得到高质量的介孔分子筛。

5.2.2.4　酸性合成

1994 年霍启升等创造性地发现在强酸性条件下也可以合成高质量的介孔材料,首次实现了在酸性介质下合成分子筛。它是介孔材料领域的一个突破性进展,也是沸石分子筛合成领域的一个重要进展。以阳离子表面活性剂十六烷基三甲基溴化铵(CTAB)为模板剂,采用 TEOS 为硅源,在强酸性条件下,可以合成出高质量的六方相介孔氧化硅材料。

酸性合成介孔材料有以下特点:

① pH 值依赖性较强。pH 值越低生成介孔氧化硅的速率越快。

②形貌可控。酸性条件下得到的介孔氧化硅材料形貌一般较为规整,可以得到单晶、薄膜、纤维、球等形貌,而碱性条件下,一般很难得到形貌规整的介孔氧化硅分子筛。

③可逆性较差。硅酸酯在酸性下水解,一般可逆性较差,一旦形成胶体就很难得到有序

的介孔材料。

④硅源较单一。一般只有单体的硅源可以用于酸性条件下介孔材料的合成。

⑤反应温度较低。一般采用室温反应,不宜加热或水热处理。

⑥不易发生相变。在酸性下,一种表面活性剂一般只能得到一种介孔结构。

⑦加入一些无机盐如 KCl、NaCl 会加快生成速率,而加入有机溶剂可以降低生成速率。

⑧不需洗涤步骤。

5.2.3　非硅基介孔材料制备

经过 30 年的发展,介孔材料的组成从最初单一的硅(铝)酸盐不断扩展。每一次合成技术的改进,特别是新的合成方法的发明,都为介孔材料的组成提供了极大的扩展空间。例如,溶剂挥发诱导自组装方法的出现,使一大批金属氧化物、复合金属氧化物和金属含氧酸盐类介孔材料得以合成;纳米浇铸硬模板法的发现,将介孔材料的合成推广到碳、碱性金属氧化物、金属硫化物等。目前有序介孔材料的组成除了二氧化硅外,还包括有机氧化硅、碳、有机聚合物、金属氧化物、金属含氧酸盐、金属单质、金属硫化物等。相对于硅基材料,非硅基介孔材料由于热稳定性较差,焙烧后孔道容易坍塌,而且比表面积低,孔体积较小,合成机制还不够完善,因此目前对非硅基介孔材料的研究尚不如对硅基介孔材料研究活跃。但是由于其组成上的多样性所产生的特性,例如电磁、光电及催化等,在固体催化、光催化分离、光致变色材料、电极材料、信息储存等应用领域存在广阔的前景,因此非硅基介孔材料日益受到人们的关注。本节介绍几种非氧化硅介孔材料的制备。

5.2.3.1　表面活性剂自组装法

(1)静电作用力为驱动力。

最初的有序介孔材料就是利用阳离子表面活性剂与硅酸根聚阴离子之间的静电作用力驱动了有序介孔结构的组装。1999 年 Moriguchi 等利用酚醛树脂与阳离子表面活性剂的相互作用,合成了层状和无序的介孔聚合物。阳离子表面活性剂与带负电的酚醛低聚物之间可以发生静电作用,它是形成胶束/聚合物介孔结构复合体的驱动力。但是该结构不稳定,脱除表面活性剂的同时,有序的介孔结构也随之坍塌。

间苯二酚–甲醛气凝胶可由有机溶胶–凝胶过程获得,目前已广泛应用在多孔碳,特别是有序介孔孔径的碳材料制备中。由于有机溶胶–凝胶过程与介孔氧化硅合成中利用正硅酸乙酯等为硅源的溶胶–凝胶过程类似,所以很自然地将间苯二酚–甲醛气凝胶与表面活性剂自组装过程结合起来。最初合成介孔碳的研究大多采用间苯二酚–甲醛作为前驱物。但是间苯二酚与甲醛的缩合速率过快,室温下很难控制其聚合程度,通过阳离子季铵盐表面活性剂自组装过程形成无序间苯二酚–甲醛/表面活性剂介孔结构,所得介孔碳的孔径分布很宽。

由离子表面活性剂与聚合物前驱物的静电相互作用,往往得到无序介孔结构。除了有机前驱物的聚合难控制这一因素外,更重要的是有机聚合物与两亲性阳离子表面活性剂之间的相互作用较弱,离子表面活性剂的电荷密度较低,与碳源前驱物之间的库仑力较弱,骨架聚合后有机骨架与表面活性剂之间的混溶性降低,导致二者发生宏观相分离。

(2)嵌段共聚物与碳源前驱物之间的匹配性。

利用含聚环氧乙烯(PEO)的嵌段共聚物和一种能与PEO嵌段混溶性好的树脂组装,可以合成有序介孔结构。例如,以嵌段共聚物聚环氧乙烯-聚乙基乙烯(PEO-PEE)或聚环氧乙烯-聚乙烯-alt-丙烯(PEO-PEP)为结构导向剂,聚(双酚A-共聚3氯-1,2环氧丙烷)/邻苯二甲酸酐环氧树脂为碳源前驱物,利用溶剂挥发诱导自组装的方法,形成有序介孔结构,包括层状、立方双连续、二维六方和体心立方球堆积相。

嵌段共聚物与前驱物之间的氢键作用是合成有序介孔材料的重要驱动力之一。图5.3给出了已经建立的含吡啶基团或PEO嵌段的嵌段共聚物与含羟基基团的有机前驱物之间的氢键作用模式。

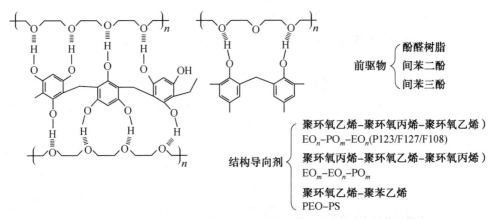

(a)含吡啶基团嵌段共聚物与含羟基基团的有机前驱物之间的氢键作用模式

(b)含PEO嵌段的嵌段共聚物与含羟基基团的有机前驱物之间的氢键作用模式

图5.3 含吡啶基团(a)或含PEO嵌段的嵌段共聚物与含羟基基团有机前驱物之间的氢键作用模式

在表面活性剂自组装路线中,表面活性剂/前驱物物种界面,以及物种内部的相互作用对最后产物均产生影响。这里主要强调以下几点(五步合成法):

①结构导向剂。在嵌段共聚物中,亲水嵌段与热固性树脂具有良好的共混性,而一个嵌段有足够的疏水性,是合适的结构导向剂。

②有机高分子前驱物。选择的有机高分子前驱物要与模板剂之间存在较强的相互作用。

③热聚交联。热聚过程的目的是使低聚酚醛树脂进一步聚合交联,从而固定溶剂挥发

自组装过程中形成的有序介孔结构。

④去除模板。聚合物骨架要足够稳定,其稳定性一般要优于嵌段共聚物,才能确保在去除模板的过程(焙烧或萃取等)中,能够保持有序的介孔结构。

⑤碳化。碳化中的关键因素是确保结构稳定,特别需要注意的是结构的均匀收缩。因此,一般采用惰性气氛碳化,如氮气和氩气。碳化温度一般应高于 600 ℃。惰性气氛中的微量氧气可在介孔碳墙壁上造出微孔。与此相似,在碳化气氛中添加少量 CO_2 和 H_2O 也会造成孔壁微孔。

5.2.3.2　直接合成法

两亲性表面活性剂可以聚合为有序聚集体,进一步获得有序介孔聚合物,该方法也可称为"非模板"法。

(1)胶束原位交联。

两亲性分子可以在特定的溶剂中形成多种有序的溶致液晶结构。选择可聚合的活性两亲性分子为前驱物,经过自组装形成有序的液晶相后引发聚合反应,"固定"得到有序纳米孔结构。

刚-柔嵌段共聚物作为一类特殊的共聚物,在选择溶剂中可以形成中空的球形胶束。空球具有刚性内层和柔韧外层"花冠"。例如,两嵌段共聚物聚苯基喹啉-聚苯乙烯(PS)在二硫化碳溶剂中,由于 CS_2 可以选择性地溶解 PS 嵌段,因此可获得中空离散球状胶束。结合溶剂挥发制膜的方法,这些球形胶束可以进一步聚合得到周期排列的有序介孔结构。刚性嵌段倾向于有序排列,而刚性链段和柔性链段的微相分离和这种有序排列之间的竞争使嵌段的自组装能力增强,形成二维或三维有序的蜂巢状微孔结构,且具有开放的孔道。孔结构和尺寸取决于两嵌段共聚物的性质(相对分子质量、嵌段长度等)。由于多孔聚合物骨架是由范德华力构建的,因此不稳定。

(2)选择性刻蚀嵌段共聚物有序聚集体中的一个嵌段。

嵌段共聚物先通过自组装过程形成有序的纳米结构,再通过化学的方法降解掉其中一个嵌段,从而得到有序的有机高分子纳米孔材料。这种方法最早由 Nakahama 及其合作者在 1988 年提出。他们采用有机硅烷功能化的聚苯乙烯-聚异戊二烯的嵌段共聚物为前驱物,其中聚异戊二烯为少量组分。通过有机-有机自组装后,聚异戊二烯分散相以六方堆积的形式均匀分散在聚苯乙烯连续相中。通过与有机硅烷交联,固定形成有序纳米结构,然后采用臭氧降解掉聚异戊二烯组分,得到了有序的高分子纳米孔薄膜。

这种制备高分子纳米孔的方法有以下几个特点:①嵌段共聚物中的一种组分带有可反应的功能基团;②最终得到的高分子纳米孔材料骨架具有交联的网状结构;③得到产物的形貌一般为薄膜(厚度小于 10 μm)。

5.2.3.3　纳米浇铸法

浇铸是一种拥有 6 000 多年历史的制造工艺。整个浇铸工艺包括浇铸、固化成形、脱模等过程,即一种液体或流体材料被倾注于模具中(浇铸),模具包含着一个设计形状的空腔,流体固化后(固化成形),固体成品从模具中取出(脱模),得到有设计形状的产品(图5.4)。浇铸法被广泛用于制造其他方法难以低成本生产的复杂结构。

图 5.4　传统浇铸工艺的示意图

　　纳米浇铸技术在合成有序介孔材料中获得巨大的成功,最早的例子可以追溯至 1999 年,韩国科学家 Ryoo 和 Hyeon 教授领导的研究小组分别独立报道了运用纳米浇铸技术合成介孔碳的过程。随后,通过纳米浇铸法合成有序介孔材料尤其是非氧化硅介孔材料成了热门课题。

　　这种采用硬模板方法制备介孔材料的优点在于:①由于不需要有机表面活性剂作为导向剂,适用于由有机表面活性剂自组装方法无法得到的介孔结构材料,其中比较典型的例子就是由蔗糖制备有序介孔碳材料。②不需要经由无机前驱物的水解、交联过程,这样,硬模板方法相对简单,具有普适性。③碳模板相对较稳定,可用于多种化学和热处理过程,通过选择合适的客体前驱物,可以制备出高度晶化的介孔材料。④母体模板介孔氧化硅的孔壁尺度在 2~50 nm 之间,除去母体模板后,获得的相应客体材料的孔道也就正好处于介孔尺度之内。所得纳米阵列的尺寸比以阳极氧化铝为"硬"模板时小,这些纳米阵列可能具备优越的物理性能,在催化、光电、传感等方面都极具应用前景。⑤高有序度的介孔氧化硅硬模板,是获得高有序度复制体最好的"模子"。介孔氧化硅丰富的介孔结构,可以用来复制具有不同结构的反相复制体,例如一维和三维双连续纳米线阵列。采用特殊宏观形貌的"硬"模板,也可能获得具有相应形貌的反相介孔材料。

　　制备介孔固体材料的"纳米浇铸"法大致包括 3 个步骤(图 5.5):首先是浸渍合适前驱物溶液进入介孔孔道中;然后在可控环境下热处理,将灌入的前驱物转化为刚性的骨架;最后通过化学法脱除硬模板。由于第二步转化过程是在介孔孔道中进行的,所以前驱物的固化被限制在纳米空间中。这种"纳米浇铸"方法的精妙之处就在于其能够准确地复制模板的孔结构,并且能够控制化学组成,用来制备那些无法通过软模板法得到的材料。具有不相互连通的孔道结构的硬模板非常适合作为合成一维纳米棒或线,三维连通空网络结构适合复制三维孔结构。

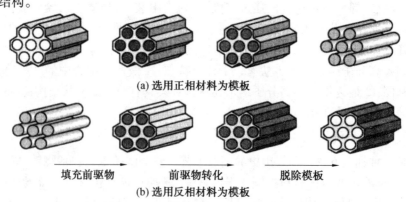

(a) 选用正相材料为模板

填充前驱物　　　　前驱物转化　　　　脱除模板

(b) 选用反相材料为模板

图 5.5　纳米浇铸硬模板法合成介孔材料的流程示意图

5.3　金属–有机框架材料制备技术

配位聚合物是由金属离子与无机/有机配体通过配位键组装形成的化合物。最早的人造配位聚合物,可以追溯到 18 世纪初德国人狄斯巴赫发现的,俗称普鲁士蓝的六氰合铁酸铁{$Fe_4[Fe(CN)_6]_3$}。普鲁士蓝是一种广泛使用的染料。文献中,配位聚合物这一术语的出现至少可以追溯到 20 世纪 60 年代。不过,此类化合物长时期并没有引起广泛的研究兴趣。在 1990 年前后,澳大利亚化学家 Robson 报道了一系列关于多孔配位聚合物的晶体结构和阴离子交换性能等的性质。随后,由于其潜在的结构及功能多样性,此类化合物迅速引起研究者的兴趣,成为高速发展的新兴研究领域和重要的研究前沿。多年来,人们已经发现了大量结构新颖,甚至具有各种功能(包括吸附与分离、多相催化、传感等)的配位聚合物。

因为组成、结构的多样化以及历史等原因,多种术语曾经被用于描述相关化合物,包括金属–有机杂化材料、金属–有机材料、配位网络和金属–有机框架(MOF)等。直到 2013 年,关于配位聚合物的国际纯粹与应用化学联合会(IUPAC)术语建议才正式发表。根据这一建议,经配位实体延伸成为一、二、三维结构的配位化合物就叫配位聚合物。经配位实体在一维延伸、同时具有两条/个或以上相互交连的链、环、螺旋,或者经配位实体在二、三维延伸的配位化合物,称为配位网络。MOF 则是同时含有有机配体并具有潜在孔洞的配位网络。因此,配位聚合物的涵盖范围最广,配位网络是配位聚合物的子集,MOF 则是配位网络的子集。

与纯无机的分子筛以及多孔碳材料相比,多孔 MOF 具有如下重要特点:

① MOF 属于具有高度结晶态的固体化合物,这非常有利于采用单晶及多晶衍射测定其精准的空间结构。

②由于桥联有机配体较长,导致 MOF 可以具有高的孔隙率和比表面积,个别 MOF 化合物的孔隙率高达 94%,比表面积可以高达 7 140 m^2/g。这些巨大的孔隙率和比表面积都是其他多孔材料无法达到的。

③ MOF 的结构基元可以为不同的金属离子或簇,因而具有不同的配位结构,而有机桥联配体也具有不同的大小、形状以及不同的配位结构。通过配位键形成的 MOF 化合物,其结构自然丰富多彩。同时,从这些金属离子/簇和有机桥联配体配位几何可以预知,采用合理的分子设计及合成组装方法,可以组装出特定框架结构的 MOF 化合物。也就是说,MOF 化合物具有结构多样性和可设计性。

④不少有机配体因为较长,或者具有 σ 单键等,因此具有一定的柔性。普通的配位键也类似于共价 σ 单键,但强度弱于共价键,具有可逆性,而且其取向性比共价键差,具有可变形的特点。故此,MOF 化合物的框架大都具有一定柔性,有些柔性程度甚至非常巨大,这是传统无机分子筛多孔材料不具备的特点。同时,MOF 框架的柔性会产生某些奇特的功能,例如多步的吸/脱附过程和特定的物理化学性质变化等。

⑤与纯无机多孔材料不同,多孔 MOF 材料可以具有纯有机或有机–无机杂化的孔表面,因此可以体现出更丰富多彩的表面物理化学性质。同时,由于有机分子的结构多样性,

可以按需设计特别的孔道和表面结构,从而具备特别的性质性能。

⑥配位键具有可逆性,而有机配体可以携带各种具有反应性的功能基团。因此,不少MOF框架上的金属中心和有机配体均具有一定的可修饰性。通过化学修饰,可以改变、提升MOF框架和孔道表面的结构与功能。

以上特点赋予了MOF多种重要功能和明确的应用前景,因此MOF化合物已经成为配位聚合物研究中的热点。当然,MOF化合物也有一些缺点。例如,它们的物理化学稳定性往往低于传统的无机分子筛和多孔碳材料。特别是,因为配位键比较弱等原因,导致不少MOF化合物的化学稳定性(例如对溶剂、对酸碱的稳定性)比较差,这或多或少限制了MOF材料的应用范围。

5.3.1 金属离子和有机配体的特性

元素周期表近一百种金属元素,除了锕系等,大多已经用于构筑MOF。基于成本、毒性、结晶性等考虑,最常用的金属离子是二价离子,特别是第一过渡系的Mn、Fe、Co、Ni、Cu、Zn等。这些金属具有合适的软硬度,与氧和氮等常见给体原子的配位具有适中的可逆性。配位强度也不差,但比共价键弱得多,所以构成的MOF化学稳定性较差。二价铜在高温下容易被还原,故二价铜MOF的热稳定性往往低于250 ℃。一价铜和银离子的配位几何容易预测,也是组装配合物常用的金属离子。不过,它们属于软酸,往往需要含氮配体。另外,它们对光、热或水比较敏感,在合成过程中容易被氧化还原。一价铜和银离子形成的MOF稳定性通常比较差,只有采用特定的配体才能组装出具有足够稳定性的MOF。不过,由一价铜和多氮唑阴离子组装的MOF往往具有相当高的热稳定性。三价稀土离子属于硬酸,适合与含氧配体配位,因为其d轨道是充满的,所以形成的配位键基本上属于离子型,几何取向比较难以预测。在特定条件下,形成多核簇,可以大大增强对配位方向的控制。

其他三价的金属离子,如Cr(Ⅲ)、Fe(Ⅲ)、Al(Ⅲ)等,具有较小的半径和较高的电荷,极化能力非常强,与含氧配体(基本上是羧酸)形成的配位键具有较大的共价成分,所以形成的MOF往往具有很高的化学和热稳定性。这种特性使其在合成过程中容易与溶剂中的水反应,形成氢氧化物或氧化物,妨碍组装和晶体生长。另外,也使其容易形成羟基或氧连接的多核簇。因此,合成过程往往需要加酸和采用非常高的反应温度。四价的金属离子,例如Ti(Ⅳ)和Zr(Ⅳ),则更甚。含这些高价金属离子的MOF很难获得足够大的单晶,其结构基本上依靠粉末衍射进行解析。

凡是含孤对电子的官能团都可以参与配位形成配合物。对MOF而言,桥联配体应是有机分子,且至少含两个或两个以上的配位官能团,具有多端配位能力。考虑到配位键的稳定性和有机配体的可设计性,羧酸根和吡啶类配体是合成MOF的主流。羧酸根可以和各种常见的金属离子形成较强的配位。当金属离子是三价/四价离子时,成键能力尤其强。而且羧酸根具有负电荷,可以中和金属离子和金属簇的正电荷,使得孔道中不必包含抗衡阴离子,有利于提高孔洞率和稳定性。不过,羧酸根的配位模式繁多,不太容易预测和控制。在绝大多数知名的MOF结构中,每个羧酸根通常采取顺式双齿桥联模式与一个多核金属簇配位。吡啶(以及多氮唑)中氮原子是sp^2杂化的,包含一对孤对电子,具有简单和方向明确的配位模式。但是,吡啶和大多数金属离子的配位能力较弱,而且吡啶不带电荷,需要其他成分平衡金属离子的正电荷。有些多核金属簇同时包含双齿和单齿封端配体,因此,吡啶官能团可以和羧酸根组合,或两种配体混合使用,满足特定多核金属簇的配位和电荷需求。咪唑、吡唑、三氮唑等多氮唑分子中,其中一个氮原子还连接了一个氢原子,可以脱去一个质子形成阴离子型的多端配体,故其同时具备羧酸根和吡啶类配体的优点。同时,这些多氮唑阴离子配体的碱性较强,往往能和金属离子形成较强的配位,从而大大增加所得 MOF 的稳定性。由于集成了简单组成和可控配位的优点,金属多氮唑类 MOF 的孔表面性质可以较容易调控。如果全部氮原子给体参与配位,可以形成疏水性 MOF;反之,如果氮原子给体没有完全参加配位,则可以增加孔道的亲水性,且这些未配位氮原子给体可以作为客体结合位点。

在 MOF 中,可以通过调整多端配体的桥联长度实现孔径、孔型、孔容和比表面的调控。羧基、吡啶和吡唑阴离子等作为常规单端配位官能团,可以连接不同有机基团,实现配体的扩展。例如,这些基团与苯环等连接,可以实现配体的直线形和三角形扩展;与 sp³ 杂化碳原子连接,可以实现四面体扩展;与卟啉连接,可以实现平面四边形扩展。咪唑和三氮唑本身是多端桥联配体,其桥联距离难以扩展,通常用侧基来调控节点之间的连接方式,以改变拓扑,形成不同的框架结构。

为了描述配位聚合物丰富多彩的结构,并指导设计合成,可以将此类高度有序的结构抽象为拓扑网络。把金属离子或金属簇当作节点,将有机桥联配体当作连接子。当三端或三端以上的有机桥联配体在 MOF 中起 3 连接子或者更高连接子的作用时,也可以将该多端有机桥联配体作为节点。

目前,人们已经研究出多种多样拓扑结构的 MOF 化合物。拓扑网络通常采用三字母符号进行标记。其中,具有分子筛拓扑的网络采用分子筛类型记号,即三个大写字母,如 SOD 是方钠石网络;其他网络则采用 RCSR 符号,即三个粗体小写字母,如 **dia** 代表金刚石网络。图 5.6 给出了三种具有代表性且比较简单的三维拓扑结构,即简单立方(**pcu**)、金刚石(**dia**)、方钠石(SOD)分子筛拓扑结构。拓扑结构的概念不仅可以比较方便地描述和理解 MOF 化合物的框架结构,而且可以基于节点的几何结构,选择不同长度的连接子来设计、构筑具有特定网络结构的 MOF 化合物。

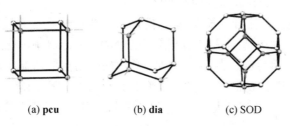

(a) **pcu**　　　　(b) **dia**　　　　(c) SOD

图 5.6　三种简单而有代表性的三维网络结构示意图

5.3.2　金属-有机框架材料的制备

对于金属离子和有机配体来说,无论经过怎样的精心选择、设计和控制,它们的配位模式也总是具有或多或少的多样性,而且,反应体系中的溶剂和添加剂等,也可以随时参与配位聚合物的组装。在拓扑网络设计这个层面,基于相同几何的节点,往往可以连接成多种拓扑结构。在 MOF 合成中具体得到哪一种组成和结构,主要取决于合成方法和条件。在配位聚合物的组装和结晶过程中,可以改变的参数非常多,每一种都有可能影响最终的结果。很多 MOF 的原合成晶体结构包含嵌合得很好的模板分子,在不加入这些模板的情况下只能得到其他结构。显然,在这种情况下,MOF 晶体中的模板分子改变了体系的热力学参数,促使该特定 MOF 结构结晶成为产物。

除了模板分子,反应方式、反应温度和时间等参数显然也对 MOF 的合成具有至关重要的作用,但是,目前相关研究还比较零散,未能(也不太可能)总结出比较通用的规律。一般而言,高温和长时间有利于得到热力学产物,低温和短时间有利于得到动力学产物;大孔的 MOF 属于动力学产物,但高温和长时间有利于结晶。

金属–有机框架的合成方法主要包括普通溶液反应、水(溶剂)热法(包括微波辅助加热)、扩散法、机械研磨等。这些方法各有特点,适用的范围有所不同,应该根据需要选择合适的方法来制备 MOF 化合物。

对于 MOF 的研究和应用而言,理想、有用的合成方法至少应该具备以下要素之一:

①能够产生合适尺寸的单晶、纯相的单晶或微晶(粉末)产物;

②操作比较简单,易于重复,产率较高,最好能够实现大规模合成;

③原子经济性好,绿色环保。

通常,影响产物结构的因素有很多,主要包括反应与结晶的温度、溶液的 pH 值、溶剂、模板剂乃至各种添加剂。这些因素在不同合成方法中所起的作用类似。以下简要介绍几种常用的 MOF 合成方法。

5.3.2.1 普通溶液法

普通溶液法即在普通条件下的溶液反应,直接将金属盐与有机桥联配体在特定的溶剂(如水或者有机溶剂)中混合,必要时调节 pH 值,在不太高的温度下(通常在 100 ℃ 以下),于开放体系中搅拌或者静置,随反应的进程、温度降低或溶剂蒸发,析出反应产物的过程。由于 MOF 产物具有无限聚合结构,通常在水或普通有机溶剂中的溶解度比较小,容易快速沉积、析出,形成粉末状的产物,必要时,可以加入氨水等具有配位能力的试剂,作为配位缓冲剂,以调控 MOF 网络结构,以及控制产物微晶的大小。

一般而言,静置法往往适合生长大单晶,搅拌法适合快速获得大量纯相微晶。不过,通过溶液法获得的较大尺寸单晶体的配位聚合物或 MOF 化合物往往稳定性不佳,不引人瞩目。目前知名 MOF,因为稳定性高、溶解度低,通常难以用溶液法制备较大尺寸的 MOF 单晶,不利于晶体结构表征。故此,这一方法也不太适合未知 MOF 的研究。不过,普通溶液法胜在操作简单、快捷,非常有利于大量、快速制备粉末态 MOF,且非常节能,适合为性质研究和器件制作等提供大量样品。

5.3.2.2 水(溶剂)热法

水热法或溶剂热法,通常指的是直接将金属盐与有机桥联配体在特定的溶剂(如水或有机溶剂)中混合,放入密闭的耐高压金属容器(即反应釜),通过加热,反应物在体系的自产生压力下进行反应。对于 MOF 而言,反应及晶化温度通常在 80 ~ 200 ℃ 之间,很多化合物可以在 150 ℃ 左右的温度下合成。在采用高沸点溶剂和较低反应温度时,也可以使用带盖的玻璃瓶作为反应容器。传统的加热方法采用热平衡原理,将反应容器置于烘箱、油浴等装置中,通常进行一次反应需要半天至数天时间。

由于相对较高的压力和高温,水(溶剂)热法有利于 MOF 产物的单晶生长,通过合理的反应温度等条件控制,可望获得较大尺寸、可以用于单晶 X 射线衍射实验的 MOF 单晶(通常需要大于 0.1 mm)。这是水(溶剂)热法的优点及其被广泛采用的主要原因。

但是,采用常规加热方法的传统水(溶剂)热法也有明显的缺点:①产物中容易出现不同化合物晶体的机械混合物,分离困难;②能耗较高,反应时间也较长。

除了热平衡加热,还可以采用微波作为加热手段,进行水(溶剂)热合成。微波加热方式具有高效节能、省时等优点,已较常用于有机化合物合成和无机分子筛及纳米尺寸无机材料合成。采用微波辅助加热溶剂(水)热合成 MOF 的主要优点是合成时间短(数分钟到数小时)、节能(几百瓦的微波功率)、产物通常为纯相、产率高、晶体尺寸比较均匀。但是,这一方法通常难以生长可用于实验室型单晶衍射仪的较大尺寸单晶。在某些情况下,通过对反应条件的摸索与优化,例如采用连续、多步微波加热的程序升温,也可能获得尺寸比较大的 MOF 单晶。

5.3.2.3　扩散法

扩散法指的是将反应物分别溶解于相同或不同的溶剂中,通过一定的控制,让含有反应物的两种流体在界面或特定的介质中,通过扩散而相互接触,从而发生反应,形成产物。由于反应物需要通过扩散才能相互接触,反应速率就被降低下来,有利于难溶产物的晶体生长,以便获得较大尺寸的单晶。不过,扩散法通常产率降低,反应时间长,且难以进行大量的合成。

扩散法有多种不同的操作形式,最简单的是溶液界面扩散法。如果化合物由两种反应物反应生成,这两种反应物可以分别溶于不同的溶剂中,则可以采用溶液界面扩散法。将含有配体 L 的 A 溶液小心地加到含有金属离子的 B 溶液中(或者反过来,取决于 A、B 的密度),化学反应将在这两种溶液的接触界面开始,晶体就可能在溶液界面附近产生,如图 5.7(a)所示。为了避免两种反应物直接接触产生沉淀,往往在 A、B 之间先加上一层密度介于 A、B 之间的空白溶剂(通常是 A、B 的混合物)。扩散法还可以采用凝胶作为反应物接触的介质,称为凝胶扩散法,如图 5.7(b)所示。由于增加凝胶作为介质,进一步降低了扩散速率,从而可以应用于反应或结晶速率非常快、产物溶解度非常低的化学反应,以求获得较大尺寸的单晶产物。可能由于产物难以纯化、反应时间很长(数星期乃至数月)等原因,这一方法很少用于 MOF 的制备。此外,还有气相扩散法。这种方法中,金属离子和有机配体前体已经预先混合在溶液中,由于 pH 值低等因素,不立即生成 MOF 并沉淀析出。这时将一种能改变反应平衡的反应物(例如氨气或者有机胺)通过气相扩散进入反应液,从而调节反应平衡,控制目标 MOF 晶体的生长。

5.3.2.4　固相反应

溶剂通常被认为有利于结晶,甚至可以充当多孔结构形成的模板剂。因此,合成 MOF 的各种方法中,广泛使用各种溶剂。减少甚至不使用溶剂,不仅有利于环保,而且可能降低成本。无溶剂方法,特别是高温固相反应,已经被广泛应用于多种无机材料的合成。近几年,有报道采用少量溶剂或盐作为添加剂,通过球磨方法将 ZnO 和多氮唑反应,合成金属多

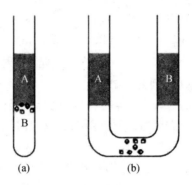

图 5.7　凝胶扩散法示意图

氮唑框架。甚至完全不加入任何溶剂或其他添加剂,采用计量比的金属氧化物或氢氧化物,例如 ZnO 或 Zn(OH)$_2$,与多氮唑混合加热,就可以生成高纯度的、颗粒大小均匀的 MOF 微米级晶体。例如将 ZnO 与 2-甲基咪唑加热至 180 ℃,反应 3 h 就可以生成高纯度 MAF-4 (ZIF-8):

$$ZnO(s) + Hmim(l) \xrightarrow{180\ ℃,3\ h} SOD-[Zn(mim)_2](s) + H_2O(g) \qquad (5.2)$$

该类反应的产率近乎 100%,除了放出水蒸气之外,没有任何副产物;产物不需要任何预处理,就可以用于吸附实验。而且,由于晶体质量优异、晶体尺寸较小,产物的吸附性能优于通过溶剂热法得到的样品。这种反应方式,不仅不需要溶剂,而且反应规模非常灵活,易于大量生产。

事实上,在上述固相反应的基础上,可以进一步采用连续流动式、更大规模的合成方法,以便高效、大量合成 MOF。

5.4　多孔金属制备技术

20 世纪初期,人们开始用粉末冶金方法制备多孔金属材料。多孔金属制造史至今已有百年。在这一个世纪的时间里,制备技术日益发展,新的方法不断出现,所得产品也从初期仅百分之十几至二十几的低孔率到现在可达 98% 以上的高孔率。目前,已有很多制备多孔金属的工艺方法。其中较早的主要是通过金属粉末烧结工艺制备过滤用多孔金属材料以及利用金属熔体发泡方式制备轻质泡沫铝。按照工艺技术的特点,实践中多孔金属材料的制备方法(注:二维蜂窝金属材料一般由片材压型-黏结工艺来制备,本节涉及的主要是三维多孔金属)主要有粉末冶金法、熔体发泡法、金属沉积法等,本节主要介绍以上三种方法。

5.4.1　粉末冶金法

以粉末形式存在的固态金属物质,很早就被用来制备多孔金属材料。在整个加工过程中,金属粉末经过烧结处理或其他固态操作后,总保持着固体状态,烧结的多孔产品可以是低孔率的孤立性闭孔结构,也可以是高孔率的连通性开孔结构,其固体骨架由或多或少的球状单个粒子通过烧结连接而构成。

　　粉末冶金是用金属粉末(或金属粉末与非金属粉末的混合物)作为原料,经成型和烧结制造多孔金属材料、复合材料及各种类型制品的工艺过程。

　　一般的粉末冶金材料都含有孔隙,其孔率、孔径及分布均可有效地在相当宽的范围内调控。其中有孔率低于1%~2%的致密材料,有孔率为10%左右的半致密材料,也有孔率大于15%的多孔材料,还有孔率高达98%的高孔率材料。粉末烧结多孔材料通常由球形粉末制作,采用典型的粉末冶金工艺,其主要流程如图5.8所示。用球形粉末做原料的优点是制得的多孔体孔径易于控制,透过性能好。因此,对于孔径与透过性均要求严格的多孔材料,需将粉末中的不规则颗粒进行分离。对于非球形粉末制取的多孔材料,为提高其孔率和透过性,可在粉末中添加各种造孔剂,如碳酸氢铵、尿素、甲基纤维素等。

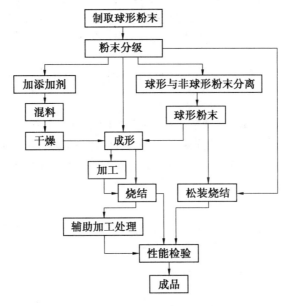

图 5.8　粉末烧结多孔金属制备工艺流程

5.4.1.1　金属粉末的制备

　　金属粉末的制备是使金属、合金或金属化合物从固态、液态或气态转变成粉末状态。在固态下制备粉末的方法包括固态金属与合金的机械粉碎法和电化腐蚀法,以及固态金属氧化物及盐类的还原法等;在液态下制备粉末的方法包括液态金属与合金的雾化法、金属盐溶液的置换还原法、金属盐溶液和金属熔盐的电解法等;在气态下制备粉末的方法则包括金属蒸气冷凝法、气态金属羰基物的热离解法、气态金属卤化物的气相还原法等。金属粉末的生产方法很多,其中应用较广泛的有雾化法、还原法、机械粉碎法、气相法和液相法等。

　　下面仅对雾化法、机械破碎法、还原法、气相法和液相法等做简单介绍。

　　(1)雾化法。

　　雾化法又称喷雾法,是利用高速喷射的流体(气体,如空气和氮、氩等惰性气体;液体,通常为水)或某种形式的离心力等方式,将熔融金属击碎,雾化成细小的金属液滴,冷却后凝固成粉末。其雾化过程和制取设备如图5.9所示。通过雾化法可制取铅、锡、铝、锌、铜、镍、铁等金属粉末,以及黄铜(Cu-Zn)、青铜(Cu-Sn)、合金钢和不锈钢等预合金粉末。制造过滤器用的青铜、不锈钢、镍等球形粉末,一般采取雾化法制备。

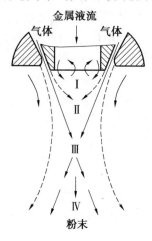

图 5.9　金属液流雾化过程示意图

(2)机械粉碎法。

机械粉碎法是固态金属的一种独立制粉技术,同时常常作为某些制粉方法的补充工序。其原理是通过压碎、击碎和磨削等机械力作用,将块状或大颗粒的金属或合金碎成粉末状。以压碎作用为主的有碾碎、辊轧和颚式破碎等;以击碎作用为主的有锤磨等;以击碎和磨削等多方面作用的有球磨和棒磨等。通过碾碎机、双辊滚碎机、颚式破碎机等设备产出的是较粗的颗粒,需进一步细化才能获得可制备多孔金属材料的粉末。锤磨机、棒磨机、普通球磨机、振动球磨机、搅动球磨机等则可产出较细的粉末。其中常用的球磨方法中磨球材料通常为刚玉瓷等高硬度高强度物质,物料除空气介质干磨外还可在水、酒精、汽油、丙酮等液体介质中进行湿磨。

(3)还原法。

通过金属氧化物及盐类的还原来制取金属粉末,是应用最广泛的制粉方法。用固体碳作为还原剂可制备铁粉和钨粉。用氢或分解氨(H_2+N_2)作为还原剂可制备钨、钼、铁、铜、钴、镍等金属粉末。用转化天然气(主要成分为 H_2 和 CO)作为还原剂也可制备铁粉。用钠、钙、镁等金属作为还原剂,则可制备钽、铌、钛、锆、钍、铀等稀有金属粉末。还原法广义的使用范围见表5.1。

表5.1　还原法广义的使用范围

被还原物料	还原剂	举例	备注
固体	固体	$FeO+C \longrightarrow Fe+CO$	固体碳还原
固体	气体	$WO_3+3H_2 \longrightarrow W+3H_2O$	气体还原
固体	熔体	$ThO_2+2Ca \longrightarrow Th+2CaO$	金属热还原
气体	固体		
气体	气体	$WCl_6+3H_2 \longrightarrow W+6HCl$	气相氢还原
气体	熔体	$TiCl_4+2Mg \longrightarrow Ti+2MgCl_2$	气相金属热还原

续表5.1

被还原物料	还原剂	举例	备注
溶液	固体	$CuSO_4+Fe \longrightarrow Cu+FeSO_4$	置换
溶液	气体	$Me(NH_3)_nSO_4+H_2 \longrightarrow Me+(NH_4)_2SO_4+(n-2)NH_3$	溶液氢还原
熔盐	熔体	$ZrCl_4+KCl+Mg \longrightarrow Zr+产物$	金属热还原

(4)气相沉积法。

气相沉积法用于制备金属粉末有以下几种途径:一是金属蒸气冷凝,这主要用于制取具有较低熔点和较大蒸气压的金属(如锌、镉等)粉末;二是羰基物热分解,即从金属的羰基化合物中分解析出金属粉末;三是气相还原,包括气相氢还原和气相金属热还原。其中第三种途径亦可归于还原法中。而第二种途径是获得制备多孔金属所需原料粉末的重要方法,尤其适于微孔过滤与分离制品的制造,可用此法生产粉末的金属有镍、铁、钴等。因为这些过渡族的金属能与一氧化碳生成金属羰基化合物 $[Me(CO)_n]$ (Me 代表金属),它们是易于挥发的液体或易升华的固体,如 $Ni(CO)_4$ 是沸点为 43 ℃的无色液体,$Fe(CO)_5$ 是沸点为 103 ℃的琥珀黄色液体,$Co_2(CO)_8$、$Cr(CO)_6$、$W(CO)_6$、$Mo(CO)_6$ 则均为易升华的晶体。同时,这些羰基化合物很易分解生成金属粉末和一氧化碳。羰基物生成过程的反应一般通式为

$$Me+nCO \longrightarrow Me(CO)_n \tag{5.3}$$

如羰基镍的生成为

$$Ni+4CO \longrightarrow Ni(CO)_4 \tag{5.4}$$

而羰基物分解过程的反应一般通式为

$$Me(CO)_n \longrightarrow Me+nCO \tag{5.5}$$

羰基镍的分解为

$$Ni(CO)_4 \longrightarrow Ni+4CO \tag{5.6}$$

上述分解为吸热反应。在可分解的温区内,温度过高则分解速率大,晶核生成数目少,所得粉末颗粒较细。热分解产生的尾气有剧毒,其中一氧化碳可用铜铵溶液进行吸收,提纯后还可循环使用。

(5)液相沉积法。

液相沉积法的实现有金属置换、溶液气体还原、熔盐金属热还原等不同的方式。其中金属置换法是用一种金属从水溶液中置换出另一种金属的过程,热力学上只能用负电位较大的金属去置换溶液中正电位较大的金属,其反应通式为

$$(Me^{2+})_1+Me_2 \longrightarrow Me_1+(Me^{2+})_2 \tag{5.7}$$

如

$$Cu^{2+}+Zn \longrightarrow Cu+Zn^{2+} \tag{5.8}$$

由此可制取铜粉、铅粉、锡粉、银粉和金粉等。

溶液气体还原法中可用 CO、SO_2、H_2S、H_2 等作为还原气体,但以氢较为普遍。其原理为

$$Me^{n+}+(1/2)nH_2 \longrightarrow Me+nH^+ \tag{5.9}$$

如

$$Ni(NH_3)_nSO_n + H_2 \longrightarrow Ni + (NH_4)_2SO_4 + (n-2)NH_3 \tag{5.10}$$

由此可制取铜粉、镍粉、钴粉、镍钴合金粉等。

从熔盐中沉淀,即是从熔盐中进行的金属热还原。如将 $ZrCl_4$ 盐与 KCl 混合,再加 Mg,当混合料加热至 750 ℃时即还原出 Zr 粉,产物冷却后经破碎,再用水和 HCl 处理即可。

(6)粉末的球化。

对于制造多孔材料,有时需将非球形粉末做进一步球化处理。常用的球化方法有垂直炉球化、等离子枪球化和惰性衬料球化等。其中垂直炉球化法是利用垂直加热炉将欲球化的金属粒子加热至其熔点以上,若为易氧化金属则需在保护性气氛中进行。非球形金属粉末在通过炉膛时熔化,因其表面张力作用而在自由降落过程中使熔滴球化,冷却后便形成球形粉末。等离子枪球化法是将待球化粉末送入高温等离子束中熔化,然后喷射到水槽中冷却而得到球形粉末。通常用氮气输送粉末,因等离子弧温度极高,故此法尤其适于高熔点金属粉末的球化。惰性衬料球化法则是将金属或合金粉末与惰性填料(如氧化铝粉等)混合,在无氧化状态下加热使粉末熔化,在表面张力作用下得到球形粉末,冷却后将其与惰性填料分离。

粉末烧结多孔金属的性能在很大程度上与原始粉末粒度和形状有关。粉末粒度的分级方式主要有利用振动筛的筛分分级,利用压缩气体流动与粉末沉降速度相互作用的气体分级,利用颗粒荷电比表面积不同的气体放电富集分离分级等。球形和非球形粉末的分离可采用基于不同形状颗粒具有不同比表面原理(非球形的比表面积较大)的放电分离,以及基于不同形状颗粒具有不同摩擦力原理(球形的摩擦力较小)的旋转圆盘离心式机械分离等方法。

5.4.1.2 多孔体的成型

粉末多孔体的成型方法可概括为 3 类:

①加压成型,即粉末在一定压力作用下成型,粉末产生一定的变形,压坯强度较高,如模压、挤压和轧制等;

②无压成型,即粉末在没有压力作用下成型,如粉浆浇注和松装烧结;

③某些特殊的成型方法,如喷涂、真空沉积和其他成型工艺。

不同方法的选择取决于制件的形状、尺寸和原材料的性质等因素。

模压成型适于大批量生产形状简单的小尺寸零件;挤压成型适于连续生产多孔管、条棒,且孔率较均匀;等静压成型可得到均匀的组织结构,添加黏结剂成型的压坯可承受适量的机械加工,适于制取形状较复杂和尺寸较大的制件;粉末轧制可连续成型多孔板和多孔带,烧结后可用卷管、焊接、剪裁等方式制成各种形状的制件;粉浆浇注适于以金属纤维、较细的球形与非球形粉末为原料的成型,并可得到孔率分布均匀的复杂形状大型制件。

5.4.1.3 多孔体的烧结

烧结是多孔制品工艺中的关键步骤,应严格控制烧结条件,添加造孔剂的压坯需缓慢加热,使添加剂逐渐挥发以免制件开裂。烧结的主要目的是控制产品的组织结构和性能。在工艺上它常被视为一种热处理,即将粉末毛坯加热到低于其中主要组分熔点的温度下保温一段时间,然后冷却到室温。粉末颗粒的聚集体变成晶粒聚结体,从而获得具有一定物理、机械性能的材料或制品。烧结区别于固相反应的一个重要方面是烧结过程可能包含某些化学反应,但也可在不发生任何化学反应的情况下进行。烧结过程存在多种类型的物质迁移,从多孔材料在其间的孔隙变化出发,可将松装或成型后压坯的烧结过程大致分成颗粒间的初始结合、烧结颈的生长以及孔的收缩和粗化等几个阶段。按烧结过程是否出现明显的液相和烧结系统的组成可分成单元系烧结、多元系固相烧结、多元系液相烧结。

烧结过程的影响因素有金属粉末的物质种类、粉末活性、粉末表面氧化物、添加物、烧结气氛等,凡是促进扩散的一切条件,均有利于烧结过程。

多孔材料要有一定的孔率和强度,因此制备时一般采用粒级较窄的球形或接近球形的金属粉末,通常还在原始粉末中加入造孔剂。

1. 多孔材料的烧结方法

(1)成型粉末烧结法:这是一种常用的烧结方法。将可烧结的金属粉末与发泡剂形成有金属粉末分散其内的预制体,在还原气氛中加热使粒子扩散和结合,分解有机物并烧结金属粉末而得到金属多孔体。金属粉末可为 Al、Mo、Mo 合金、W、W 合金或其混合物等。

(2)松装烧结:粉末不经压制而松散地(或经摇实)装于模具内直接进行烧结。依靠烧结过程中粉末颗粒间的毛细作用和表面张力形成相互接触。该法主要用于生产透过性大但净化精度不很高的多孔过滤材料、隔音和绝热的泡沫材料、某些密封材料等。采用该法应注意模具材料不能与烧结粉末有反应,且应具有足够的高温强度和刚性以免发生变形,其热膨胀系数应尽量与烧结材料接近。通常青铜(铜-锡合金)过滤器等多采用松装烧结的方法制备。

(3)活化烧结:高熔点金属粉末的烧结往往需要较高的温度和较长的时间,若在烧结气氛中加入活化剂或对粉末做活化处理,可降低烧结温度和加快烧结过程。活化烧结的热力学本质是降低烧结中流动扩散、蒸发凝聚等限制过程的活化能,从而加快烧结反应的速度。活化烧结分物理方法和化学方法。前者包括采用交变磁场、高能粒子辐射、静载作用、超声振动以及在同素异构转变温度附近进行周期性烧结等措施来强化烧结过程,后者则是通过加入氢化物、反应气体、微量添加元素以及对压坯进行预氧化或周期性氧化和还原等措施来强化烧结过程。多孔材料的烧结活化多用化学法,它以化学反应还原和离解为基础。

(4)电火花烧结:对粉末通以中频或高频交流电和直流电相叠加的电流,使粉末间产生火花放电而发热致高温。火花放电约 15 s,可在几分钟内完成烧结。该法适于制备高熔点金属和难熔金属化合物多孔材料。

(5)液相烧结:如果在烧结温度下多元系中低熔组元熔化或形成低熔共晶物,则由液相引起的物质迁移比固相扩散快。液相烧结的动力是液相表面张力和固-液界面张力。该法制备多孔材料的典型例子是 Cu-Sn 合金多孔体。

(6)浆料发泡烧结法:将金属细粉、发泡剂、有机物等一起制成混合浆料后,加热、发泡,即得到固体多孔结构。该法用来制备 Be、Ni、Fe、Cu、Al 及不锈钢和青铜等多孔材料。

2. 多孔材料的烧结工艺

(1)烧结温度与保温时间:烧结温度的确定与制品的组成、粉末粒度、表面状态以及所需的产品性能等因素有关。多孔材料的理想烧结状态是在 $0.5\ T_{熔}$ 左右长时间烧结。但若把强度、硬度、韧性和延展性等机械性能与孔率进行综合考虑,特别是当要求多孔产品的机械性能时,烧结温度则须在 $0.6\,T_{熔}$ ~ $0.8\,T_{熔}$ 以上。另外,对于粉末表面易形成稳定氧化膜的材料(如不锈钢粉末表面易生成氧化铬和氧化钛等),也只有在高温下的纯氢中才能将其还原。

通常纯金属及固溶体的烧结温度一般为 $2/3\,T_{熔}$ ~ $3/4\,T_{熔}$。对于若干种金属粉末的混合物,烧结温度一般低于主要成分组元的熔点,或根据相图稍高于制品中的低熔共晶温度。粉末愈细,表面活性愈大,则所需烧结温度就愈低。对制品物理机械性能的要求不同,烧结温度和保温时间也随之不同。

烧结保温时间取决于烧结温度和所要求的孔率和孔隙形状。在孔率要求一定时,若烧结温度较高,则保温时间较短;而烧结温度较低时,保温时间就相应较长。在实践中,烧结温度和保温时间一般由试验确定。选择烧结工艺参数的原则是,以保证制品所需性能为前提,尽量采用较低的烧结温度和较短的保温时间,以降低设备要求和提高生产效率。

对多孔材料的收缩计算不如其他粉末冶金材料那样重要,因生产多孔体时都控制烧结,力图使制品收缩最小,有时还采用造孔剂来造孔。

高孔率材料的制备:

① 添加造孔剂:造孔剂可用来促使通孔和孔率的增加,其要求为不吸水、室温不分解、与金属粉末无化学作用、加热易分解且挥发后无有害残留物留在基体中等。其种类主要为无机化合物、低熔点盐类等,如樟脑、尿素、碳酸铵、碳酸氢铵、硬脂酸等,还有氯化氨和甲基纤维素。

② 添加造孔强化剂:这类添加剂可以是烧结时可被氢还原或产生分解的金属盐类,其非金属组分在烧结过程中以气体形式挥发而造孔,金属组分则与金属基体形成低熔化合物。若其熔点低于基体金属的烧结温度,则其本身熔化,形成液相烧结而使材料强化。

③ 采用天然纤维素:将天然纤维素在一种或多种可加热分解的金属盐类的溶液中进行浸渍,然后干燥浸渍物并在还原性气氛中加热,则纤维被烧除而盐类发生分解成为金属或合金。纤维和盐类分解产生大量气体而造孔,故可形成孔隙贯通的高孔率材料。

上述金属盐类应能完全分解,且不形成任何稳定氧化物,这样才能使还原性气氛加热时盐分解并引起金属的烧结。该法适用于镍、钴、铁、铜和它们的合金,以及钨、钼、金、银和铂族金属。选用天然纤维素是由于其可吸附浸渍溶液,而合成纤维或高分子聚合物则不能。

(2)烧结气氛:制品要获得一定的物理和机械性能,不但应保证其在烧结过程中不被氧化,而且要使其中的氧化物得到还原,所以对不同制品的烧结必须选择适当的烧结气氛(还原性、中性惰性、真空或空气等)。烧结气氛能影响气体的解吸(脱附)、杂质的去除、氧化物的还原和分解、金属的气相迁移、气氛与烧结材料的相互作用、表面扩散等过程的进行。

烧结气氛的作用是控制粉末体与环境之间的化学反应和消除润滑剂的分解物。按功用可将烧结气氛分为 5 种基本类型:①氧化气氛(如 O_2、空气等);②还原气氛(如纯氢、煤气等);③惰性或中性气氛(如 N_2、真空等);④渗碳气氛(如 CO,CH_4 等);⑤氮化气氛(如 NH_3 等)。同一气氛对不同金属可以是中性或还原性的,也可以是氧化性的;既可以是渗碳性的,也可以是中性或脱碳性的。烧结最常采用含有 H_2、CO 成分的还原性或保护性气体,因其对高温下的多数金属均有还原性。

多孔材料大多是在还原性气氛或真空中进行烧结的。还原性气氛的作用:一是防止金属的氧化;二是烧结体的净化,包括烧结体所吸附的气体、氧化膜和杂质元素的去除。若化学热处理与烧结同时进行,则烧结气氛还可起到合金化、渗碳和渗氮等作用。

(3)烧结填料:多孔材料尤其是高孔率材料的压坯中含有较多的润滑剂或造孔剂,故烧结时会放出大量的气体和挥发性物质。若不在其压坯周围或中间(管状压坯)充填适当的填料来支撑,减缓气体和挥发性物质的逸出速度并吸收低熔流体,就会造成润滑剂和造孔剂挥发时或高温时产生崩溃、裂纹、鼓泡或其他表面缺陷。另外,填料还可防止空气(或炉内烧结体释放的气体)渗入炉膛而使制品氧化。一般可采用煅烧过的氧化铝、氧化镁、石墨等颗粒作为填料,盖住压坯。此外,烧结填料也有利于烧结体的均匀受热以及防止烧结体之间的彼此黏结。

选择烧结填料首先应依据其在烧结过程中不与烧结体及烧舟发生任何化学反应,其次是烧结温度下基本不变形,并具有一定的粒度大小等。烧结填料的粒度大小应以多孔材料制品采用的粉末粒度大小为条件:既要让填料颗粒比制品粉末大一些,以使其不致混入制品粉末的间隙中,又不能采用过大的填料颗粒,以利于压坯中挥发性物质的均匀缓慢排出。当烧结制品中含有能形成难还原的氧化物组元时,往往采用在烧结填料中加入附加活化剂来活化烧结气氛的方法。

5.4.2　熔体发泡法

金属熔体发泡法的工作原理是通过熔融金属经黏度调节后掺入发泡剂,在热的作用下发泡剂分解,原位释放气体,气体受热膨胀从而推动起泡过程,引起熔体直接发泡,经冷却形成泡沫金属。可由该法发泡的材料有铝、铝合金、铅、锡锌等低熔点金属。通常使用的发泡剂有 TiH_2、ZrH_2、CaH_2、MgH_2、ErH_2 等粉状金属氢化物。其中用于生产泡沫铝的发泡剂为 TiH_2、ZrH_2 或 CaH_2,而生产泡沫锌和泡沫铅的发泡剂则常用 MgH_2 和 ErH_2。TiH_2 在加热到大约 400 ℃以上时,释放出氢气。一旦发泡剂与熔融金属接触,就会十分迅速地分解,故释气粉末的均匀分布应在瞬间完成。

利用金属熔体获得多孔结构,若在金属熔体中加入陶瓷细粉或合金化元素以形成稳定化粒子,可起到增加熔体黏度的效果。铝、镁、锌或它们的合金等很多金属材料,均可由这种方式对其熔体进行成泡。

熔体发泡法对发泡剂的一般要求是:发泡剂与熔体混合均匀前应尽可能少分解,在停止混合至开始凝固前的一定时间间隔内应尽可能充分分解并有足够的发气量。目前国内外采用较多的是金属氢化物(如 TiH_2 或 ZrH_2)做发泡剂。日本也有采用火山灰做发泡剂的,其发气起始温度比 TiH_2 低,且发气量比 TiH_2 小,但价格较便宜。

在众多的泡沫金属制备方法中,熔体发泡法可适于大多数要求下的工业大生产,其工艺简单,成本低廉。选择合适的金属发泡剂是该制备方法的技术难点之一,一般要求发泡剂在金属熔点附近能迅速起泡。

熔体发泡法可制备多种闭孔泡沫金属。其缺点是难以控制气泡大小,故难以获得均匀的多孔材料。解决的办法:一是高速搅拌使发泡剂颗粒迅速而均匀地分散于熔融金属中;二是增大金属熔体的黏度以防止发泡过程中气体的逸出和气泡的结合长大。另一问题是加入发泡剂与形成泡沫的时间间隔相对较短,使得铸造操作困难。解决办法:一是加厚铸层以保持发泡金属温度和延长流动时间;二是采用连续铸造液态材料。

在实际制备过程中,因熔体温度高,发泡剂投入后很快起泡,故难以使发泡剂均匀地分散到熔体中去而获得均匀发泡。为此,中国科学院固体物理研究所发明了氧化物包裹发泡剂的方法。该方法能使发泡剂的起泡延迟,发泡剂可在熔体中经充分机械搅拌后再行起泡,从而实现发泡剂的均匀发泡。

在熔体发泡法制备泡沫金属时,要获得尺寸和形状都均匀的孔隙结构,就必须控制好熔体的黏度。增加合金熔体的黏度可采取温度控制的方法,也可采用固相线与液相线温差较大的合金,还可在熔体中加入增黏剂。在实际操作过程中,投放增黏剂是一种更加可行的简便措施。增黏剂可为气体、液体或固体,加入的方法有熔体氧化法、加入合金元素法和非金属粒子分散法等。熔体氧化法是向熔融金属液中吹入空气、氧气或水蒸气并搅拌,使熔体在短时间内生成氧化物。此法效率较高,所得黏度也大。目前最常用的方法是向熔体中加入合金元素,如金属钙等,搅拌使熔体中生成大量细微的固相质点,从而增加熔体黏度。此法比熔体氧化法简单。可选用的增黏剂还有硅的非金属聚合物、粉末状氧化铝、碳化硅、铝的浮渣、氮气、氩气或其他的金属增黏剂。

5.4.3　金属沉积法

泡沫金属也可通过气态金属或气态金属化合物以及金属离子溶液来制备,其中需要固体预制结构以确定待制多孔材料的几何形态。

5.4.3.1　蒸发沉积

(1)真空蒸镀。

真空蒸镀法是用电子束、电弧、电阻加热等方式进行加热,在真空环境下蒸发欲蒸镀的物质而产生蒸气,并使其沉积在冷态多孔基材上。凝固的金属覆盖于聚合物泡沫基材的表面,形成具有一定厚度的金属膜层。其厚度依赖于蒸气密度和沉积时间。

真空蒸镀法的镀层一般很薄,特别是用合成树脂做基材时在真空中熔化的情况。蒸镀金属过程中,由金属熔化时的辐射热加热了基材,因此只能镀 $0.1 \sim 1.0~\mu m$ 的薄膜。向真空镀室的冷却外套通入 $-30~℃$ 的冷却介质,使真空镀室中的气氛温度降低,还有冷却导辊的直接冷却,可使通过真空镀室的网带或多孔材料带等有机基体的温度降低至 $50~℃$ 以下。因此,不论何种基材,何种蒸镀金属,都能蒸镀成厚膜。多孔金属的孔隙也不易变形。蒸镀后在氢气等还原性气氛中热分解除去多孔基材,烧结制成所需的多孔金属材料。基体可采用聚酯、聚丙烯、聚氨基甲酸乙酯等合成树脂,以及天然纤维、纤维素等组成的有机材料,制取复合多孔体时也可用玻璃、陶瓷、碳、矿物质等组成的无机材料。可镀的金属有 Cu、Ni、Zn、Sn、Pd、Pb、Co、Al、Mo、Ti、Fe 等。在真空蒸镀后,还可加镀 Cu-Sn、Cu-Ni、Ni-Cr、Fe-Zn、Mo-Pb、Ti-Pd 等复合镀层。在氢气等还原性气氛中进行脱除有机物基体和烧结处理,同时提高强度和延性,烧结温度为 $300 \sim 1~200~℃$,这项操作可根据用途进行选择取舍。

(2)气氛蒸发沉积。

金属泡沫体的制备,还可采用在惰性气氛中进行金属气相蒸发后再凝结的方式,如电阻蒸发后再进行物理气相沉积。先在较高的惰性气氛($10^2 \sim 10^4~Pa$)中缓慢蒸发金属材料,蒸发出来的金属原子在前进中与惰性气体分子产生碰撞和散射作用,迅速失去动能。这一过程在宏观上表现为金属蒸气温度降低,蒸发的金属原子在未达到基衬前便互相结合成原子团簇,故在蒸发过程中可观察到烟雾状的"金属烟"。它们在自身重力作用和惰性气体的携带下继续降温并沉积到基衬上。因其温度低,故原子难以发生迁移或扩散,于是"金属烟"微粒只能疏松地堆砌起来,从而形成多孔泡沫结构。

金属泡沫体形成的影响因素有金属材料种类、加热功率、惰性气体压力、惰性气体流量、蒸发源的加热器类型、蒸发源与基衬的距离、基衬材料等,其中加热功率、惰性气体气压和惰性气体流量是最重要的控制参数。只有当各参数匹配时,才能制备出低密度的亚微米结构泡沫金属。

本法制得的金属泡沫体相对于对应的固态金属来说,其电阻率和光学吸收系数均大大提高,表面吸附能力和化学活性均大大增强,故亦可用作气敏材料、温敏材料、分子筛、催化剂载体、吸光吸波材料、电子发射材料等。

5.4.3.2　电沉积

电沉积技术以金属的离子态,即电解质中的离子溶液为起点,将金属电镀于开孔的聚合物泡沫基体上,然后去除聚合物而得到泡沫金属。目前国内外普遍采用该法进行高孔率金属材料的大规模制备,其产品不但孔率高(达80%~99%),而且孔结构分布均匀,孔隙相互连通。该法以高孔率开口结构为基体,一般采用三维网状的有机泡沫,常用的有聚氨酯、聚酯、烯聚合物、乙烯基和苯乙烯聚合物及聚酰胺等,也可采用纤维毡类。其主要过程分基材预处理、导电化处理、电镀和还原烧结4步(图5.10)。

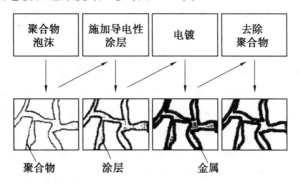

图 5.10　电沉积法制备泡沫金属的工艺流程

在实施电沉积之前,首先应将基体材料进行碱(或酸)溶液的预处理,以达到除油、表面粗化和消除闭孔的目的,然后清洗干净。对通常采用的有机泡沫等基体,需做导电化处理。而若基体已经具备导电性,则可省略该项工序。导电化处理可用蒸镀、离子镀、溅射、化学镀、涂覆导电胶、涂覆导电树脂和涂覆金属粉末浆料等。其中常用的方法是化学镀和涂覆导电胶。在导电胶中使用扁平的微细碳粒子,可使重叠地覆盖于合成树脂骨架表面的碳颗粒相互间大都为面接触,形成平滑的导电层。在这样平滑的涂覆表面上所形成的金属镀层,厚度均匀而且平滑,缺陷少,从而得到抗张强度和弯曲强度大的三维网状结构多孔金属。若采用化学镀,则在其前还应依次进行除油、粗化、敏化、活化和还原等操作。

用黏结剂将金属微粉涂布于三维网状多孔基体上的导电处理方式有特别的优点。这种导电层电阻小,在其后的电镀过程中可使用大电流,且在以后脱除媒体的烧结工序中不被烧掉,而是构成多孔金属骨架的组成部分。它的存在可减少后继金属层所需的电镀厚度,从而节约电镀时间。表面易氧化的金属,由于不能导电,因此要进行活化处理。当金属的固有电阻较高时,为了降低其电阻,还应进行置换处理。

另外,还可由化学氧化聚合,在多孔聚合物基体孔隙表面形成导电性高分子层,或由化学氧化聚合形成导电性高分子层后,再在此导电性高分子层上用电解聚合方法形成导电性高分子层,然后电镀。化学氧化聚合的方法是:在溶解了氧化剂的溶液中,使有连续气孔的多孔高分子材料与其接触,接着供给能进行化学氧化聚合的化合物。由于与氧化剂接触,在多孔高分子材料的树脂部分形成了导电性高分子层,厚度一般为一微米至数十微米。与化学镀相比,无须镀前处理,制造方便,且镀层成长速度也比化学镀快,所生产的多孔金属机械强度也比一般镀法生产的高。

导电化处理可用上述方法,也可用聚合物法。前一种方法是把有机高分子物质浸渍在合成导电聚合物的单体溶液或蒸气中,经催化剂催化聚合形成导电聚合物。后一种方法是预先用导电聚合物合成悬浮液,将有机高分子物质浸渍在液体中进行导电化处理。所用导电聚合物,只要能在最后加热可去除就行,无特别限制,如聚苯胺、聚吡咯、聚噻吩、聚呋喃和它们的烷基、烷氧基、苯基衍生物等均可。

电镀过程可采用常规的成熟电镀工艺。对不导电的发泡体经表面导电处理后的电镀,所用电流密度必须是对一般板材和线材等电镀时所用电流密度的 $1/100 \sim 1/10$。为减小电镀过程中的浓差极化现象,可采用脉冲电流法。在电镀过程中,停止电流时,镀浴里多孔基体内部溶液由扩散作用与外部本体电镀液将获得一致的组成。重新接通电流后,孔体内被镀离子的浓度又重新变小,若电流不断,孔内外浓度差加大,孔内溶液被镀离子趋于贫乏,妨碍电镀过程。脉冲性电流使孔内通电时被消耗的离子在断电时得到补充,从而提高电镀效率,并有利于降低浓差极化,制得里外均匀的镀层。减小电镀时的浓差极化还可用电镀液喷射法。将电镀液垂直喷射在被镀带表面上,并穿透它。这样也可减少阴极极化造成的表面层与内部孔隙表面的浓度差,使里外镀层均匀。采用已镀过一次的多孔材料带承载未镀多孔带,一方面可使上面的带材不受张力,孔隙不变形,另一方面可提高电流密度。

利用电沉积法改变不同镀液组成可镀制很多高孔率金属材料,如镀镍、铬、锌、铜、锡、铅、铁、金、银、铂、钯、铑、铝、镉、钴、汞、钒、铊、镓等。也可电镀合金,如黄铜、青铜、钴-镍合金、镍-铬合金、铜-锌合金和其他合金。一些不适宜用水溶液电解的金属,可用特殊镀液,如铝和锗最通常使用的方法是通过有机镀液中的电解或溶盐电解。

还原烧结过程既可将电镀好的多孔复合体直接在还原性气氛中热解有机基体并烧结金属结构,从而得到多孔金属材料,也可将电镀好的多孔复合体先在空气中烧除有机基体,再将所得附氧化层的多孔金属体置于还原性气氛中进行还原烧结。经电沉积达到要求厚度的镀层后,进入烧解炉,将塑料基体充分燃烧,余下的多孔体进入还原烧结炉,在还原气氛下使镀层消除应力,氧化层还原,结晶颗粒间隙熔合,残余有机成分和某些有害杂质得到消除或降低。热分解的具体温度由不同基体有机物各自的分解温度而定,并考虑所镀金属熔点为上限。还原烧结温度由所形成氧化物的种类和所镀金属的退火规律而定,同样以金属熔点为上限。

5.4.3.3　反应沉积

将开孔泡沫结构体置于含有金属化合物气体的容器中,加热至金属化合物的分解温度,金属元素则从其化合物中分解出来,沉积到泡沫基体上形成镀金属的泡沫结构,然后烧结成开孔金属网络即得泡沫金属。

根据本法,可在相当低的温度下通过非常有效的羰基镍分解反应来制备泡沫镍。羰基镍是一种气体,其生成反应为:$Ni+4CO \longrightarrow Ni(CO)_4$。当加热到 120 ℃以上时,羰基镍即分解成金属镍和气态一氧化碳。因此,在这种温度下使羰基镍气体流过泡沫塑料基体,就会在基体上镀上一层固态镍。连续流过该类气体,分解形成的镍层就能积聚变厚。采用红外线加热,聚合物基体可在羰基镍所需的分解温度下保持不变。冷却后经热处理或化学处理去除基体,得到由中空棱杆构成的网络金属材料。多孔体密度范围为 $0.2 \sim 0.6 \ g/cm^3$,材料 Ni 纯度高达 99.97%,中等密度制品的抗拉强度约为 0.6 MPa,主要用作电池电极的支撑材料。

5.5　典型多孔金属的制备技术及其性能评价方法

泡沫金属作为多孔金属材料的一个重要分支,已有 60 余年的发展史。最初是一美国专利(专利号:2434775)于 1948 年提出利用汞在熔融铝中蒸发气体产生气泡而制取泡沫铝,随后另一美国专利(专利号:2751289)又发展了这一想法,于 1956 年成功地制出了泡沫铝。泡沫铝是一种在金属铝基体中分布有无数气泡的多孔新型多功能材料,具有独特的结构和许多优异的性能,其应用前景可观,应用范围日益扩大。本节简介了泡沫铝的制备方法、性能评价方法。

5.5.1　泡沫铝的制备

制备泡沫铝的方法有多种,根据制备过程中铝的状态可以分为三大类:液相法、固相法、电沉积法。

5.5.1.1　液相法

通过液态铝产生泡沫结构,可在铝液中直接发泡,也可用高分子泡沫或紧密堆积的造孔剂铸造来得到多孔材料。

(1)熔体发泡法。

在铝液中直接产生气泡可得到泡沫铝。通常,气泡由于浮力而快速上升到铝液表面,但可以加入一些细小的陶瓷颗粒增加铝液黏度阻止气泡的上升。熔体发泡主要有两种方法,即直接从外部向铝液中注入气体和在铝液中加入发泡剂。

①直接注气法:各种泡沫铝合金都可用此法生产,包括铸造铝合金 A359,锻造合金 1061、3003、6061 等。为了增加铝液黏度,需要加入碳化硅、氧化铝等颗粒。此方法的难点在于如何使颗粒被铝液润湿并均匀分布在液体中。颗粒的体积分数通常为 10% ~ 20%,颗粒尺寸为 $5 \sim 20 \ \mu m$。然后把气体(空气、氮气、氩气)通入铝液中,同时对液体进行搅拌使

气泡细小并均匀分布,这一步的好坏将直接影响产品质量。含有气泡的铝液将浮向液面,由于颗粒的存在,使液体中的气泡相对稳定。用转动皮带将表面半固态的泡沫拉出就得到泡沫铝板。

这种方法的优点是可以连续生产,可获得低密度、大体积的产品。这种方法的缺点是要对泡沫板材进行剪切,造成泡沫开孔,同时由于颗粒的加入,使胞壁变脆,对力学性能产生不利影响。

②加发泡剂法:用发泡剂代替气体注入亦可得到泡沫铝。这种方法的优点是可制得非常均匀的泡沫,并且气孔平均尺寸和铝液黏度以及泡沫铝密度和黏度之间存在关系,使孔径可控。

(2)固-气共晶凝固法。

这种新方法的依据是在 H_2 中一些金属可形成共晶系统。在高压 H_2 下能获得含氢的均匀铝液,如果降低温度通过定向凝固将发生共晶转变,H_2 在凝固区域内含量增加,并且形成气泡。因为体系压力决定共晶组成,所以外部压力和氢含量必须协调好。最终孔的形状主要取决于氢含量、铝液外部压力、凝固的方向和速率、金属液的化学成分,通常沿凝固方向形成管状孔,孔直径为 10 μm ~ 10 mm,长度为 100 μm ~ 300 mm。

(3)铸造法。

①熔模铸造。先准备开孔的高分子泡沫,用耐热材料填充高分子泡沫。耐热材料可用莫来石、酚醛树脂、碳酸钙混合物或石膏等,然后通过加热除去高分子泡沫并将铝液铸入模型中来复原高分子泡沫的结构,最后用水溶等方法除去耐热材料,即得到与原高分子泡沫相同结构的泡沫铝。此法的难点在于如何使铝液充分填充到模型中,以及如何在不破坏泡沫铝结构的同时除去耐热模型。其优点是可制备多种泡沫金属,并且可以得到开孔结构,生产重复性好,有相对稳定的密度。

②渗流铸造。在无机或有机颗粒周围铸入铝液可制得多孔铝。无机材料可用蛭石、泥球、可溶性盐等,有机材料可用高分子颗粒。采用这种方法时,造孔剂堆积密度要高,以保证颗粒之间互相接触,以便将来除去。为了防止铝液在铸入时过早凝固,要将造孔剂预热。由于铝液具有大的表面张力,使得铝液很难成功铸入颗粒间隙中,所以可以先将造孔剂块体抽真空,然后加压渗透。待铝液凝固后,可用水溶法或热解法除去造孔剂。此法的优点是通过控制造孔剂颗粒大小来控制孔径大小,缺点是最大孔隙率不超过80%。

5.5.1.2　固相法

用铝粉末代替液态铝也可制得多孔材料。因为大部分固相法通过烧结使铝颗粒互相联结,铝始终保持在固态,所以此法生产的泡沫铝多数具有通孔结构。

(1)散粉烧结法。

这种生产方法包括三个过程:粉末准备、粉末压缩、粉末烧结。此方法多用于制备泡沫铜。由于铝粉表面具有的致密氧化膜将阻止颗粒烧结在一起,因此用散粉烧结法制备泡沫铝相对困难。这时可以通过变形手段破坏氧化膜,使颗粒更易黏结在一起;或加入镁、铜等元素在 595 ~ 625 ℃烧结时形成低共熔合金。用散粉烧结制备的泡沫金属优点是工艺简单、成本低,缺点是孔隙率不高、材料强度低。如果用纤维代替粉末烧结同样可制得多孔材料。

(2)粉浆烧结。

把金属粉浆、发泡剂、活性添加剂混合后注入模子中逐渐升温,在添加剂、发泡剂影响下,粉浆开始变黏,并随产生的气体开始膨胀。如果工艺参数控制得当,经烧结后就可得到一定强度的泡沫金属。对于铝粉,可以用正磷酸加氢氧化铝充当发泡剂。该法存在的主要问题是制得的泡沫材料强度不高并有裂纹。如果把粉浆直接灌入高分子泡沫中,通过升温把高分子材料热解,烧结后同样可制得开孔泡沫材料。

5.5.1.3 电沉积法

电沉积法是以泡沫塑料为基底,经导电化处理后,电沉积铝制成。可通过浸涂导电胶、磁控溅射锡膜或化学镀膜等方法使泡沫塑料导电。由于铝的电极电位比氢的电位还负,所以不可以采用铝盐水溶液电镀,可采用烷基铝镀液。用电沉积法生产的泡沫铝具有孔径小,孔隙均匀,孔隙率高等特点,其隔热性能和阻尼特性优于铸造法生产的泡沫铝。

5.5.2 性能评价方法

泡沫铝的性能主要取决于分布在三维骨架间的孔隙特征,即气孔的形态和分布,包括孔的类型(通孔或闭孔)、孔的形状、孔的分布、孔的结构(孔径、孔隙率、比重等)。

(1)物理性能。

泡沫铝最明显的特点就是重量轻、密度低,随孔的变化而变化,密度仅为同体积铝的0.1~0.6倍,但其牢固度却比泡沫塑料高4倍以上。泡沫铝材料的导电性要比实心铝材料小得多,相反电阻率就大得多,是电的不良导体。泡沫铝的导热性能比实心铝小得多,约为实心铝的0.1~0.2倍。另外,泡沫铝还具有刚性大、不易燃、不易氧化、不易产生老化、耐候性好、回收再生性好等特点。

对于承受弯曲负载的装置,所用材料应具有较高的比强度,通过对泡沫铝和几种常见结构材料(铝、钢)的比强度值(泡沫铝:铝:钢=5:2.5:1)比较,可知泡沫铝具有高比强度的特点。适当的热处理可以提高其比强度,泡沫铝可用于承受较大的弯曲负载装置中。

(2)力学性能。

同其他多孔材料一样,泡沫铝的弹性模量、剪切模量、弹性极限等均随孔隙率的增大而呈指数函数下降。

①抗拉强度。泡沫铝的抗拉强度很低,几乎无延伸率,表现为半脆性。实验发现孔径大小对其拉伸性能有一定的影响。相对密度相同时,孔径小的拉伸强度比孔径大的高。

②抗压强度。泡沫铝的抗拉强度虽然很低,但它的抗压强度却较高。泡沫铝压缩应力-应变曲线可以分3个区域:线弹性区、屈服平台区、致密化区。孔径不同的泡沫铝的压缩应力-应变曲线形状基本相似,不同之处主要表现在塑性平台的高度上,实验发现,孔径大小与塑性平台的高度并不是某种简单的线性关系,而是在某一孔径下塑性平台最高。由泡沫铝的抗压强度与其密度及压缩率之间的关系图可知,密度增加,抗压强度增加。

(3)吸能特性。

多孔结构材料可用作能量吸收材料。单位质量小、能量吸收能力大的材料就具有较大的作用。泡沫铝单位质量小、强度较高,因此泡沫铝具有很高的能量吸收能力。泡沫铝在压缩过程中,有高而宽的应力平台,可以在基本恒定的应力下通过应变来吸收能量。吸能能力由应力应变曲线下方的面积来求,因此屈服平台高而宽时,吸能能力越大。孔径大小对屈服平台的高度有一定的影响,所以可以找到一个合适的孔径,使屈服平台较高来提高其吸能能力。另外,其吸能能力随孔隙率呈非单调变化,在某一孔隙率下具有最大的吸能能力。

(4)阻尼性能。

材料的阻尼性能是指材料由于内部的原因,将机械振动能不可逆地转化为热能的本领。利用材料的这种本领,可减小所不希望的噪声和振动。根据 Zener 的经典理论,提高金属材料阻尼性能的重要途径之一,就是设法使缺陷之间的交互作用达到最大,以获得最大的线性阻尼,或将力学放大机制引入材料,以获得较高的非线性阻尼。多孔材料显然符合高阻尼材料的组织特征,而且孔洞的存在可在某些非金属或金属材料的阻尼响应中发挥重要作用。

泡沫铝作为一种宏观多孔材料,由金属骨架和孔隙组成,组织极不均匀,应变强烈滞后于应力,压缩应力-应变曲线中包含一个很长的平稳段,因而它是一种具有高能量吸收特征的轻质高阻尼材料,在消声减震等领域有着可观的应用前景。有实验研究发现:

①孔径一定时,泡沫铝的内耗随孔隙率的增大而增大;

②孔隙率一定时,泡沫铝的内耗随孔径的减小而增大;

③泡沫铝的内耗与应变振幅密切相关,随振幅的增大而增大;

④泡沫铝的内耗在低频范围内与频率的变化无显著关系。

在低阻尼的铝中加入大量孔洞以后,可以显著提高其阻尼本领。泡沫铝内部还存在其他大量微观和宏观的缺陷,泡沫铝的阻尼机制是其缺陷的综合效应,缺陷阻尼是其主要的阻尼机制。

(5)吸声性能

泡沫铝材料尤其是通孔泡沫铝,当声音透过它时,由于声波也是一种振动,可以在材料内部发生散射、干涉和漫反射,将声音吸收在其气孔中,使内部骨架振动,声能部分转化为热能并且通过热传递消耗掉,起到了吸声的作用。因此,泡沫铝具有良好的声音吸收能力。吸声性能用吸声系数来衡量,吸声系数越大则吸声性能越好,泡沫铝的吸声性能主要取决于孔隙特征,通孔吸声性能较好。孔越细小,吸声性能越好。

思考题

1. 简述多孔材料的应用领域。

2. 请举出几种常见的介孔材料,并简述有序介孔材料的优点。

3. 介孔分子筛和沸石分子筛的有何区别?

4. 金属-有机框架材料有何特点?

5. 影响金属-有机框架材料合成的因素有哪些?

6. 简述多孔金属材料的特点。

7. 多孔金属材料的材质主要有哪些? 给出主要的制备方法。

8. 简述粉末冶金法制备多孔金属材料烧结过程的一般特点。

9. 举例说明泡沫铝作为功能材料的应用。

第6章 新型碳材料

6.1 概 述

碳是自然界分布比较广的一种元素,丰度在地球上处于第14位。碳元素是自然界中与人类密切相关的重要元素之一,地球上的生命都是以碳原子为基础的实体。碳原子具有多样的电子轨道特性(sp、sp^2、sp^3杂化),除碳碳单键外,还能形成碳碳双键和碳碳三键,从而形成许多结构、性质完全不同的物质。

通常碳材料是指以碳为基本骨架的物质。作为无机非金属材料的一个分支,碳材料在材料学中具有重要地位。与此同时,作为一种功能材料,碳材料是集金属、高分子和陶瓷材料三者性能于一身的独特材料,与能源、环境、精细化工等领域密切相关。新型碳材料独特的纳米结构、新颖的性能引起了全世界的广泛关注,近年来发展迅速。碳材料的特性几乎可以体现地球上所有物质的各种性质,甚至相对立的性质,例如最硬-极软,全吸光-全透光,绝缘-半导体-高导体,绝热-良导热,铁磁体-高临界温度的超导体等。不同碳材料复合或与其他材料复合进一步丰富了碳材料的种类和性质。与活性炭等传统碳材料相比,新型碳材料的产业化程度还有一定差距,但由于其独特的结构及优异的性能,在化工、新能源、环保、催化、电子、医疗等领域展现出广阔的应用前景,新型碳材料的产业化步伐正在逐步加快。

碳量子点是一种分散的、尺寸小于10 nm的类球形准零维碳基材料。碳量子点通常包括纳米金刚石、荧光碳颗粒和石墨烯量子点等。在制备方面,碳量子点的粒径和相对分子质量均较小,易于大规模制备及功能化修饰;在荧光性能方面,碳量子点具有激发波长和发射波长可调、双光子吸收截面大、耐光漂白且无光闪烁现象等优异的性质;从环保和生物毒性的角度看,碳量子点的毒性远低于传统的金属量子点,且具有良好的生物相容性,在实际应用方面优势明显。因此,碳量子点一经发现便激发了国内外学者极大的研究热情。碳量子点不仅具有类似于传统量子点的发光性能与小尺寸特性,也具有传统碳纳米材料的高比表面积和优异的电子传导特性。同时,碳量子点不含重金属、硫元素,具有良好的水溶性和较低的生物毒性,可作为传统量子点在生物成像、生物标记等应用中的替代物。碳量子点具有良好的水溶性,丰富的化学官能团及良好的导电性,在催化、环保(如金属离子检测)方面的应用也受到人们的重视。近几年来,有关碳量子点制备、性能及应用的探索是新型碳材料领域的一大研究热点。

碳纳米管是一种具有一维结构的碳材料,是目前研究最充分、关注度最高的新型纳米材料之一,一直也是学术研究的热点。近年来随着碳纳米管制备技术水平的不断提高,碳纳米管的生产成本也大幅降低。目前,伴随世界各国对碳纳米管应用研究的日益深入,碳纳米管诸多优异新奇的性质为其带来了许多实际应用,如复合材料、电子器件、场发射组件、能源材料、测量仪器、生物医药及平台等,特别是在电子、场发射与复合材料领域的应用潜力已逐步显现,碳纳米管将在半导体的应用领域扮演重要角色,同时,碳纳米管在生物医学、能源等领域的应用,也成为世界各国科学家研究的热点。

石墨烯是由碳原子经 sp^2 电子轨道杂化后形成的二维结构,具有超强的机械强度、高导热率、高导电性、高透光率、高比表面积等特点。单层石墨烯厚度只有一个碳原子厚,为 0.335 nm,是目前已知最薄的材料。石墨烯以其精妙的结构、优越的性能,在储能器件、微电子、光子传感器、柔性透明电极、导电导热复合材料等领域有广阔的应用前景。石墨烯导电油墨可以应用于显示设备、印刷线路板、射频识别、电极传感器等方面,在超级电容器、印刷电池和有机太阳能电池等领域具有很大的应用潜力,因此石墨烯油墨有望在智能包装、薄膜开关、导电线路、射频标签以及传感器等下一代轻薄、柔性电子产品中得到广泛应用,市场前景巨大。

目前碳量子点、碳纳米管、石墨烯等新型碳材料产业的大门已经慢慢开启,随着产业链的逐步成熟,新型碳材料必将得到巨大的发展和应用。本节主要讲述碳量子点、碳纳米管、石墨烯等新型碳材料的性质与制备方法。

6.2 碳量子点制备技术

量子点于 20 世纪 90 年代初被提出,是准零维的半导体纳米材料。它的导带电子、价带空穴及激子在三个空间方向均被束缚,其电子运动在三维空间均受限,因此也被称为“人造原子”或“超原子”。量子点的粒径一般为 1～10 nm,由于电子和空穴被量子限域,连续的能带结构变成具有分子特性的分立能级结构,受激后可以发射荧光。基于其自身的量子效应,量子点展现出独特的性质:尺寸限域引起尺寸效应、量子限域效应、宏观量子隧道效应和表面效应,派生出的纳米体系具有与宏观体系不同的低维特性,展现出许多不同于宏观材料的物理化学性质,在催化、太阳能电池、光学生物标记、发光器件、功能材料等领域具有广阔的应用前景。

近年来,量子点在生物和医药方面的应用研究十分活跃。传统的量子点通常是从铅、镉及硅的混合物中提取得到,其毒性大,对环境的危害性很大。因此,人们一直寻求毒性较低的量子点替代材料。2004 年,美国南卡罗来纳大学的研究者首次合成出一种新型量子点——碳量子点(CODs)。相较于传统的量子点,碳量子点除具有传统量子点的发光性能与小尺寸特性外,还保持了碳材料毒性低、环境友好、生物相容性好等优点,同时还拥有双光子吸收截面大、发光范围可调、光稳定性好、易于功能化修饰和廉价易得等无可比拟的优势。碳量子点除了具有传统纳米碳材料的高比表面积和优异的电子传导特性之外,还具有独特的荧光性能,尤其是光转换性能(包括上转换和下转换荧光),使其在新能源领域有着不可估量的发展潜力。

6.2.1　碳量子点的性质

6.2.1.1　荧光特性

碳量子点所拥有的独特的光学性质主要包括良好的荧光稳定性、荧光激发依赖性、可调的荧光发射特性、pH 敏感的荧光特性以及上转换荧光(UCPL)特性等。

(1)荧光稳定性。

碳量子点具有良好的光学稳定性且耐光漂白。武汉大学庞代文等由电化学方法制备碳量子点,经 8.3 W 氙灯连续照射 6 h 后,其发光强度仍保持不变且无闪烁现象,说明碳量子点具有良好的荧光稳定性。

(2)激发依赖性和可调的发射特性。

碳量子点发出的荧光具有激发依赖性,即其发射波长及强度与激发波长有关,随着激发波长而变,但这一点是否因碳量子点尺寸不同或是其表面缺陷不同而造成的,亟待进一步研究;同时,在某些情况下,碳量子点的最大发射波长随着激发波长的增大而固定不变,呈一定的激发专一性,这可能与其均一的粒径分布及特殊的表面化学结构有关。

可调的荧光发射特性是指碳量子点可以选择不同的激发和发射波长,这使得碳量子点在光学标记和荧光成像方面有极大的优势。

(3)pH 值敏感的荧光特性。

除少数碳量子点外,大多数碳量子点荧光强度和最大发射波长随体系 pH 值的变化而变化,即具有一定的 pH 值敏感荧光特性,但不同原料和合成方法所得到的碳量子点对 pH 值的响应并不相同。

(4)上转换荧光特性。

碳量子点在低能量的可见光激发下可以发射高能量的近紫外荧光,具有上转换荧光特性。UCPL 是指在长波长激发光的激发下体系发射短波长光的现象,即辐射光子能量大于其所吸收的光子能量,这是一种反 Stokes 现象。多数文献认为这是由于 UCPL 发射是由多光子激发引起的。

(5)发光机理。

光致发光是指由外界光源照射使物质获得能量,产生激发而发光。被照物质主要产生磷光和荧光。能级与能级间的跃迁是发光的核心,通常所说碳量子点的光致发光即指碳量子点的荧光。

碳量子点的荧光性质取决于其自身的物理化学结构,主要受其粒径、物理结构、化学组成、激发波长及所处的环境(pH 值和溶剂)等因素的影响。其发光机理十分复杂,仍待进一步研究明确。目前主要是通过量子限域效应、发射势阱和辐射的激子重组等理论来解释其发光机理。越来越多的研究证明,碳量子点的表面限域电子-空穴间的辐射复合是其荧光发光的根本原因。

此外,研究发现水溶性碳量子点具有一定的磷光现象。将碳量子点分散于聚乙烯醇基质中,在室温紫外灯下即可观察到磷光,这主要是由于聚乙烯醇基质可与碳量子点形成氢键,阻止了碳量子点表面结构中芳香键($C=O$)的三重激发态能量,使其不因转动或振动而产生能量损失,从而产生极长的磷光寿命(380 ms)。

6.2.1.2 电致化学发光性质

电致化学发光(ECL),是指对电极施加一定的电势使其表面发生电化学反应,使物质分子跃迁到激发态并回到基态时产生的一种发光现象。量子点具有良好的 ECL 性质,碳量子点的 ECL 性质也引起人们广泛的关注。与荧光发射不同,碳量子点的 ECL 的最大发射波长通常会红移,且不受粒径和修饰剂的影响,更多地取决于其表面态。

福州大学池毓务等首次通过电化学法制得碳量子点,在 $-1.8 \sim +1.5$ V 的扫描电压下,分别在阴极和阳极发现 ECL 信号,且阴极信号强于阳极。如图 6.1 所示,其发光机理如下:在一定的电压扫描下,在阴极形成还原态的碳量子点($R \cdot ^-$),同时在阳极形成 $R \cdot ^+$,在化和还原过程中形成激发态的 $R*$;反之,从激发态跃迁到基态时发射出 ECL 信号。

Ⅰ 氧化过程:$R-e \longrightarrow R \cdot ^+$

Ⅱ 还原过程:$R+e \longrightarrow R \cdot ^-$

Ⅲ 形成激发态:$R \cdot ^+ + R \cdot ^- \longrightarrow R* + R^-$

Ⅳ 发光过程:$R* \longrightarrow R+hv$

苏州大学康振辉等通过微波合成的碳量子点也表现出良好的 ECL 现象,但其阳极信号强于阴极,同样可以在有机溶剂中观察到较稳定的 ECL 信号。

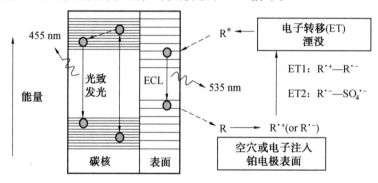

图 6.1 碳量子点的电致发光与光致发光机理图

6.2.1.3 电子转移特性

与石墨烯和氧化石墨烯(GO)相比,量子限域效应和边缘效应使碳量子点具有特殊的电子和光电子性质。

碳量子点的电子转移特性取决于它的碳质核心、表面官能团以及掺杂杂原子的交互作用。碳量子点有效的电子转移得益于其大的比面积和丰富的边缘活性位。当碳量子点具有含氧官能团时,其电子特性类似 GO 或还原的 GO。由于导带的 sp^2 碳结构被破坏,边缘的含氧官能团可减弱碳量子点的电子转移,并使其具有催化性能。同时,N 的掺杂赋予 N 掺杂碳量子点一定的催化能力。

6.2.1.4 低细胞毒性与生物相容性

已有报道证明,碳量子点具有低的细胞毒性和良好的生物相容性。南非金山大学 S. C. Ray 等选取肝癌细胞 $HepG_2$ 进行细胞活力测试,当 CODs 浓度低于 0.5 mg·mL^{-1} 时,细胞成活率为 90% ~ 100%;超过此浓度,细胞成活率则降至 75%,而生物成像所需的浓度远低于这一浓度,这说明碳量子点在生物成像方面几乎无毒。碳量子点可以在不影响细胞核的情况下,可通过细胞内吞的形式进入细胞质和细胞膜,还可以与 DNA 相互作用,从而进行 DNA 识别及检测。

6.2.2　碳量子点的制备

碳量子点的结构通常分为三种,即无定型结构、具有 sp^2 碳簇的纳米晶结构(如由石墨烯材料制得的石墨烯碳量子点,简称为 G 量子点)以及由 sp^3 碳形成的类金刚石结构。关于纳米金刚石的报道较少,而 G 量子点尽管可归属于碳量子点,但两者在结构上仍有明显区别。首先,由于尺寸效应,碳量子点组成较离散,准球形的碳量子点尺寸都在 10 nm 以下,而 G 量子点则被定义为由横向尺寸少于 100 nm 的单层或几层(3 ~ 10 层)石墨烯片组成。其次,G 量子点通常由石墨烯基材料制备而成,或是由类石墨烯结构的多环芳烃合成。无论尺寸大小,G 量子点都具有石墨烯的晶格结构。除了少数 G 量子点为三角形、正方形或是六边形外,大多数 G 量子点为圆形或椭圆形。最后,由高倍透射电镜测试可知,碳量子点的面内晶格间距与石墨类似,通常为 0.18 ~ 0.24 nm(对应不同的衍射面),层间距为 0.334 nm,而 G 量子点的结晶度则更高。

下面主要介绍碳量子点的制备方法。从合成路线来划分,碳量子点的制备方法大致分为两种:自上而下法和自下而上法。自上而下法是通过物理或化学方法从较大的碳骨架(如石墨、石墨烯、碳纳米管、碳纤维、炭黑、石油焦等)直接剥离得到碳量子点,主要包括化学氧化法、电弧放电法、激光销蚀法、电化学法等;自下而上法则是通过对较小的碳颗粒(如天然气燃烧灰、蜡烛灰、香烟灰、糖类、小分子有机碳源等)进行修饰、钝化合成碳量子点,主要包括模板法、微波辅助法、燃烧法、溶液化学法、气相沉积法等。

从是否发生化学反应划分,碳量子点的制备方法主要可分为物理法和化学法,物理法包括电弧放电法、激光销蚀法、等离子体法等;化学法包括化学氧化法、电化学法、超声法、微波法、水热法、炭化法、富勒烯开笼法等。需要指出的是,为了提高制备效率和产品性能,在实际制备碳量子点过程中,经常是物理法和化学法结合使用。

6.2.2.1　物理法

1. 电弧放电法

2004 年,美国南卡罗来纳大学 Walter A. Scrivens 等在纯化用电弧放电产生的烟灰制备单壁碳纳米管的过程中首次发现碳量子点。采用凝胶电泳法处理单壁碳纳米管悬浮液时,意外地发现悬浮液中含有三种纳米材料,其中一种在电泳图上会形成高发光的快速移动带。进一步分离后发现,荧光性质与纳米颗粒的尺寸有关,该纳米颗粒也首次被称为碳量子点。

电弧放电法制备的碳量子点产率较低,且烟灰成分复杂,所含杂质较多,电弧放电所得碳量子点不易分离提纯,难以制备高质量的碳量子点。

2. 激光销蚀法

激光销蚀法,即用激光束照射碳靶,使碳纳米颗粒从碳靶上剥离,从而分离得到碳量子点。制备碳靶时所需的碳材料较多,制得的产物的粒径难以达到纳米级,大部分产物在离心过程中沉降并被分离除去,因此激光销蚀法制备碳量子点的收率较低,其粒径也不均匀,纯度较低。

3. 等离子体法

2012 年,南京工业大学陈苏等采用低温等离子体处理技术,诱导鸡蛋的蛋清和蛋黄热解,制得量子产率最高可达 33% 的两亲性碳量子点。通过对样品热解过程的观察及分析,阐述了碳量子点的合成机理,并首次将碳量子点用作荧光墨水,成功实现了荧光印刻的图案化。

等离子体法所制碳量子点的量子产率较高,但合成条件相对较复杂,且成本较高,不适宜于简便高效地合成碳量子点。

6.2.2.2 化学法

近年来,碳量子点的制备主要采用化学法,其主要原因有如下几点。

(1)化学法可以直接氧化碳源,所制碳量子点表面含有丰富的含氧官能团,这些官能团可作为反应活性位点使用。

(2)通过精确控制反应参数,可有效进行表面修饰,更好地调控碳量子点的形貌、粒径以及物化性质。

(3)化学法能克服物理法中所需实验仪器昂贵、难以获得平滑边缘的碳量子点等缺点。

化学法主要包括化学氧化法、电化学法、水热法、微波法和炭化法等。

1. 化学氧化法

化学氧化法,也称回流酸煮法,即用浓 HNO_3 或浓 HNO_3 与浓 H_2SO_4 按一定比例配成的混酸作为氧化剂及脱水剂,氧化碳源制备碳量子点。该法无须复杂设备、可重复性强,因而被广泛采用。

传统的化学氧化法需使用多种强酸或强腐蚀性液体,耗时长(氧化过程通常需要 6 ~ 24 h),难以控制氧化程度及碳量子点特定的光学性质。化学氧化法虽可在碳量子点表面引入大量的含氧官能团,但其操作不易控制,操作时间长,产品颗粒不均一,需要进一步分离纯化、钝化或修饰才能得到荧光性能良好的碳量子点。只有进一步优化制备条件和工艺参数,化学氧化法才有可能被推广应用。

2. 电化学法

在电化学法合成碳量子点的过程中,所用工作电极一般为导电碳材料,在一定的电流密度或电压下,借助阳极氧化,从工作电极上"裁剪"剥离得到碳量子点。

电化学方法合成碳量子点的主要优势在于:一是在电沉积结晶过程中易于控制过电位,工艺灵活,操作简单,产物的尺寸及形貌相对可控;二是在常温常压的条件下操作,生产成本相对较低,且避免了高温时材料内部可能产生的热应力。该法所制碳量子点均匀,碳源利用率高,适合大规模制备。

电化学法装置简单、可重复性强、产物稳定,所制碳量子点不需进一步修饰,但其量子产率较低,因此前驱物和电解液的选择十分重要。电解过程中可通过调节电解电压或电流密度来调控碳量子点的粒径和荧光特性。

3. 水热法

在水热法合成的碳量子点中,G 量子点的合成比较常见。对于水热法合成 G 量子点而言,预氧化至关重要,通过氧化可引入含氧官能团及边缘陷位,以作为反应活性位点,热处理可将微米尺度的氧化石墨烯还原成纳米尺度的还原石墨烯,从而形成 G 量子点。水热法合成的碳量子点具有石墨或无定形结构的碳核。水热碳量子点的结构和性质主要受原料种类及制备条件(水热炭化温度、时间及化学添加剂)的影响,产物在光催化技术、分析检测、活体成像和细胞标记、发光二极管(LED)及药物输送等领域展示出较好应用效果。

水热法相对简单,条件易于控制,特别是原料来源丰富,已成为制备碳量子点的主要方法之一。

4. 微波法

微波法制备碳量子点是近年来被发展出来的一种方法,其制备方法十分便捷,且碳量子点粒径和发光性质与微波加热时间有关。微波法的优点是简单易于操作、收率和量子产率均较高,缺点是所制碳量子点粒径不均一,仅使用透析过程难以将较大的颗粒分离。微波法可辅助其他制备方法制备碳量子点,以实现更优的可控备目标。

5. 炭化法

炭化法是将有机物原料炭化制得荧光碳量子点的方法。将廉价的有机前驱体炭化制备碳量子点是一种常用的方法。但该法制得的碳量子点常含有大量含氧官能团,有时需要继续氧化或表面处理。

6. 其他方法

除以上方法外,超声法、模板法、富勒烯开笼法、掺杂法等也可制备碳量子点。但是已有的制备原料、制备方法均存在缺陷,且荧光量子产率都还比较低。现阶段尚需夯实碳量子点制备的理论基础,研究的重点应放在新优质碳源的探索、已有制备方法的优化以及更为简便方法的探索,从而进一步降低碳量子点的制备成本。

6.3 碳纳米管制备技术

6.3.1 碳纳米管的结构与性质

6.3.1.1 碳纳米管的结构

碳纳米管可以看作由六角网状的石墨烯片卷成的具有螺旋周期、中空内腔结构的准一维管状大分子。碳纳米管中的碳原子一般采取 sp^2 杂化,由于存在一定曲率,所以其中也有一小部分碳原子为 sp^3 杂化。碳原子和碳原子之间以碳–碳 σ 键结合,形成由六边形组成的蜂窝状结构作为碳纳米管的骨架。每个碳原子上未参与杂化的一对 p 电子相互之间形成跨越整个碳纳米管的共轭 π 电子云。碳纳米管不一定是笔直的,局部可能出现凹凸的现象,这是由于在六边形结构中混杂了五边形和七边形。出现五边形的地方,由于张力的关系可导致碳纳米管向外凸出,如果五边形恰好出现在碳纳米管的顶端,就会形成碳纳米管的封口;若有七边形出现,碳纳米管在该处则向内凹进。

根据石墨烯片的层数,碳纳米管可分为单壁碳纳米管和多壁碳纳米管。单壁碳纳米管是仅由一层石墨烯片卷曲而成的碳纳米管,其典型直径为 0.75 ~ 3 nm,因为单壁碳纳米管的最小直径与富勒烯分子类似,故也有人称其为富勒管。多壁碳纳米管则是由多于两层的石墨烯片按照同心方式卷曲而成,形状像同轴电缆,其层数为 2～50 层不等,其典型直径为 2～30 nm,层间距为 0.34±0.01 nm,与石墨层间距(0.34 nm)相当。与单壁和多壁碳纳米管相比,双壁碳纳米管在结构上既具有单壁碳纳米管的理想形态,又可看作是最简单的多壁碳纳米管,故双壁碳纳米管具有一些独特的性质。

单壁碳纳米管可以看作是平面石墨烯片在圆柱体上的映射,在映射过程中石墨烯片层中六元碳环网格和碳纳米管轴向之间可能出现夹角,如图 6.2 所示。根据碳纳米管中六元碳环网格沿其轴向的不同取向,可将之分为锯齿型、扶手椅型和螺旋型三种。其中锯齿型和扶手椅型碳纳米管结构中六元碳环和轴向之间的夹角分别为 0°或 30°,不产生螺旋,也没有手征;而夹角在 0°至 30°之间的碳纳米管,其六元碳环网格有螺旋性,根据手性可以将之分为左螺旋和右螺旋两种。

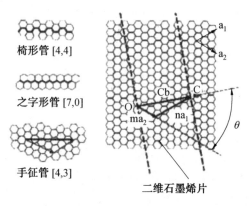

图 6.2　按照不同螺旋角卷曲形成的三种碳纳米管

按照碳纳米管的导电性,还可将其分为导体性碳纳米管和半导体性碳纳米管。单壁碳纳米管的导电性介于导体和半导体之间,其导电性能取决于其直径和螺旋角。半导体碳纳米管的带隙宽度与其直径呈反比关系,而导体性碳纳米管则可作为构筑纳米器件的导线,在微纳米电子器件中得到应用。

除了碳纳米管外,还有一种被称为碳纳米纤维的碳纳米材料。早在发现碳纳米管之前,人们在研究气相生长碳纤维的过程中,就发现了一种管状的纳米纤维。碳纳米管被发现后,人们认识到气相生长碳纳米纤维与碳纳米管在结构及性能上具有一定的相似性,碳纳米纤维和碳纳米管一样具有独特的物化性质。人们通常根据碳纳米管和碳纳米纤维的直径大小将它们加以区分,但区分的尺度并不十分严格、统一。根据研究结果和目前国内外同行的共识,认为碳纳米管的直径通常应限制在 50 nm 以下,而碳纳米纤维的直径为 50～200 nm。然而目前的文献资料中,碳纳米管同碳纳米纤维并没有严格的加以区分,人们有时也把具有管状形态的碳纳米纤维称为碳纳米管。

6.3.1.2　碳纳米管的性质

1. 电学性质

碳纳米管的电学性质中最为特别的有五点:管的能隙(禁带宽度)随螺旋结构或直径变化;电子在管中形成无散射的弹道输运;电阻振幅随磁场变化的 A–B 效应;低温下具有库仑阻塞效应;吸附气体对能带结构的影响。

受量子物理影响,随手性角及直径的改变,单壁碳纳米管中电子从价带进入导带的能隙可从接近零(类金属)连续变化至 1 eV(半导体),即其导电性可呈金属、半金属和半导体性,因而碳纳米管的传导性可通过改变手性角和直径来调控。目前尚未发现任何其他物质能像碳纳米管这样可通过简单地改变原子排布方式调节其能隙大小。如果对碳纳米管掺杂,还可进一步改变其导电特性。如在多壁碳纳米管中加入 B 和 N 取代碳,可使之形成具有金属特征的电子态密度。用碱或卤素掺杂单壁碳纳米管,由于管和掺杂物之间的电荷传输,甚至能使其导电能力增加一个数量级。

碳纳米管和石墨一样,由碳原子的六方网格组成,网格长度比其他原子形成的短,杂质难以将其置换,因此在电子传输时不会因杂质引起散射,故能形成弹道输运。碳纳米管在室温下电子的弹道输运类似于光子在光纤中无能量损失飞行一样。电迁移是在电子散射区由电流感应力导致的原子重排和扩散,是电路中传统金属导线破坏的主要原因,也是电子工业面临的主要问题,而碳纳米管中的弹道传输则能克服这点。金属性碳纳米管提供了一种力学性能好且可弯折的电子波导管,其传输量子力学电子波而无信息丢失的能力使之在量子计算机开发方面具有特别的吸引力。

弹道输运也指在场效应晶体管中电子能在毫无散射的状况下进行的传输。场效应晶体管是计算机中进行运算和存储的集成电路的主要元件。要制造高速大容量的计算机必须制造开关速度快、尺寸更小的场效应晶体管。目前以硅为主的半导体精细加工已达到极限,正在寻找新的替代材料。碳纳米管稳定性好,又具有弹道传输的特性,有望利用其制得运算速度更快、体积更小的晶体管。

单壁碳纳米管的电性能也与其所处的气体环境有关,因为其他物质的进入可改变其电子能带结构,从而使其电学性能产生较大变化。例如,单壁碳纳米管的电阻取决于环境气氛中氧的浓度,氧在其上的吸/脱附速度直接影响其电阻变化的快慢。当痕量 NO_2 与单壁碳纳米管接触时,其电阻减小,与微量 NH_3[1%(体积分数)]接触时,电阻增加。因此,可通过监测单壁碳纳米管的电导率的变化来探测 NO_2 和 NH_3 气体的浓度。用单壁碳纳米管有可能制得最小的分子级气敏元件,其响应时间比目前可用的同类金属氧化物或聚合物传感器至少要快一个数量级,同时还具有尺寸小、表面积大、能在室温或更高温度下使用等优点。

2. 力学性能

碳纳米管的基本网格和石墨烯一样,是由自然界最强的价键之一,即 sp^2 杂化形成的C —— C共价键组成,因此碳纳米管是已知的强度最大、刚度最高的材料之一。由于碳纳米管是中空的笼状物并具有封闭的拓扑构型,能通过体积变化来呈现其弹性,故能承受大于40%的张力应变,而不会出现脆性行为、塑性变形或键断裂。因此碳纳米管也一度被认为是最有可能用来建造"太空天梯"的材料,但是如何才能制备出 10 km 长的碳纳米管是最大的问题之一。碳纳米管能通过其中空部分的塌陷来吸收能量,增加韧性。分子动力学模拟表明,在张力负荷下碳纳米管表面的六边形网格会伸长变形,直至在高应变下某些键断裂。由于在二维网格中的易动性,局部的缺陷很容易重新分配到整个表面,逐渐地形成新的缩口形式,最终在局部减小成完全由碳原子双键连接的卡宾线形链。这是因为在 sp^2 的碳系统中,被称为 Stone-Wales 缺陷的一对五边形/七边形缺陷,在应力影响下容易在碳纳米管的网格中变化,使碳纳米管的直径逐渐减小,甚至使变了形的碳纳米管的螺旋度发生变化。利用螺旋度的变化影响导电性变化的特性,可将碳纳米管作为传感器,通过测定其电学特征来反映应力的大小。

6.3.2 碳纳米管的制备

制备碳纳米管最常用的方法有三种,即电弧放电法、激光蒸发法和化学气相沉积法。此外,研究者还利用电解法、太阳能法、微波等离子体增强化学气相沉积法、球磨法、火焰法和爆炸法等成功地制备出碳纳米管,但这些方法并不是常用的主流方法。以下将介绍电弧放电法、激光蒸发法和化学气相沉积法等三种常用的制备碳纳米的方法。

6.3.2.1 电弧放电法

电弧实质上是一种气体放电现象,是在一定条件下使两电极间的气体空间导电,使电能转化为热能和光能的过程(图6.3)。电弧放电的主要工艺如下:在真空容器中充满一定压力的惰性气体或氢气,以掺有催化剂(金属镍、钴、铁等)的石墨为电极,电弧放电的过程中阳极石墨被蒸发消耗,同时在阴极石墨上沉积得到碳纳米管。电弧放电法能制备出高纯度的单壁或双壁碳纳米管,但其耗能大,成本高,不适合碳纳米管的大规模制备。

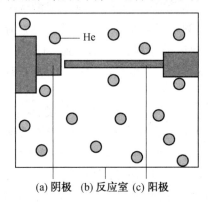

(a) 阴极　(b) 反应室 (c) 阳极

图 6.3　电弧放电法制备碳纳米管的装置示意图

6.3.2.2 激光蒸发法

激光蒸发法是将由金属催化剂/石墨粉混合制成的靶材置于石英管反应器内,石英管则置于一水平加热炉内。当炉温升至 1 473 K 时,将惰性气体充入管内,并将一束激光聚焦于石墨靶上。石墨靶在激光照射下生成气态碳,其在催化剂作用下生长单壁碳纳米管。

激光蒸发石墨电极是研究碳簇的方法之一。1996 年,A. Thess 等对实验条件进行改进,在 1 473 K 下,采用 50 ns 的双脉冲激光照射含 Ni/Co 催化剂颗粒的石墨靶,获得了高质量的单壁碳纳米管束。每一管束是由若干单壁碳纳米管沿轴向排列组成,管束内的单壁碳纳米管在弱的范德华力作用下形成三角形点阵,点阵参数为 1.7 nm。产物中单壁碳纳米管的含量大于 70%,直径在 1.38 nm 左右。该方法首次得到了相对较大量的单壁碳纳米管,为研究单壁碳纳米管的物理化学性能提供了材料基础。

通过改变石墨靶上催化剂的种类、组合、载气流量、电炉温度和激光的辐射量,可以获得不同纯度和不同直径的单壁碳纳米管。激光蒸发制备碳纳米管的突出优点是所得碳纳米管的晶化程度和纯度都较高,不足之处在于设备复杂,产量较小,成本很高,这使得该方法的发展受到限制。

6.3.2.3　化学气相沉积法

化学气相沉积法(CVD)亦称为催化裂解法或有机气体的催化热解法。其原理是在一定反应温度下使碳氢化合物气体在超细金属催化剂颗粒表面发生裂解,裂解产生的碳在催化剂颗粒内通过溶解–扩散–过饱和析出,形成碳纳米管。由于 CVD 法具有成本相对较低、产量大、实验条件易于控制,作为碳源的原料气体可连续供给,结果重复性也比较好,而且通过控制催化剂的分布模式,还可得到定向或具有一定器件化的碳纳米管,因而该法受到广泛重视并进行了深入的研究。

化学气相沉积法制备碳纳米管按照催化剂供给或存在的方式又可分为三种方法:基片法、担载法和浮动催化剂法。催化剂通常使用过渡金属元素 Fe、Co、Ni 或其组合,有时也添加稀土等其他元素及化合物。

基片法是将催化剂沉积在石英、硅片、蓝宝石等平整基底上,以这些催化剂颗粒做"种子",在高温下通入含碳气体使之分解并在催化剂颗粒上析出并生长碳纳米管。一般而言,基片法可制备出纯度较高、有序平行/垂直排列的碳纳米管,即碳纳米管阵列。相比于自由排布的碳纳米管网络,其一致的取向能更有效地发挥碳纳米管的高比表面积、大长径比等优异性能。平行排布的单壁碳纳米管阵列是延续目前硅基半导体材料摩尔定律的理想材料。目前,大面积阵列的定向生长主要是通过电场诱导、晶格诱导和气流诱导来实现的。可以将这些方法大致分为两类,一类是利用基底与单壁碳纳米管的相互作用来定向,也就是晶格诱导定向;另外一类是利用外场或外力来定向,如电场定向和气流定向等。

担载法是将催化剂颗粒担载在多孔、结构稳定的粉末基体上,一般选用浸渍–干燥法。即将多孔担载体粉末浸渍在催化剂的前驱体盐溶液中,充分浸渍后,干燥去除溶剂,再在空气中高温煅烧(一般 500 ℃)获得金属氧化物纳米颗粒;将担载有金属氧化物的担载体粉末置于反应炉中,先在高温(大于 500 ℃)、还原气氛下将金属氧化物还原为金属纳米颗粒,再在适宜的化学气相沉积条件下生长碳纳米管。

要实现碳纳米管的批量制备,必须解决催化剂的连续供给和催化剂与产物的及时导出问题。在封闭的移动床催化裂解反应器中,经还原处理的纳米级催化剂通过喷嘴连续、均匀地喷洒到移动床上,移动床以一定的速度移动。催化剂在恒温区的停留时间可通过控制移动床的运动速度加以调节。原料气的流向可与床层的运动方向一致也可相反,在催化剂表面裂解生成碳纳米管。当催化剂在移动床上的停留时间达到设定值时,催化剂连同在其上生成的碳纳米管从移动床上脱出进入收集器,反应尾气通过排气口排出。采用移动床催化裂解反应器可实现碳纳米管的连续制造,有望大幅度降低生产成本,为碳纳米管的工业应用提供保证。

浮动催化剂化学气相沉积法的原理是气流携带催化剂前驱体进入反应区,在高温下原位分解为催化剂颗粒,并在浮动状态下催化生长碳纳米管,生成的碳纳米管在载气携带下进入低温区停止生长(图6.4)。

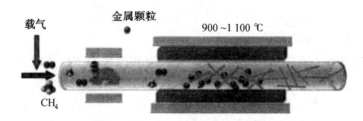

图 6.4　浮动催化剂化学气相沉积法生长单壁碳纳米管过程示意图

6.4　石墨烯制备技术

6.4.1　石墨烯的结构与性质

6.4.1.1　石墨烯的结构

石墨烯具有强的力学性能和好的导电性能。同时石墨烯在宏观上还易聚集,这些有趣的性能都是由其结构决定的。结构上,石墨烯可以看作是单层的石墨片层,厚度只有一个原子尺寸大小,是由 sp^2 杂化碳原子紧密排列而成的蜂窝状的晶体结构。石墨烯中碳—碳键长约为 0.142 nm,具体结构如图 6.5 所示,每个晶格内有 3 个 σ 键,连接十分牢固,形成了稳定的六边形结构。垂直于晶面方向上的 π 键在石墨烯导电的过程中起到了很大的作用。石墨烯是构建零维富勒烯、一维碳纳米管、三维石墨等其他维数碳材料的基本组成单元。也就是说,石墨烯作为母体,可以分别通过包覆、卷曲和堆垛三种方式,得到零维的富勒烯、一维的碳纳米管和三维的石墨。可以把它看作一个无限大芳香族分子,平面多环芳烃的极限情况就是石墨烯。图 6.6 为石墨烯与富勒烯、碳纳米管和石墨之间空间结构转换示意图。就层数而言,当石墨层堆积层数少于 10 层时,它所表现出的电子结构就明显不同于普通的三维石墨,因此将 10 层以下的石墨材料广泛统称为石墨烯材料。

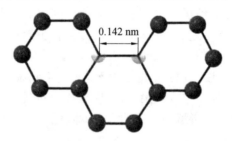

图 6.5　石墨烯的碳六边形结构

形象地说,石墨烯是由单层碳原子紧密堆积而成的二维蜂窝状的晶格结构,看上去就像是一张六边形网格构成的平面,如图 6.7 所示。在单层石墨烯中,每个碳原子通过 sp^2 杂化与周围碳原子成键构成正六边形,每一个六边形单元实际上类似一个苯环,每个碳原子都贡献出一个未成键电子。单层石墨烯厚度仅为 0.35 nm,约为头发丝直径的二十万分之一。石墨烯主要分为单层石墨烯和多层石墨烯。单层石墨烯是由单原子层构成的二维晶体结

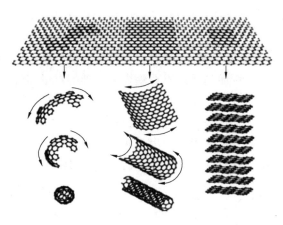

图 6.6　石墨烯及其同素异形体

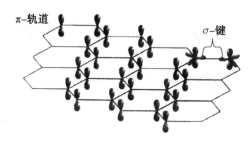

图 6.7　sp^2 碳杂化的六方网格结构

构,其中碳原子以六元苯环的形式周期性排列。每个碳原子通过 σ 键与临近的三个碳原子相连,键长为 0.142 nm,1 nm^2 石墨烯平均含有 38 个碳原子,单层石墨烯中的 s,p_x 和 p_y 三个杂化轨道可以形成很强的共价键合,组成 sp^2 杂化结构,赋予了石墨烯极高的力学性能,剩余的 p_z 轨道上的电子则在与片层垂直的方向形成 π 轨道,π 电子可以在晶体平面内自由移动,使得石墨烯具有良好的导电性。但是单层石墨烯的 π 电子由于不受石墨中其他层电子的影响,会发生弛豫现象,所以一般得到的石墨烯厚度会比理论值(0.335 nm)偏大。

　　多层石墨烯是由两层及两层以上的石墨烯片层构成。尽管对于多少层的片层算是石墨烯至今仍没有定论,但石墨烯的特性已经被大量的实验和理论研究所证实。严格地讲 10 层以下才可以称为石墨烯,当片层数量更多时,石墨片层间电子与轨道产生交互作用,使其性质趋向于石墨。完美的石墨烯是不存在的,不论单层还是多层石墨烯都不是绝对的二维平面,在其边缘、晶界、晶格处存在缺陷而影响其物理及化学性能。不论是单层石墨烯还是多层石墨烯,其独特的结构和优异的性能都将为碳材料的发展带来新的突破。

　　二维晶体在热学上是不稳定的,发散的热学波动起伏破坏了石墨烯长程有序结构,并且导致其在较低温度下发生晶体结构的融解。透射电子显微镜观察及电子衍射分析也表明,单层石墨烯并不是完全平整的,而是呈现出本征的微观的不平整,在平面方向发生角度弯曲。扫描隧道显微镜观察表明,纳米级别的褶皱出现在单层石墨烯表面及边缘,这种褶皱起伏表现在垂直方向发生±0.5 nm 的变化,而在侧边的变化超过 10 nm。这种三维方向的起伏变化可以导致静电的产生,从而使得石墨烯在宏观上易于聚集,很难以单片层存在。但是,石墨烯的结构非常稳定,碳原子之间的连接极其柔韧。受到外力时,碳原子层发生弯曲变形,使碳原子不必重新排列来适应外力,从而保证了其自身的结构稳定性。石墨烯是有限结构,能够以纳米级条带的形式存在。纳米条带中电荷在横向移动时会在中性点附近产生一个能量势垒,势垒随条带宽度的减小而增大。因此,通过控制石墨烯条带的宽度便可以进一步得到需要的势垒。这一特性是开发以石墨烯为基础的电子器件的基础。

此外,在结构上,石墨烯可以和碳纳米管进行类比,例如单壁碳纳米管可分为锯齿型、扶手椅型和手性型;石墨烯根据边缘碳链的不同也可分为锯齿型和扶手椅型,如图6.8所示。锯齿型和扶手椅型的石墨烯纳米条带呈现出不同的电子传输特性。锯齿型石墨烯条带通常为金属型;而扶手椅型石墨烯条带则可能为金属型或半导体型。

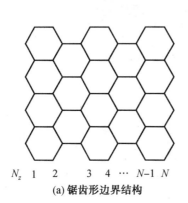
(a) 锯齿形边界结构

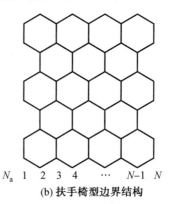
(b) 扶手椅型边界结构

图 6.8　石墨烯纳米带

6.4.1.2　石墨烯的性质

石墨烯具有独特的结构,从而使其具备了优异的物理、化学性能,如电学性能、力学性能、光学性能和热学性能等,下面具体介绍石墨烯的性能。

1. 电学性能

石墨烯具有独特的电子结构,这种独特的结构使石墨烯拥有了与其他材料不同的电学性能。作为一种零带隙半导体,石墨烯独特的载流子特性,使石墨烯呈现出金属的性质,还有特殊的线性光谱特征。单层石墨烯的电子结构与传统金属和半导体不同,电子在石墨烯的轨道中移动,不会因为晶格的缺陷而发生散射。常温条件下,电子在石墨烯中传输速度比电子在普通导体中的传输速度快,速度为光速的1/300。

2. 力学性能

石墨烯碳原子间的化学键和电子结构,赋予石墨烯优良的力学性能和机械强度。石墨烯以 sp^2 杂化轨道排列,碳原子之间 σ 键的连接使碳原子结合在同一平面内。这一结构使石墨烯具有超高的强度、刚度和韧性。当施加外力时,石墨烯结构中的碳原子不必适应外力重新排列就能发生变形,从而使石墨烯的结构保持稳定性。

3. 光学性能

石墨烯区别于传统材料电子结构的显著特点为其二维石墨烯布里渊区 K 点处的能量与动量呈线性关系,其载流子的有效质量为零。石墨烯特殊的二维结构和独特的电子效应使其具备了特殊的光学性质,单层石墨烯的吸光率很高,使得石墨烯对可见光到近红外波段的垂直吸收为2.3%。

4. 热学性能

石墨烯具有很好的导热性能,它能够将热量快速散发。由于电子传输的阻力较小,石墨烯自身产生的热量也很小。理论证明石墨烯空间中会自发形成一定的褶皱,褶皱的最大厚度达到 0.8 nm。实验证明与理论推导相一致,分析其原因可能是碳原子形成多样的化学键,造成其动力学的不稳定状态,褶皱的存在使得边缘的碳原子与其他碳原子相结合,使得石墨烯稳定存在于三维空间中。

6.4.2　石墨烯的制备

石墨烯作为大规模生产应用和理论研究的基础,其制备方法一直是学术界与产业界关注的焦点。围绕石墨烯制备这一关键问题,研究者们使用不同的碳源、不同方法进行了广泛而深入的研究,开发出机械剥离法、液相剥离法、化学气相沉积法、外延生长法、氧化还原法、石油基模板法、有机合成法、电弧放电法、等离子增强法、火焰法等多种合成方法。下面主要对几种较为常用的制备方法进行介绍。

6.4.2.1　机械剥离法

机械剥离法是利用高定向热解石墨为原料,使用机械外力克服石墨片层与层之间较弱的范德华力,从而将单层或数层的石墨烯片剥离开。机械剥离法的优点是不会破坏高定向热解石墨单片层自身的结构,从而能很好地保持石墨烯自身的电子结构和物理特性。

6.4.2.2　液相剥离法

石墨也可以在特定溶液中直接剥离或溶解成为石墨烯,即液相剥离法。液相剥离过程类似于聚合物在特殊溶液中溶解,其机理可以通过热力学的混合焓理论以及石墨碳层与溶剂分子之间的电子传输作用来说明。对于混合焓理论,爱尔兰都柏林大学 Coleman 给出了一个近似的表达式来解释他们的实验结果:表面张力与石墨烯相近的有机溶剂(40 ~ 50 mN · m^{-1})可以作为良好的分散介质。

$$\frac{\Delta H_{mix}}{V_{mix}} \approx \frac{2}{T_{NS}}(\sqrt{E_{S,S}} - \sqrt{E_{S,G}})^2 \varphi_G \tag{6.1}$$

式(6.1)中 ΔH_{mix} 是混合前后的焓变,V_{mix} 是混合物的体积,T_{NS} 是剥离得到的石墨烯的厚度,$E_{S,S}$ 和 $E_{S,G}$ 分别为溶剂和石墨烯的表面能,φ_G 是溶解的石墨烯的体积分数。利用这一等式,理论上可以初步筛选出能够高效剥离石墨的有机试剂,并且在实际实验过程中,很多有效的试剂也证实这一等式的合理性。但传统的机械剥离法和液相剥离法制备石墨烯的产率一般较低,很难实现大规模生产。

6.4.2.3　化学气相沉积法

化学气相沉积(CVD)法是指将气态含碳化合物(如 CH_4 等)进行高温处理,使其在催化剂作用下分解,并在基体表面沉积形成石墨烯片层的方法。

因基体的不同,CVD 法制备石墨烯的机制分为两种:即渗碳析碳机制和表面生长机制。对于一些溶碳量高的金属基体(如 Ni 等),其形成石墨烯的过程是碳原子在高温时渗入金属基体内,降温时再析出成核,进而生长成石墨烯,此即为渗碳析碳机制。CVD 法最早用多晶镍膜作为生长基体。

表面生长机制则是一些具有较低溶碳量的金属基体(如 Cu 等),在高温时碳原子被吸附于金属表面,形成分散的石墨烯,进而生长形成连续的石墨烯薄层。例如以铜箔为基底的方法可控性好,价格较低,石墨烯生长质量高,但因需低压条件,对实验设备和反应系统的压强要求比较高,在一定程度上限制了石墨烯的规模化生长。

目前,利用 CVD 法可以获得高质量、大面积的石墨烯,而且简单易行、便于分离。CVD 法已成为制备高质量石墨烯的重要方法。但该方法影响因素较多,对石墨烯生长的调控和优化较为烦琐,且成本较高。较低成本、大批量制备出高质量的石墨烯仍是未来研究的重点。

6.4.2.4　外延生长法

20 世纪 90 年代中期,人们即发现 SiC 单晶加热至一定的温度后,会发生石墨化现象。将经过氧化或 H_2 刻蚀处理过的 SiC 单晶片置于超高真空和高温环境下,利用电子束轰击 SiC 单晶片,除去其表面氧化物,使其中硅原子挥发成气体,剩余的碳原子则会结构重排,在 SiC 表面形成具有一定厚度的石墨烯薄片,这就是制备石墨烯的外延生长法。因 SiC 本身就是一种性能优异的半导体材料,所以该材料适用于以 SiC 为衬底的石墨烯器件的研究。该方法的缺点是条件苛刻、成本高,且生长出来的石墨烯很难与 SiC 基底分离,不适用于石墨烯的大规模制备。

6.4.2.5　氧化还原法

氧化还原法是当前应用最广泛的一种大量制备石墨烯的方法。该方法是先将含氧基团如羧基、羟基、环氧基等引入石墨层的碳原子上,以扩大石墨层间的距离,并部分改变碳原子的杂化状态,削弱石墨层间相互作用,即可将氧化石墨剥离成薄层形成氧化石墨烯,最后再将含氧基团还原消除便可得到石墨烯。应用最为广泛的制备氧化石墨烯的方法是由 Hummers 和 Offerman 在 1958 年提出的 Hummers 法。Hummers 法是将石墨粉置于含硝酸钠的浓硫酸中,以高锰酸钾为氧化剂对石墨进行氧化处理,可制备出含氧量较高的氧化石墨烯。该法实验操作简单、快捷方便、安全可靠、对环境污染较小,是目前制备氧化石墨烯最重要的方法。

6.4.2.6　石油基模板法

石油沥青作为原油蒸馏的副产品,具有含碳量高、廉价、易得等优点,其中含有大量的稠环芳烃结构单元。芳烃结构单元中的碳原子与石墨烯中的碳原子相似,故石油沥青也是制备石墨烯的优质原料。基于石油沥青易软化熔融的特性,若将其所含的稠环芳烃结构单元限制在纳米模板的限域空间内,其会在金属氧化物等模板表面通过聚合与芳烃构化形成相互连接的薄膜,随后,再通过高温处理等过程,可将这些薄膜进一步转化成为高性能石墨烯材料。

2015 年,吴明铂课题组开发了以石油沥青为原料制备石墨烯材料的新方法。该法采用氧化锌为模板,将其与一定比例的锌锰前驱体均匀混合,经溶剂助混、高温炭化、模板脱除等步骤后就可实现大批量石墨烯材料的简易制备,且所得石墨烯结构可控。该法在制备石墨烯的同时,可掺杂电化学活性高的组分,有望成为批量制备高性能石墨烯材料的一种新方法。

6.5　典型碳材料的制备技术及其性能评价方法

6.5.1　掺杂石墨烯的制备

化学掺杂是最有效的通过电荷注入来调控石墨烯电子结构的手段之一,本征石墨烯可认为是一种零带隙的半金属材料。原理上讲,化学掺杂可被分为两类:表面转移掺杂和取代掺杂。表面转移掺杂是通过石墨烯和掺杂剂之间的电荷转移来实现的,这种方式大都不会破坏石墨烯的化学键。取代掺杂是通过杂原子取代石墨烯中的碳原子而实现带隙调整的,会影响其基本的化学结构。

6.5.1.1　表面转移掺杂

在表面转移掺杂中,带有吸电子或给电子基团的分子吸附在石墨烯表面,形成 n 型或 p 型掺杂的石墨烯。诸如气体分子、有机分子和金属原子都可以吸附在石墨烯表面。p 型掺杂的石墨烯在空气、氧气或水中就可以实现,有机分子的吸附也能够有效地调控石墨烯的带隙。比如,Ago 等人利用哌啶分子吸附对石墨烯进行了掺杂,通过调控哌啶的分子吸附量,石墨烯的掺杂性质可以从 p 型转换为 n 型(图 6.9)。石墨烯的表面还可以吸附多种金属原子。由于石墨烯表面和金属原子之间功函数不同,石墨烯的掺杂类型可以被金属原子有效调控。例如,石墨烯可以被 Al、Ag 和 Cu 等金属进行 n 型掺杂,被 Au 和 Pt 等金属进行 p 型掺杂。

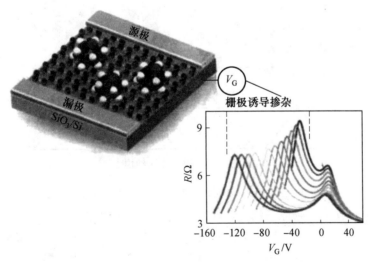

图 6.9　一种表面转移掺杂石墨烯的可调能带结构

6.5.1.2　取代掺杂

将杂原子引入石墨烯并调节其电子结构在多个研究领域有着广泛的应用。具有更多或者更少空穴的原子掺杂到石墨烯中会产生 n 型或者 p 型的石墨烯。目前主要通过两种方法实现杂原子掺杂过程,分别是原位掺杂技术和后处理技术。其中,原位掺杂技术包括化学气相沉积法、溶剂热处理法以及电弧放电法。这些技术可以对石墨烯进行均匀掺杂。后处理的方法主要包括在杂原子的氛围中进行热退火或者等离子体溅射。这种方法只能使材料表面被掺杂,内部的石墨烯掺杂程度较低。杂原子掺杂改变了石墨烯的电荷分布,从而可以利用掺杂的石墨烯制备场效应晶体管。另外杂原子掺杂还可以在石墨烯表面引入具有化学活性的缺陷位点、应用于催化和传感领域。

1. 氮掺杂石墨烯

如图 6.10 所示,石墨烯掺杂的氮原子主要有三种构型,吡啶氮、吡咯氮以及三级氮(石墨氮)。具体来说,吡啶氮指的是氮原子与两个碳原子相连,吡啶氮氧化物指的是吡啶氮上有氧原子与之成键;吡咯氮指的是氮原子与两个碳原子相连,并形成一个五元环,类似于吡咯的分子结构;三级氮指的是三个氮原子取代石墨烯六元环中的三个碳原子。在氮掺杂的三种构型中,吡啶氮和三级氮是 sp^2 杂化方式,吡咯氮是 sp^3 杂化方式。吡啶氮和三级氮对石墨烯的化学结构影响较小,吡咯氮破坏了石墨烯的共轭结构,对其化学结构影响较大。因此,氮掺杂的构型可以通过缺陷结构进行调控。

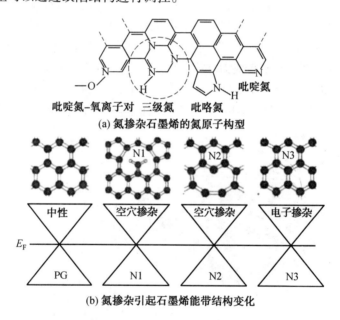

(a) 氮掺杂石墨烯的氮原子构型

(b) 氮掺杂引起石墨烯能带结构变化

图 6.10   氮掺杂石墨烯的主要构型及其化学结构的变化

氮原子的电负性大于碳原子的电负性。因此,氮原子能够极化碳原子,并在一定程度上改变了石墨烯的电学、磁学以及光学性质。氮掺杂能够有效调节石墨烯的功函数,进而在场效应晶体管及二极管中得以应用。Schiros 计算了石墨烯及氮掺杂石墨烯的功函数:石墨烯为 3.98 eV、三级氮掺杂石墨烯为 3.98 eV、吡啶氮掺杂石墨烯为 4.83 eV 以及氢化吡啶氮掺杂石墨烯为 4.29 eV,其功函数由氮的电子给体或受体性质所决定。

石墨烯在室温下具有磁滞现象,而经过杂原子掺杂的石墨烯会表现出一定的磁矩。三级氮并不具有成键电子,不能产生磁矩。吡啶氮的未配对电子富集在石墨烯边缘的氮原子上,几乎不发生自旋极化作用。只有吡咯氮能够产生很强的磁矩。

　　氮掺杂也会改变石墨烯的化学性质。如图 6.11 所示为氮掺杂对石墨烯光致发光性质的影响。在可见光的激发下,氮原子 1 s 轨道的电子被激发到 π* 轨道上。随后电子从 π* 轨道跃迁至 π 轨道,并以光致发光的形式释放出能量。因此氮掺杂会增强石墨烯的光致发光现象。

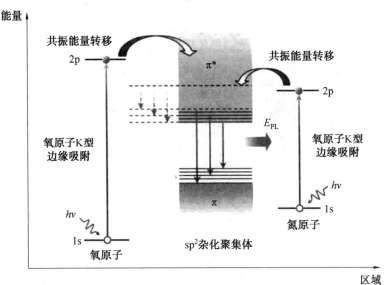

图 6.11　氮掺杂石墨烯光致发光机理

　　不同氮源和掺杂方法得到不同构型的氮掺杂石墨烯(图 6.12)。其中,高质量、大面积的氮掺杂石墨烯可以通过化学气相沉积的方法制备,即通过在金属铜或者镍上分解沉积碳源(例如甲烷)和氮源(例如氨气)混合气体就可以获得氮掺杂石墨烯。也可以液体或者固体的有机前驱体(例如吡啶、哌啶)为来源进行氮掺杂石墨烯的制备。高氮含量掺杂可以在氮源存在下通过水热处理或者热退火氧化石墨烯实现。

　　2. 硼掺杂石墨烯

　　硼原子($2s^2 2p^1$)是在元素周期表中与碳原子($2s^2 2p^2$)相邻的原子,并且比碳原子少一个价电子,因此硼掺杂的石墨烯属于 p 型掺杂,并且平面内掺杂比平面外掺杂稳定(图 6.13)。硼原子与碳原子以 sp^2 杂化方式连接,不会影响石墨烯的平面结构。如果在空穴处掺杂了硼原子,那么平面结构就会发生扭曲。理论计算表明,这种类型的硼掺杂会形成四面体构型的 BC_4,所有空置的碳原子都会达到饱和。因此这种构型不仅会扭曲石墨烯的平面结构,同时还会导致石墨烯的费米能级向狄拉克点移动。理论计算表明,如果 50 个碳原子掺杂一个硼原子,其能级间隙可以达到 0.14 eV。

　　硼掺杂的石墨烯通常以乙醇和硼粉末作为碳源和硼源,通过化学气相沉积法制备。当石墨烯含有 0.5% 的硼原子时,会形成 p 型半导体产物,含有 3.5% 的硼原子的石墨烯可以通过热退火氧化石墨烯进行制备。与未经过掺杂的石墨烯相比,硼掺杂的石墨烯具有更优异的电催化性质,并且其能带间隙也能够实现可控调节。当硼含量从 0 提高到 13.85% 时,硼掺杂石墨烯的能带间隙从 0 提高到 0.52 eV。

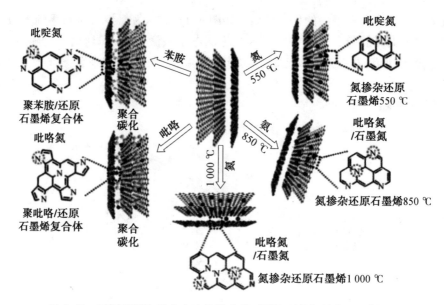

图 6.12　不同氮源和掺杂方法能够获得不同构型的氮掺杂石墨烯

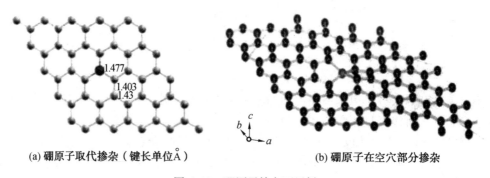

(a) 硼原子取代掺杂（键长单位Å）　　　　(b) 硼原子在空穴部分掺杂

图 6.13　硼原子掺杂石墨烯

6.5.2　评价方法

研究石墨烯时不可避免地要涉及其表征与性能分析。通过合适的测试手段我们可以得到关于石墨烯材料尺寸、形貌、原子结构等方面的信息。这些特征对分析石墨烯的性质以及指导石墨烯的研究具有重要的意义。各种表征手段和性能评价可以为石墨烯的研究提供强有力的支持。

6.5.2.1　表征分析

1. 光学显微分析

光学显微镜对于石墨烯的层数初步判定以及形貌尺寸解析等能提供一种快速便捷的方法。石墨烯的最早发现与成像分辨就是通过光学显微镜实现的。通常使用光学显微镜观察石墨烯都是在具有一定厚度氧化层的硅片上进行的。由于石墨烯的纳米尺寸的厚度会导致透过石墨烯的光发生干涉效应，因此不同层数的石墨烯在光学显微镜下具有不同的颜色，从而实现其可视。在使用光学显微技术表征石墨烯时，二氧化硅层的厚度以及入射光的波长对视野下石墨烯的对比度具有决定性作用。使用不同的单色光源可以实现在各种衬底上观察到石墨烯,常见的衬底有 SiO_2、Si_3N_4、Al_2O_3 等。采用显微镜观测石墨烯时,一般选择自然光白光作为光源,SiO_2 层的厚度通常控制在 300 nm 或 100 nm,在此厚度下人眼对不同层数的石墨烯的光学分辨最敏感。利用光学显微镜表征石墨烯的具体层数,主要是不同厚度的石墨烯在光学显微镜下具有不同的颜色,但是一般只能根据它们颜色的相对差别来定性地判断石墨烯的相对层数,而无法直接给出石墨烯的具体层数。尽管如此,光学显微镜技术已经成为一种非常成熟的石墨烯层数的标定技术。

除了在一定厚度的 SiO_2 上可以采用光学显微镜观测到石墨烯,在金属基底上也可以通过光学显微镜检测到石墨烯的存在。例如,在铜基底上生长石墨烯后经过在一定温度下的氧化处理,由于未被石墨烯覆盖的铜会被氧化成红色的氧化亚铜,而有石墨烯覆盖的区域则不会被氧化,因而在光学显微镜下具有很明显的颜色对比度,可以更清晰地观察到石墨烯的存在,但是该手段却无法分辨出石墨烯的层数差异。

2. 扫描电子显微镜分析(SEM)

扫描电子显微镜利用电子束扫描样品表面激发出二次电子,收集二次电子进行成像即可得到样品表面形貌的三维信息。它具有高倍率、高分辨率等优点,在石墨烯研究特别是 CVD 石墨烯研究中被广泛用来表征石墨烯的晶粒大小、晶粒取向、晶粒形貌等信息。由于扫描电子显微镜需要基底导电,所以采用金属催化的 CVD 生长的石墨烯特别适合用扫描电子显微镜观察。由于石墨烯发射二次电子的能力比较弱,在扫描电子显微镜的视野中一般会呈现为深色,使用扫描电子显微镜来观察石墨烯具有很高的对比度,甚至层数不同也会造成差别,因而也可用于定性地区别石墨烯的层数。

除了用于表征石墨烯的形貌、尺寸、取向等信息,扫描电子显微镜还可以用来研究 CVD 石墨烯的生长过程。通过改变生长过程中的参数调控石墨烯的生长,进行扫描电镜观察得到一系列与参数相关的生长结果,从而可以研究温度、时间、流量等对石墨烯生长的影响。而且 SEM 还可以提供一些对于 CVD 生长石墨烯具有指导意义的参数,如成核密度、生长速率等。

由于 SEM 表征环境与石墨烯生长环境类似,通过一定的处理步骤对扫描电子显微镜进行改良可以实现对 CVD 石墨烯生长的原位观察,这对于阐明石墨烯生长机理以及论述不同参数对生长过程的影响具有重要的意义,可以从根本上实现对石墨烯生长过程中原子尺度变化过程的可视。

一般的扫描电子显微镜还会配备一些额外的检测器,如进行元素分析的能量色散 X 射线分析仪(EDX)、分析基底晶向的电子背散射衍射检测器。采用 EDX 分析仪可得到生长石墨烯后的元素面扫描图,通过 EDX 对各元素的扫描成像可以得到石墨烯与基底的三维分布情况。

3. 透射电子显微镜分析(TEM)

透射电子显微镜是利用高能量的电子束穿过薄膜样品经过聚焦与放大后得到图像。透射电子显微镜与光学显微镜的成像原理基本一样,所不同的是前者用电子束作为光源,用电磁场作为透镜,因而具有更高的分辨率。另外,由于电子束的穿透力很弱,因此用于透射电子显微镜观测的样品需达到纳米尺度的厚度。透射电子显微镜由于其所具有的超高分辨率特征而常用来观察石墨烯结构的微观原子像、层数、晶格缺陷等信息。

由于在制备 TEM 样品或进行 TEM 表征时石墨烯边缘会发生卷曲,因而观察石墨烯的层片边缘可以得到石墨烯的层数信息。除了表征石墨烯的层数,TEM 还可以用于石墨烯的原子级别成像,特别是近些年逐步发展的球差校正透射电子显微镜,可以观察到亚埃级尺度的图像。当两个沿着不同取向的石墨烯单晶连接时会形成石墨烯晶界,而通过高分辨率的 TEM 可以得到石墨烯晶界的原子构成,发现它由五元环和七元环以及杂乱的六元环连接而成,甚至石墨烯单晶间的转角等信息也可以顺利得到。

一般的 TEM 还会配备其他的分析工具,如能力色散 X 射线分析(EDX)和选区电子衍射(SAED),可以用来进行元素分析以及石墨烯的晶体学表征,其中 EDX 可以得到类似于 SEM 中的元素面扫描图,SAED 可以鉴定石墨烯的单晶属性以及层数。

4. 原子力显微镜分析(AFM)

AFM 主要利用施加载荷后样品表面与纳米尺度针尖的相互作用力而成像,是一种无损检测方法,常用来表征石墨烯的形貌、尺寸、层数等信息。AFM 通过分析侧向力可以得到样品的高度图,因而是表征石墨烯层数的重要工具。理论上单原子层的石墨烯的厚度是 0.335 nm,但是由于表面吸附物或者石墨烯与针尖存在的相互作用导致测得的石墨烯厚度会大于 0.335 nm,一般厚度低于 1 nm 可以认为是单层的石墨烯。由于表征需要针尖在样品表面移动,所以表征效率比较低,测得的样片范围比较小。使用的针尖不同以及测试的参数不同可以得到不同的像。利用 AFM 还可以研究二维异质结构以及它们之间的取向关系。由于石墨烯晶格与硼氮晶格存在一定的取向与作用力,因而在 AFM 针尖下可以观察到莫尔纹。

5. 扫描隧道显微镜分析(STM)

STM 主要利用在外加电压下样品中产生的隧道电流成像,常用来表征石墨烯的晶格结构、层数、堆叠情况等,可以提供石墨烯表面原子级分辨的结构信息。事实上,由于石墨表面的原子尺度的平整度,早期 STM 的研究大部分都是以石墨作为基底的。由于 STM 需要样品表面干净平整,而且扫描区域小而无法精确定位,因而表征效率比较低。但是通过 STM 表征可以完美呈现石墨烯的六角蜂窝晶格结构。

STM 测试一般要求基底导电,因而采用金属催化 CVD 法或碳化硅外延生长的石墨烯是用于 STM 表征的最佳样品。由于 STM 的微观成像以及原子尺度分辨率,它还可以用来确定石墨烯的边界类型与原子排列。这些信息对于研究特殊结构石墨烯,如石墨烯纳米带的性质具有重要作用。STM 除了可以研究石墨烯的晶格结构、取向、边界类型以及层数外,还可以研究材料的杂原子吸附、掺杂、插层等。

6. 拉曼光谱分析

拉曼光谱(Raman spectra)是一种基于单色光的非弹性散射光谱,对与入射光频率不同的散射光进行分析可以得到分子振动、转动等方面的信息,可以用来分析分子或材料的结构。对于石墨烯来说,拉曼光谱是一种用于检测分析石墨烯层数、缺陷程度、掺杂情况等方面信息的很方便快捷的方法。使用不同波长的光源所得到的石墨烯的拉曼光谱会存在峰位置、强度等方面的差异。对于完美的石墨烯结构,其主要的拉曼特征峰为位于 1 580 cm^{-1} 处左右的 G 峰和位于 2 700 cm^{-1} 处左右的 2D 峰。其中 G 峰是碳 sp^2 结构的特征峰,来源于

sp^2 原子对的伸缩振动,可以反映其对称性和结晶程度;2D 峰源于两个双声子的非弹性散射。而对于不完美的石墨烯则还会在 1 350 cm^{-1} 附近出现一个 D 峰,它对应于环中 sp^2 原子的呼吸振动。D 峰对应的振动一般是禁阻的,但晶格中的无序性会破坏其对称性而使得该振动被允许,因而 D 峰也被称为石墨烯的缺陷峰。

随着石墨烯层数的变化,G 峰和 2D 峰的位置、宽度、峰强度等会相应地发生变化,因而可以用来反映石墨烯的层数。一般对于单层的石墨烯,2D 峰为单峰,且峰形比较窄,强度约是 G 峰的四倍。层数的增多会导致 2D 峰的峰形变宽,强度变小,对于双层的石墨烯 2D 峰可以进一步分为四个峰。层数增加到一定程度后石墨烯就演变为体相的石墨。其 2D 峰的位置较石墨烯存在很大的差别,相比于石墨烯向右偏移,同时会存在峰的叠加现象。

除了特定点区域的拉曼光谱外,还可以利用拉曼面扫描的功能对石墨烯材料进行大面积的分析,通过入射光在指定区域内逐点取样可以得到样品的拉曼成像图,这对于分析石墨烯的均匀程度、缺陷分布等具有重要的指导意义。

6.5.2.2　性能评价

1. 电学性质

理想单层石墨烯的能带结构是锥形的,导带与价带对称地分布在费米能级上下,导带与价带仅有一个接触点,这个即狄拉克点。石墨烯与其他金属或半导体不同的是电子的运动在石墨烯中不遵循薛定谔方程,而是遵循狄拉克方程。石墨烯中的 C—C 键都有成键轨道与反键轨道,这两种轨道以石墨烯平面为对称面完全对称,每个 n 轨道之间相互作用形成巨大的共轭体系,电子行为类似于二维电子气,可视为质量为零的狄拉克费米子。

正是由于它特殊的能带结构,石墨烯中的载流子具有卓越的传输性能。载流子具有相当高的移动速度,故石墨烯表现出极高的电子迁移率。

石墨烯的电阻率约为 10^{-6} $\Omega \cdot cm$,比目前已知的室温下电阻率最低的银(1.59×10^6 $\Omega \cdot cm$)还小,是目前室温下电阻率最低的物质。单层石墨烯带隙为零,呈现半金属性质,通过施加栅电压可以使石墨烯的载流子在电子与空穴之间进行转换。

除此之外,石墨烯在室温下还表现出量子霍尔效应和自旋传输性质。目前,大部分电子元器件都是利用电子传输电荷的特性作为器件工作的基础。电子除轨道运动外,还有自旋运动。利用自旋电子学制备的自旋晶体管,具有比金属氧化物晶体管更优越的性能,但能应用于该领域的材料比较少,该类材料需具有较高的电子极化率和较长的电子松弛时间。石墨烯具有较弱的自旋-轨道耦合作用,即碳原子的自旋与轨道角动量的相互作用很小,这使得石墨烯的自旋传输特性可超过微米,电子自旋传输过程相对容易控制,所以石墨烯被认为是制造自旋电子器件的理想材料。目前,石墨烯自旋电子器件的研究取得了一定的进展。

2. 光学性质

二维石墨烯布里渊区 K 点处的能量与动量呈线性关系,其载流子的有效质量为 0,这是石墨烯区别于传统材料电子结构的一个显著特点。这种能带关系赋予石墨烯独特的物理性质,如量子霍尔效应和室温下的载流子近弹道输运等。表现在光学性质方面,首先是单层石墨烯的光吸收率很高,由于狄拉克电子的线性分布,使得石墨烯可实现从可见光到太赫兹宽波段每层吸收 2.3% 的入射光。其次是由于石墨烯锥形能带结构中狄拉克电子的超快动力学和泡利阻隔的存在,赋予石墨烯优异的非线性光学性质。

3.磁学性质

物质由原子组成,原子由原子核和核外电子组成。现代科学认为物质磁性来源于原子的磁性。原子的磁性来源包括电子的轨道磁矩、电子的自旋磁矩和原子核(质子、中子)的核磁矩,三者都与其对应的质量成反比,但因原子核中质子和中子的质量比电子质量大三个数量级,故其磁矩贡献很小,通常可以忽略。所以原子的磁性主要由电子磁矩决定。由于原子的结构不同,所以各种原子的磁矩不同,有的可能为零。

碳基材料的铁磁性向来是有争议的,因为碳原子只有 sp 电子存在,磁信号很弱,居里温度超过室温。然而,有独立的实验报道在无杂质的碳材料中确定有铁磁序的存在,这通常是由拓扑缺陷或质子照射等产生的缺陷引起的。理论计算表明,石墨烯中单碳原子缺陷可导致磁性。

思考题

1.碳原子有哪些价键形式,各有什么特点,其代表性物质是什么?

2.造成碳材料结构多样性的原因有哪些,它们是如何影响碳材料结构的?

3.简述碳量子点、石墨烯、碳纳米管的特点及应用。

4.利用"自上而下"和"自下而上"合成法合成碳量子点的碳源分别有什么特点,制备方法有何不同?

5.化学气相沉积法制备石墨烯与制备碳纳米管相比,有何异同点?

第7章　功能高分子

7.1　概　述

高分子一般是指由碳、氢、氧、硅、硫等元素构成,分子量一般高达几万、几十万,甚至上百万,范围在 $10^4 \sim 10^6$ 的一类聚合物。高分子材料也称聚合物材料,它是以聚合物为基体组分,加上各种添加剂,再通过适当的成型加工工艺而获得的材料。高分子材料区分为通用高分子材料和功能高分子材料。通用高分子材料包括塑料、橡胶、纤维、涂料、黏合剂等几大类。功能高分子材料与通用高分子材料不同,其具有明显的物理化学性能,如化学活性、催化活性、导电性、光敏性、生物相容性等。从组成和结构上,功能高分子材料可分为结构型和复合型两大类。大分子链中具有特定功能基团的高分子材料属于结构型功能高分子材料,其功能性是由高分子本身的结构所决定的,而复合型功能高分子材料是以通用高分子材料为基体或载体再与某些具有特定功能(如导电、导磁等)的其他材料复合制成,这种材料的特殊功能不是高分子基材本身具备的,而是复合的其他组分提供的。

与通用高分子材料相比,功能高分子材料至少应具有下列功能之一。

(1)物理功能:如导电、热电、压电、光导电、光致变色、电磁波透过吸收、磁性、电磁屏蔽、磁记录、超导、光磁效应等。

(2)化学功能:如离子交换、催化、氧化还原、光聚合、光交联、光分解、降解等。

(3)生物功能:如组织适应性、血液适应性、生物体内分解非抽出性、非吸附性等。

(4)其他功能:如吸附、膜分离、高吸水、表面活性等。

因此功能高分子材料按其功能划分可以包括物理功能高分子材料、化学功能高分子材料、生物功能高分子材料、医用高分子材料及其他功能高分子材料。

7.2　功能高分子材料的结构

7.2.1　高聚物的结构

7.2.1.1　高聚物的分子量

高分子材料随着分子量的增大,聚合物熔体的黏度也增高,给加工成型带来困难,所以高分子聚合物(简称高聚物)的分子量要控制在适当的范围内。高聚物的分子量有两个特点:①分子量大;②分子量具有分散性。绝大多数高分子都是分子量不等的同系物的混合物。如相对分子质量 10 万的聚乙烯,是由相对分子质量 2 万 ~20 万的聚乙烯分子组成,这种现象又称为分子量的分散性。聚合物分子量的分散性影响聚合物的物理性能,如低分子量可以使力学强度降低,高分子量又给成型加工带来困难。当两个高聚物具有相同平均分子量时,分子量分布宽,流动性好、易于加工、制品表面光滑;分子量分布窄,力学强度高。聚合物只有达到一定的分子量才开始具有力学强度,此分子量称为临界分子量 M_c(或称临界聚合度 DP_c)。不同聚合物的 M_c 不同,极性高聚物的 M_c 约为 40,非极性高聚物的 M_c 约为 80。

7.2.1.2 高聚物的结构

聚合物的不同尺寸的结构单元在空间的相对排列称为高聚物的结构,包括链结构和聚集态结构。链结构指单个分子的结构和形态,包括近程结构和远程结构(又称构造与构型)。近程结构属于化学结构,也称一级结构,包括高分子链中原子的种类和排列、取代基和端基的种类、结构单元的排列顺序等。远程结构指分子的尺寸、形态,链的柔顺性以及分子在环境中的构象,也称二级结构。聚集态结构是指高分子材料整体的内部结构,包括晶态结构、非晶态结构、取向态结构、液晶态结构等,也称三级结构。三级结构进一步堆砌形成的结构,称为四级结构。聚合物的链结构反映聚合物材料最主要的结构层次,聚集态结构则主要决定聚合物制品使用性能,图 7.1 为聚合物的结构层次示意图。

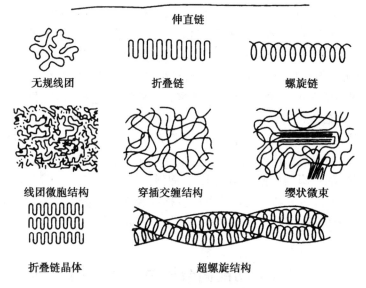

图 7.1　聚合物的结构层次示意图

7.2.1.3 链结构

高聚物的性能与其分子链的几何形态密切相关,高聚物的链结构有如下几种。

①线形结构:这种结构一般呈线形,可以蜷曲成团,也可以伸展成直线。线形结构分子间没有化学键,因此在受热或者受力的情况下分子间可以相互移动,如在适当的溶剂中可以溶解,加热时可以熔融。这种结构材料易于加工成型,又称为热塑性高分子如聚乙烯、定向聚丙烯、无支链顺式 1,4-丁二烯等。

②支链结构:这种结构的主链上带有侧链,按支链的长短可分为短支链和长支链,短支

链可以使高分子链之间的距离增大,有利于活动,流动性好;长支链则阻碍高分子流动,影响结晶,降低弹性,但提高了透气性。一般来说,支链破坏了高分子的规整性,导致高聚物的密度、熔点、结晶度和硬度等方面都低于线形结构高分子。

③交联结构:当高分子主链、支链以化学键交联在一起形成网状结构大分子时,称其为交联高分子。交联聚合物耐热性、强度、抗溶解能力均有所提升,且形态稳定性好。

注意交联与支化对材料的物理性能影响不同,如支化可溶、可熔、有软化点,而交联不溶、不熔、但可溶胀。热固性塑料、硫化橡胶、聚乙烯交联都是交联高分子。橡胶在硫化前分子间容易滑动,受力后不能恢复原状,硫化后分子链不易滑动,但有可逆的弹性形变,这种硫化后的橡胶才具有实际的实用意义。图 7.2 为高分子的链结构。

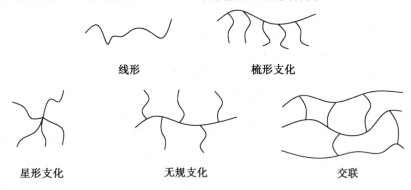

图 7.2　高分子的链结构

7.2.2　功能高分子材料的化学组成和官能团

功能高分子材料的功能更多地取决于材料分子中具有特殊功能的官能团,如羧基(-COOH)、羟基(-OH)、氨基(-NH_2)和醛基(-CHO)等。官能团的化学性质决定了材料的化学性质,如氧化还原性、酸碱性、亲电亲核性和螯合性等。此外,官能团结构也与材料的物理性质有关,如溶解性、亲油性和亲水性、导电性等。

在某些功能高分子材料中,高分子骨架仅仅起支撑、分隔、固定和降低溶解度等辅助作用。材料的主要功能依赖于结构中的官能团的性质,如高分子氧化剂中的过氧酸基、电活性聚合物中具有电显示功能的 N, N-三取代联吡啶结构、离子交换树脂中的季铵盐和磺酸基等。

某些功能高分子材料所具有的功能性需要分子中所含的官能团与高分子骨架相互结合、互相影响才能实现。如固相合成用的高分子试剂"聚对氯甲基苯乙烯",在固相合成时,聚合物骨架为固相合成提供场所,氯甲基官能团为固相合成提供了反应活性点,其功能是甲基氯官能团与聚合物骨架协同作用的结果,反应式如下:

有时聚合物骨架与官能团在形态上不可区分,官能团是聚合物骨架的一部分,如主链型聚合物液晶和导电聚合物等,如:

$$ \text{-[C-}\langle\text{}\rangle\text{-C-NH-}\langle\text{}\rangle\text{-NH]}_n $$

另有一些功能高分子材料,聚合物骨架是实现"功能"的主体,而官能团仅起辅助作用。如主链型液晶聚合物中的芳香环上引入一定体积的取代基,这一基团仅起降低使用温度的目的,与液晶功能无关。

7.2.3 功能高分子材料的微观结构

功能高分子的微观结构包括了高分子链结构、分子结构、微观构象、超分子结构和聚集态等,它们对功能高分子材料的物理化学性质产生重要的影响。研究表明带有相同官能团的高分子化合物的化学物理性质不同于带有这种官能团的小分子化合物,这种由于引入高分子骨架后产生的性能差别被称高分子效应。主要的高分子效应有以下几种。

(1)支撑效应。具有骨架支撑作用的高分子构象、结晶度、次级结构都对官能团的活性和功能有重要的影响。主链型功能高分子的官能团是连接到高分子骨架上的,骨架的支撑作用对官能团的性质和功能发挥产生了重要影响。如果官能团是稀疏地连接到刚性的骨架上,官能团之间不相互干扰,当其用于固相合成时能得到高纯度的产物。相反,在聚合物骨架上相对"密集"地连接官能团,可以使官能团高度浓缩,产生明显邻位效应。

(2)物理效应。高分子材料的挥发性、溶解性都大大低于其相对应的单体小分子,因而其稳定性提高了。某些易燃易爆的化学试剂,经过高分子化后稳定性得到大大增强,同时也降低或消除了材料的毒性物质分挥发。当高分子骨架为交联聚合物时,材料在溶剂中只溶胀不溶解,使固相与液相易于分离,便于高分子试剂回收再生。高分子催化剂就是利用这一效应进行反复多次使用的。

(3)模板效应。高分子骨架的空间构型和构象建立起独特的局部空间结构,在有机合成中提供出一种类似于模板的作用,有利于立体选择性合成和光学异构体的合成。

(4)邻位效应。高分子骨架上邻近官能团的结构和种类对功能基团的性能有明显的影响。这种影响称为骨架的邻近效应。在离子交换树脂中离子交换基团附近引入一个氧化还原基团,通过控制该基团的带电状态,将直接影响交换树脂的离子交换能力。

(5)半透过效应。对某些物质(如气体或液体小分子)有透过性,而对另外的一些物质不通过,称为半透过性。半透过性是多数聚合物具有的性质,这是由于聚合物在结晶或拉伸取向过程中会形成的微孔结构,这种微孔结构具有半透过性。溶胀状态的高分子网状结构也可以透过一定粒径的分子。固化酶、高分子缓释药等都是依靠骨架的半透过性能。

7.2.4 功能高分子材料的宏观结构

功能高分子材料的宏观结构包括表面的粗糙度、微孔的数目和孔隙率等。这些结构在吸附、离子交换、多相反应等过程中都是重要的。这些结构影响高分子吸附剂、高分子试剂、高分子催化剂等功能高分子的使用性能。另外,高聚物的溶胀性也与其微观结构密切相关。

溶胀性是高吸水性树脂和高分子吸附剂的重要性质之一。

7.3 功能高分子材料的制备与加工

7.3.1 高分子材料的聚合反应

7.3.1.1 聚合反应分类

由低分子单体合成聚合物的反应称为聚合反应。根据单体和聚合物在组成和结构上发生的变化,聚合反应分为加聚反应和缩聚反应。单体经加成而聚合起来的反应称为加聚反应,反应产物为加聚物,如

$$n\mathrm{CH_2}{=}\mathrm{CH} \longrightarrow \text{$\left[\!\text{CH}_2\!-\!\text{CH}\right]_n$}$$
$$\text{Cl} \qquad\qquad\qquad \text{Cl}$$

加聚反应的特点是加聚物的元素组成与其单体相同,仅电子结构有所改变。加聚物分子量是单体分子量与聚合度的乘积。在聚合反应过程中除形成聚合物外,还有低分子量的副产物形成,这种聚合反应称为缩聚反应,反应产物为缩聚物。如

$$n\mathrm{H_2N(CH_2)_6NH_2} + n\mathrm{HOOC(CH_2)_6COOH} \longrightarrow$$
$$\text{$\left[\!\text{HN(CH}_2)_6\text{NHCO(CH}_2)_6\text{CO}\right]_n$} + (2n{-}1)\mathrm{H_2O}$$

缩聚反应的特点是反应中有低分子量的副产物如水、醇、胺等产生。组成上,缩聚物和其单体不同,缩聚物的结构单元比其单体少若干原子,缩聚反应通常是官能团间的聚合反应,缩聚物的分子量不再是单体分子量的整数倍。

按反应机理区分,聚合反应又分为连锁聚合和逐步聚合。

连锁聚合反应也称链式聚合反应,反应需要活性中心。反应中一旦形成单体活性中心,就能很快传递下去,瞬间形成高分子。根据活性中心不同,连锁聚合反应又分为自由基聚合(活性中心为自由基)、阳离子聚合(活性中心为阳离子)、阴离子聚合(活性中心为阴离子)和配位络合聚合(活性中心为配位离子)。逐步聚合是指在低分子转变成聚合物的过程中反应是逐步进行的。连锁聚合和逐步聚合的区别是连锁聚合有活性中心,一旦生成,不断反应,直至活性中心消失。逐步聚合不需要活性中心,两个单体之间反应,分子量随官能团之间反应而上升,在反应阶段没有单体。

7.3.1.2 自由基聚合反应

在光、热、辐射或引发剂的作用下,单体分子被活化,变为活性自由基,并以自由基型聚合机理进行聚合反应。自由基型聚合反应历程包括链引发、链增长、链转移和链终止等基元反应。

(1)链引发。可以用引发剂、热、光、电、高能辐射引发聚合。引发剂是容易分解成自由基的化合物,主要包括偶氮化合物和过氧化物两类,偶氮二异丁腈是最常用的偶氮类引发剂,在 $40 \sim 65 \, ℃$ 使用;过氧化二苯甲酰是最常用的过氧类引发剂,在 $60 \sim 80 \, ℃$ 分解。引发反应分两步,首先发生引发剂的分解,产生初级自由基,然后进攻单体双键,形成单体自

由基。

$$A \longrightarrow 2I \cdot$$
$$I \cdot + R \longrightarrow I-R \cdot$$

（2）链增长。链引发阶段形成的自由基 I-R· 仍具有活性，与第二个单体双键碰撞形成二聚体自由基 $R_2 \cdot$，接下来形成三聚体自由基 $R_3 \cdot$，最后形成链自由基 $R_n \cdot$。整个过程称作链增长。

$$I-R \cdot + R \longrightarrow R_2 \cdot$$
$$R_2 \cdot + R \longrightarrow R_3 \cdot$$
$$\cdots \cdots$$
$$R_{n-1} \cdot + R \longrightarrow R_n \cdot$$

链增长过程会有较高的热量放出，烯类单体聚合热为 $55 \sim 95$ kJ/mol，链增长过程的活化能较低，为 $20 \sim 34$ kJ/mol，因此增长速率极高，较引发速率高 10^6 倍。链增长过程自由基与单体分子间的有效碰撞次数，每秒钟达 $10^5 \sim 10^6$ 次，在 0.01 s 至几秒钟内，聚合度就可以达到数千至数万。因此，聚合体系只由单体和聚合物产物组成，不存在聚合度递增的一系列中间产物。

（3）链终止。链终止反应活化能很低，只有 $8 \sim 21$ kJ/mol，甚至为零，因此终止速率极高（$10^6 - 10^8$ L/(mol·s)）。链终止反应有偶合终止和歧化终止两种方式。两个链自由基相互碰撞结合成共价键的终止反应称作偶合终止。偶合终止的结果是两个链自由基结合生成更长的链。

$$R_n \cdot + \cdot R_m \longrightarrow R_n-R_m$$

一个链自由基夺取另一自由基的氢原子或其他原子的终止反应，称作歧化终止。歧化终止的结果是生成一个饱和的链和一个不饱和的链，数量各半。

$$R_n \cdot + \cdot R_m \longrightarrow R_n(饱和) + R_m(不饱和)$$

链的终止方式与单体种类、聚合条件有关，如甲基丙烯酸甲酯在 60 ℃以上聚合，以歧化终止为主，在 60 ℃以下两种终止方式均有可能。

（4）链转移。在自由基聚合过程中，链自由基还有可能从单体、溶剂、引发剂等低分子上夺取一个原子而终止，并使失去原子的分子成为新的自由基，继续链传递。链转移反应将使聚合物的分子量降低。如向单体分子转移 $R_n \cdot + R \longrightarrow R_n-R \cdot$，向溶剂分子转移 $R_n \cdot + S \longrightarrow R_n-S \cdot$，向引发剂转移 $R_n \cdot + I-I \longrightarrow R_n-I + I \cdot$。

自由基聚合反应中引发速率最小，是控制总聚合速率的关键。因此整个聚合反应可概括为慢引发、快增长、速终止。自由基聚合反应从引发、增长到终止，时间极短，不能在中间聚合度阶段停留，因此反应混合物仅由单体和聚合物组成。由于在链转移阶段，自由基可以向低分子转移，因此少量（$0.01\% \sim 0.1\%$）阻聚剂就可使自由基型聚合反应终止。

7.3.1.3　离子聚合反应

在催化剂作用下，单体活化为带正电荷或负电荷的活性离子，然后按离子型反应机理进行的聚合反应，称为离子聚合反应。根据离子活性中心电荷的性质，离子聚合可分为阳离子聚合、阴离子聚合和配位聚合。

阳离子聚合反应是指以碳阳离子 C$^+$ 为反应活性中心进行的离子型聚合反应,其反应通式为

$$A^+B^- + M \longrightarrow AM^+B^- \longrightarrow \longrightarrow -M_n-$$

阳离子聚合反应也属链式聚合,由链引发、链增长、链转移和链终止组成,但各步反应速率与自由基型聚合反应不同。阳离子聚合反应的引发方式有两种,一种是由引发剂生成阳离子,阳离子再引发单体,生成碳阳离子,另一种是单体参与电荷转移,引发阳离子聚合。阳离子聚合反应的引发剂都是亲电试剂,如质子酸(H_2SO_4、H_3PO_4、$HClO_4$ 等)和路易斯酸($AlCl_3$、BF_3、$ZnCl_2$、$TiBr_4$ 等)等。

阴离子聚合反应指以阴离子为反应活性中心进行的离子型聚合反应,其反应通式为

$$A^+B^- + M \longrightarrow BM^-A^+ \longrightarrow \longrightarrow -M_n-$$

烯类、羰基化合物及含氮杂环都有可能成为阴离子聚合的单体。阴离子聚合反应的引发剂是给电子体,即亲核试剂,属于碱类。阴离子聚合反应引发方式有两种,即电子转移引发和阴离子引发。碱金属锂、钠、钾等原子最外层只有一个价电子,很容易转移给单体或其他物质,生成阴离子,引发聚合,这种引发称为电子转移引发。碱金属原子最外层电子直接转移给单体或其他物质,生成单体自由基阴离子,引发聚合,这称为电子直接转移引发。阴离子聚合通常不发生链转移反应,所以可以得到分子量分布很窄的高聚物,阴离子聚合需在高真空、惰性气氛下或试剂、玻璃器皿非常洁净的条件下进行。阴离子聚合反应的特点是快引发、慢增长、不转移、无终止。

自由基聚合与离子聚合的特点比较见表 7.1。

表 7.1 自由基聚合与离子聚合比较

	自由基聚合反应	离子聚合反应
引发剂种类	过氧化物、偶氮化物	亲电试剂(阳离子聚合)、亲核试剂(阴离子聚合)
溶剂的影响	只参与链转移反应,可影响引发剂分解速率	阳离子聚合可用卤代烷、CS_2、液态 SO_2、CO_2 等作溶剂。阴离子聚合则可用液氨、液氯和醚类等作溶剂(注意:不能颠倒使用,否则会产生链转移或链终止反应)
单体结构	带有弱吸电子基的乙烯基单体、共轭烯类单体	具有给电子基的乙烯基单体(阳离子聚合)、具有吸电子基团的乙烯基单体(阴离子聚合)、共轭烯类单体、环状单体、羰基化合物
聚合温度	取决于引发反应需要,一般在 50 ~ 80 ℃ 左右,或者更高	由于反应活化能很低,常在低温下进行,但反应仍然剧烈
阻聚剂	氧、苯醌、稳定自由基物质等	阴离子聚合:酸类阳离子聚合:碱类
聚合机理	慢引发、快增长、有终止	阳离子聚合:快引发、快增长、易转移、难终止;阴离子聚合:快引发、慢增长、不转移、无终止

配位聚合是定向聚合的主要方法。图 7.3 是高聚物的三种构型方式,全部取代基分布

在高聚物主链平面一方的称为全同立构高聚物,取代基在高聚物主链平面的上方和下方交替分布的称为间同立构高聚物,取代基在高聚物主链平面无规则分布的则称为无规立构高聚物。其中全同立构和间同立构高聚物具有高度的规整性,这种高聚物称为定向高聚物。高度规整性的高聚物与无规立构高聚物的物理性能有显著的差别,制备定向高聚物的聚合反应称为定向聚合反应。

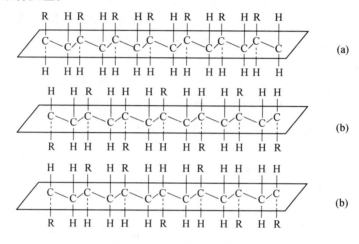

图 7.3　高聚物的三种构型

配位聚合的引发剂,又称齐格勒-纳塔催化剂,是一种具有特殊定向效能的引发剂,由主引发剂与共引发剂两部分组成。主引发剂一般指周期表中第四到第八族的过渡金属卤化物或金属有机配合物,如 $TiCl_4$、$TiCl_3$、VCl_3 和 $ZrCl_4$ 等,其中最常用的是 $TiCl_3$。共引发剂主要包括周期表中第一到第三族的金属烷基化合物(或氢化合物),最常用的烷基铝化合物如三乙基铝（$(C_2H_5)_3Al$）、一氯二乙基铝（$(C_2H_5)_2AlCl$）等。

配位聚合反应机理可示意如下:

7.3.1.4　共聚合反应

两种或两种以上的单体聚合时,得到的高聚物分子链中含有两种或两种以上的单体链节,这种聚合物称为共聚物,该聚合反应称为共聚合反应。根据单体的种类多少分二元、三元共聚,根据聚合物分子结构的不同可分为无规共聚、嵌段共聚、交替共聚、接枝共聚。采用自由基聚合可获得上述四种共聚物;采用离子聚合可获得嵌段共聚物和接枝共聚物。共聚物的性质与均聚物不同,均聚指的是由一种有机单体进行的聚合反应。共聚物具有两种或多种均聚物的综合特性,故称为"高分子合金"。如聚苯乙烯塑料透明、加工性好,但性脆,若引入 15% ~30% 丙烯腈可得到的苯乙烯-丙烯腈共聚物,其既保持原有的优点又具有较高的冲击强度,且兼有聚丙烯腈的耐热、耐油和耐腐蚀等特性。共聚物的物理性能取决于分子链中单体链节的性质、相对数量及其排列方式。

7.3.1.5　缩聚反应

缩聚是缩合聚合反应的简称,是由多次重复的缩合反应生成聚合物的过程。参加缩聚反应的单体必须带有两个或两个以上的官能团。产物中除高聚物外,还有低分子的副产物,如水、醇、卤化氢、氨等。缩聚反应属于逐步聚合,与连锁聚合相比,其没有特定的反应活性中心。许多性能优良的高分子材料,如酚醛树脂、不饱和聚酯树脂、氨基树脂等,都是缩聚合成的。

7.3.2　加成聚合反应实施方法

加成聚合是生产聚合物的常用方法,可分为本体聚合、溶液聚合、悬浮聚合、乳液聚合四种。

7.3.2.1　本体聚合

不加其他介质,只有单体在引发剂或催化剂、热、光、辐射的作用下进行聚合的方法称为本体聚合。本体聚合可以是自由基聚合、离子聚合或缩聚。气态、液态、固态单体均可进行本体聚合,其中以液态单体的本体聚合最为重要。聚酯、聚酰胺和丁钠橡胶均是采用本体聚合方法生产的。

本体聚合的优点是产品纯净,可制得透明制品,并且工艺简单,但在工业中其反应热难以排除,这一缺点限制了其在工业上的应用,其应用不如悬浮聚合和溶液聚合广泛。近年来对本体聚合进行了改进,采用两步聚合法,第一阶段聚合在较大的搅拌釜中进行,并保持较低的转化率;第二阶段进行薄层聚合,使聚合反应以较慢的速度进行。

7.3.2.2　溶液聚合

单体和催化剂溶于适当溶剂中进行的聚合称为溶液聚合。溶液聚合可以是自由基聚合、离子聚合和缩聚。溶液聚合可分为均相溶液聚合与非均相溶液聚合。均相溶液聚合中溶剂能溶解所有单体和聚合物,并得到高聚物溶液。将高聚物溶液倒入高聚物的非溶剂中,高聚物就会沉淀出来,再经过滤、洗涤、干燥,得到最终产品。非均相溶液聚合所用的溶剂仅能溶解单体而不能溶解高聚物,生成的高聚物不断从溶液中沉淀出来,再经过滤、洗涤、干燥,得到最终产品。溶液聚合可以制备酚醛树脂、脲醛树脂、环氧树脂等。

溶液聚合的优点是聚合体系黏度低,易于混合,引发剂分散均匀,引发效率高,温度容易控制。其缺点是聚合缓慢,设备利用率和生产能力低,单体的浓度低且活性大导致聚合物分子量低,溶剂回收费用高。溶液聚合可用于生产黏合剂、油漆、涂料及纤维纺丝液等。大多数定向聚合物采用溶液法生产。

7.3.2.3　悬浮聚合

单体以小液滴状悬浮在水中进行的聚合,称为悬浮聚合。悬浮聚合体系由单体、引发剂、水、分散剂四个部分组成。悬浮聚合采用的介质通常是水,因此只有不溶于或微溶于水的单体和聚合产物才能采用悬浮聚合。悬浮聚合的引发剂也必须难溶于水,但易溶于单体。

悬浮聚合与木休聚合的反应机理相同。悬浮聚合在工业上应用广泛,可用于生产聚氯乙烯、聚苯乙烯、聚甲基丙烯酸甲酯等。

悬浮聚合最大的优点是聚合产生的热量可以通过冷却水带走,所以其散热和温度控制比本体聚合和溶液聚合容易得多。另外悬浮聚合体系黏度低,其产品的聚合度比溶液聚合的高,杂质含量比乳液聚合的少,后处理工艺比溶液法和乳液法都简单,成本低。悬浮聚合的缺点是产品中溶有少量分散剂杂质,透明性和绝缘性差,要想获得透明性和绝缘性高的产品,需要纯化处理。

7.3.2.4 乳液聚合

单体在水介质中由乳化剂分散成乳液状态进行的聚合,称为乳液聚合。乳液聚合体系由单体、水、水溶性引发剂和乳化剂四组分组成。乳液聚合的机理不同于本体聚合、溶液聚合或悬浮聚合。乳液聚合的速率和产品分子量均比上述三种聚合方式高。乳液聚合物粒子直径为 $0.05 \sim 0.15\ \mu m$,而悬浮聚合粒子的直径为 $50 \sim 2\,000\ \mu m$,由于反应机理不同导致乳液聚合产物粒子非常细小。乳液聚合可用于生产分子量高、产量大的产品,如丁苯橡胶、丁腈橡胶、聚甲基丙烯酸甲酯、聚乙酸乙烯酯、聚四氟乙烯等。

乳液聚合以水为介质、聚合反应速率快、反应温度低、传热容易、温度容易控制。其最大的优点是能在较高反应速率下获得较高分子量的产物,而且由于高聚物产物的黏度很低,可直接用来浸渍制品或做涂料、黏合剂等。乳液聚合的缺点是产品中留有少量乳化剂,难以完全除净,影响产品的电性能。当生产固体产品时,还需经过凝聚、洗涤、干燥等后序工艺,生产成本会提高。

本体聚合、溶液聚合、悬浮聚合、乳液聚合的性能比较见表7.2。

表7.2 四种聚合实施方法比较

	本体聚合	溶液聚合	悬浮液聚合	乳液聚合
组成	单体、引发剂	单体、溶剂、引发剂	水、单体、分散剂、引发剂	水、单体、乳化剂、水溶性引发剂
反应位置	本体内	溶液内	液滴内	胶束和乳胶粒内
聚合特征	自由基聚合反应机理,提高速率会使分子量降低,分子量调节难	伴有向溶剂的链转移反应,分子量较低,速率也较低,分子量调节容易	自由基聚合反应机理,提高速率会使分子量降低,分子量调解难	聚合速率提高,分子量也提高,分子量易调节
分子量	分子量分布宽	分子量分布窄分子量较低	分子量分布宽	分子量分布窄
散热情况	热不易散出	散热容易	散热容易	散热容易
生产方式	间歇生产	连续生产	间歇生产	连续生产
生产特点	设备简单,宜制板材和型材	不宜制成干燥粉状或粒状树脂	须经分离、洗涤、干燥等工序	制成固体树脂时须经凝聚、洗涤、干燥等工序
产品特点	易于生产透明、浅色制品	聚合液可以直接使用,可用于生产定向聚合物	留有少量分散剂杂质,可直接得到粒状产物,利于成型	留有少量乳化剂及其他助剂杂质,影响产品的电性能

7.3.3　缩聚反应实施方法

缩聚反应常用的方法有熔融缩聚、溶液缩聚、界面缩聚和固相缩聚。

熔融缩聚反应法是生产上使用最多的缩聚方法，可以用于生产聚酰胺、聚酯和聚氨酯等。缩聚反应是一个可逆的化学反应过程，为了加快反应速率和排除低分子产物，需要比较高的反应温度。熔融缩聚反应温度一般设置在 $200 \sim 300$ ℃。熔融缩聚反应的主要优点是不使用溶剂或介质，因此可以连续生产，而且熔融缩聚法设备简单且利用率高，缺点是反应体系的黏度较大，反应时间较长，需要几小时，另外由于反应温度高将激发出较多的副反应。

溶液缩聚反应法需要使用溶剂。溶剂可以是纯溶剂，也可以是混合溶剂，要求是所使用的溶剂必须有利于高分子产物，但在后期处理上，溶剂回收也比较麻烦。溶液缩聚法主要用于生产油漆、涂料，如醇酸树脂、有机硅、聚氨酯等，也用于制备那些熔点与分解温度相近的聚合物，如聚芳酯和全芳族尼龙等。

界面缩聚反应法的第一步是将两种单体分别溶解在两种互不相溶的溶剂中，如溶解于水和烃类溶剂中。第二步是将两种单体溶液倒在一起时，这时在两相的界面处就可发生缩聚反应。界面缩聚法的优点是其使用的单体都是活性较高的，在常温或较低的温度下均可发生缩聚反应，而且反应速率高。界面缩聚法和溶液缩聚法制得的聚合物要比熔融缩聚法制得的聚合物分子量高。界面缩聚法可以制备聚酰胺、聚酯、聚氨酯、聚脲、聚芳酯、聚芳酰胺等，还可以直接纺丝或直接制成薄膜。

固相缩聚反应法由于可以在低温条件下制备高分子产物，因此可以避免发生许多副反应。固相缩聚法制备的树脂分子量都较高，并可以获得高黏度的树脂。如用熔融缩聚法合成的树脂相对分子质量在 2.3 万左右，因此只适合用作服装的纤维树脂，而要制备强度更高的塑料，相对分子质量需在 3 万以上，只能采用固相缩聚法。固相缩聚法也可以制备那些熔融温度和分解温度相接近或者分解温度比熔融温度还要低的聚合物。

7.3.4　化学方法制备功能高分子材料

结构型功能高分子材料中起到功能性作用的是大分子链中的功能性官能团，这种材料只能采用化学方法合成。其方法是通过化学键将功能性结构或官能团连接到高分子的主链或侧链上。化学方法可以归纳为下列三种类型。

第一种方法是将功能性结构或官能团引入到发生聚合反应的单体中，再通过单体聚合形成功能高分子，它是将含有功能性官能团的单体通过聚合反应形成功能高分子材料。这种方法的优点是功能基团分布均匀，产品稳定性高，缺点是必须先制备含有功能性官能团的单体，制备过程较为复杂。

第二种方法是利用高分子中已有的一些基团如苯基、羟基等，然后再通过接枝反应或其他反应在高分子骨架上引入新的官能团，从而改变高分子性质，赋予高分子材料新的功能。

如聚苯乙烯中苯环比较活泼，可以发生亲电或亲核反应，如果聚苯乙烯先硝化再还原可以获得氨基取代聚苯乙烯，然后在氨基取代聚苯乙烯上再引入其他功能基团就可获得这种功能基团赋予的功能性高分子，反应式如下：

再比如在聚乙烯醇中利用羟基的活性再引入其他官能团从而使聚乙烯醇获得其他的功能。下式给出了利用聚乙烯醇制备亲和吸附树脂的反应方程式。

第三种方法是在同一种高分子材料中甚至同一个分子中引入两种或两种以上的官能团,这种多个官能团协同作用的结果可以创造出新的功能。如在离子交换树脂中,在苯环的取代基邻位通过化学反应再引入其他基团。

7.3.5 物理方法制备功能高分子材料

复合型功能高分子材料是将普通高分子材料作为基体,再与其他具有特定官能团的高分子材料进行复合,从而产生新的功能。复合型功能高分子材料主要采用物理方法制备。物理方法制备功能高分子材料主要有三种。

第一种方法是使用普通的单体,但在聚合反应中加入功能性小分子,再利用生成的高分子把功能小分子包裹在其中。这种方法的优点是功能性小分子之间没有化学键连接,其性质不受聚合物性质影响,适用于各种敏感性霉的制备。这种方法的缺点是材料在使用过程中包裹的功能小分子容易消失,特别是在溶胀条件下流失更快。

第二种方法是将小分子功能化合物与已有的通用高分子材料共混,共混的方法有两种。一种是熔融共混,是在搅拌条件下往熔融状态下的聚合物中加入功能化小分子。根据其相容性差异,熔融共混产物可以是均相的,也可能是多相的。第二种是溶液共混,是将聚合物和小分子功能性化合物同时溶解在溶剂中,再将溶剂蒸发。溶液共混的优点是聚合物和小分子功能性化合物可以同时溶于溶剂,也可以不互溶,而是形成混悬浊体系。这种方法简单有效,不受聚合物和小分子官能团反应活性的限制,也不受场地和设备的限制,适用范围宽。共混法的缺点是共混体系不够稳定,容易逐步失去活性。

第三种方法是将两种或两种以上功能高分子复合在一起形成新的功能高分子材料,也可以将某种功能高分子通过适合的物理方法处理,形成新的功能高分子材料。如单向导电高分子材料就是将两种不同氧化还原电位的导电材料复合在一起形成的。类似的还有制备感光材料、离子交换膜和吸附分离膜等。

7.3.6　功能高分子材料的加工过程

某些功能高分子材料通过采用适当的工艺手段就可获得,如吸附分离功能,不需要进一步加工;而另一些功能高分子材料需要特殊的加工方法才能获得,如制备聚丙烯酸酯纤维,需要将高透明的熔融的聚丙烯酸酯拉丝,使其高分子链高度取向,在加工中需要精确地控制聚丙烯酸酯聚集状态及宏观形态。

功能高分子材料的加工方法包括在液体高分子中掺入各种助剂或填料,如银粉、铜粉、磁粉、石墨、偶联剂、金刚砂及一些生物制剂,可以通过混合、悬浮、乳化等方法掺入,也可以通过反应注射直接成型,浸渍漆布然后通过层压或模压成型。固体树脂掺混各种助剂、填料的加工方法包括粉末化法、造粒法、薄膜化法、型材表面加工法等。固体高分子材料还可以通过表面处理技术,如表面涂覆、表面接枝、表面等离子体等方法增强其耐磨性、导电性和磁性。

7.4　典型功能高分子材料的制备技术及其性能评价方法

7.4.1　离子交换树脂

7.4.1.1　简介

离子交换树脂又称离子交换与吸附树脂,这类高分子材料的聚合物骨架上含有离子交换基团,能够通过静电引力吸附反离子,并通过竞争吸附使原被吸附的离子被其他离子取代,从而使物质发生分离。离子交换树脂的应用非常广泛。

(1)环境保护。用于废水、废气的浓缩、处理、分离、回收及分析检测等。例如,影片洗印废水中的银是以 $Ag(SO_3)_2$ 等阴离子形式存在的,使用 II 型强碱性离子交换树脂处理后,银的回收率可达 90% 以上。废水处理行业离子交换树脂的需求数量很大,约占离子交换树脂生产量的 90% 。目前,离子交换树脂的大使用量是用在火电站的纯净水处理上,其次是用在原子能、半导体材料、电子工业等领域。

(2)食品产业。离子交换树脂可用于某些食品及食品添加剂的提纯分离、脱色脱盐、果汁脱酸脱涩等。比如果糖浆的制造是从玉米中萃取出淀粉后,再经水解反应,产生果糖与葡萄糖,然后经离子交换法处理,可以转化成果糖浆。离子交换树脂在食品产业中的使用量位居污水处理之后的第二位置。

(3)制药业工业。离子交换树脂对发展新的抗菌药及对原来抗菌药的质量改进具有重要作用。链霉素的开发设计成功就是离子交换树脂用于制药工业突出的事例。

(4)合成化学。在有机化学中常用酸和碱作为金属催化剂进行酯化反应、水解反应、酯交换、水合反应等。用离子交换树脂替代强氧化剂、碱,同样可进行上述反应,且优势更多。如树脂可不断使用,产品容易分离出来,管式反应器不会被侵蚀,不会对环境产生污染,反应容易控制等。目前,利用强酸离子交换树脂催化的反应已由实验室研究发展到大规模工业生产。

（5）冶金工业。用于分离、提纯和回收重金属、轻金属、稀土金属、贵金属、过渡金属、铀、钍等超铀元素。选矿方面，在矿浆中加入离子交换树脂可改变矿浆中水的离子组成，使浮选剂更有利于吸附所需要的金属，提高浮选剂的选择性和选矿效率。

（6）原子能工业。用于包括核燃料的分离、提纯、精制和回收等；核动力用循环、冷却、补给水是用离子交换树脂制备的高纯水；原子能工业废水的去除；放射性污染物的处理。

7.4.1.2　离子交换树脂的结构

离子交换树脂是指具有离子交换基团的高分子化合物，其本质上属于反应性聚合物。其外形一般为颗粒状，不溶于水和一般的酸、碱，也不溶于普通的有机溶剂，如乙醇、丙酮和烃类溶剂。常见的离子交换树脂的粒径为 0.3 ~ 1.2 nm。它由三部分组成，①三维网状骨架，用于承载离子交换基团和提供离子交换场所；②功能基团；③与功能基团所带电荷相反的可交换离子。如聚苯乙烯型磺酸树脂骨架上带有磺酸基功能基团（$-SO_3^-H^+$），它可以解离出 H^+，H^+ 可以与周围的外来离子互相交换，聚苯乙烯骨架上的磺酸根不能自由移动，而它解离出 H^+ 可以自由移动并能与其他离子交换，这种离子被称为可交换离子。通过改变离子交换树脂的环境，如接触溶液的浓度、pH 值、离子强度，利用功能基团与不同离子间亲和性差异，使可交换离子与其他同类离子进行反复的交换，达到浓缩、分离、提纯和净化等目的。

7.4.1.3　离子交换树脂的种类

1.强酸型阳离子交换树脂

强酸型阳离子交换树脂是以 $-SO_3H$ 为交换基团，交联聚苯乙烯为骨架的树脂，是目前应用最广泛的一种离子交换树脂。制备强酸型阳离子交换树脂时首先合成聚苯乙烯小球，然后用溶胀剂溶胀聚苯乙烯进行磺化反应。溶胀过程有利于磺化试剂进入树脂内部。磺化试剂包括浓硫酸、氯磺酸、三氧化硫等，溶胀剂包括二氯乙烷、四氯乙烷和二甲基亚砜等。

2.弱酸型阳离子交换树脂

弱酸型阳离子交换树脂的官能团是羧酸基（$-COOH$）、磷酸基（$-PO_3H_2$）或砷酸基（$-AsO_3H_2$）等，其中羧酸基交换树脂的应用最多。磷酸基的酸性介于磺酸基与羧酸基之间。弱酸型阳离子交换树脂只能在中性或碱性溶液中才能显示其离子交换功能。

3.强碱型阴离子交换树脂

强碱型阴离子交换树脂是一类在高分子骨架上含有季铵基的聚合物，功能性官能团是季铵基、叔锍基、季磷基等。强碱型阴离子交换树脂在酸性、中性甚至碱性介质中都可显示离子交换功能。功能基为 $-N^+(CH_3)_3$ 的阴离子交换树脂为强碱 I 型，含 $-N^+(CH_3)_2CH_2CH_2OH$ 基团的为强碱 II 型。I 型强碱树脂对于 CO_3^{2-}、HCO_3^-、SiO_3^{2-}、BO_3^{2-} 等弱酸都能起作用；II 型强碱树脂对于比乙酸更弱的酸不起作用。I 型强碱树脂的抗氧化性、耐热性、强度与寿命等性能优于 II 型。II 型强碱树脂的再生效率优于 I 型。II 型树脂的抗污染能力也优于 I 型树脂。大部分强碱型阴离子交换树脂是先制备聚苯乙烯-二乙烯苯共聚物小球，然后经过氯甲基化和胺化反应制得。

4.弱碱型阴离子交换树脂

弱碱型阴离子交换树脂是指在其骨架上有各种脂肪型或芳香型的伯胺、仲胺、叔胺基团的高分子树脂。这些官能团在水中的解离常数都比较小,显示弱碱性。弱碱型阴离子交换树脂的离子交换能力较弱,只能在中性和酸性条件(pH=1~9)下使用,只能吸附交换强酸,不能吸附交换硅酸等弱酸根。

聚苯乙烯型弱碱阴离子交换树脂的合成第一步是交联聚苯乙烯母体的氯甲基化,第二步是导入弱碱型交换基团进行胺化,可以是伯胺或仲胺。在胺化过程中,由于弱碱基团的水合能力较差,在碱性溶液中的溶胀较小,因而胺化的速度较快。

5. 两性离子交换树脂

两性离子交换树脂是指阳离子交换基团和阴离子交换基团连接到同一个高分子骨架上的高分子树脂。两性离子交换树脂的类型有强酸弱碱型、弱酸强碱型或弱酸弱碱型,没有强酸强碱型。两种基团在交换树脂中非常接近,它们可以互相结合,又可以与溶液中的阴、阳两种离子进行结合和交换。两性交换树脂在使用之后,只需用大量水洗就可以使树脂再生,恢复其原有的交换能力。两性交换树脂的一种特殊形式是"蛇笼树脂"。在这类树脂中,同时含有两种聚合物,一种带有阳离子交换基团,一种带有阴离子交换基团。其中一种聚合物是交联的,而另一种是线型的,恰似蛇被关在笼中,不能逃出,因此被形象地称为"蛇笼树脂"。在"蛇笼树脂"中,或者是交联的阴离子树脂为笼,线型的阳离子树脂为蛇,或者是交联的阳离子树脂为笼,线型的阴离子树脂为蛇。

7.4.1.4　性能表征

离子交换树脂的性能包括物理性能和化学性能。

离子交换树脂的物理性能是指交换树脂的外观、热稳定性、化学稳定性和力学稳定性等。外观上看,离子交换树脂呈颗粒状,粒径范围为 0.04~1.2 mm,形状和颜色与制备方法有关。离子交换树脂一般对酸的稳定性较高,但耐碱性稍差。物理性能的评价指标包括粒度、密度、孔性能指标、比表面积和含水量。

离子交换树脂的化学性能是指这种高分子树脂的离子交换能力和离子交换选择性。离子交换树脂相当于多元酸或多元碱,它们可发生中性盐反应、中和反应、复分解反应。所有上述反应均是平衡可逆反应,正是这种可逆性使得离子交换树脂具有可再生能力。通过控制溶液的 pH 值、温度和离子浓度等因素,就可以使反应向逆向进行,达到再生目的。离子交换树脂发生离子交换时,第一步是交换树脂的功能基团发生解离,第二步是反离子扩散到溶液中并与功能基团及附近的同类离子发生交换反应。离子交换树脂的交换基团不同,离子交换反应能力也不同。离子交换树脂的化学性能评价指标为交换容量和选择性。交换容量是指一定数量的离子交换树脂所带的可交换离子的数量。测定方法不同,计算方法也不同。常用的有总交换量、表观交换量、工作交换量和再生交换量。离子交换树脂的选择性是指某种树脂对不同离子所表现出来的不同交换能力和吸附能力,用选择性系数来表示,其数值等于在树脂相和溶液相中相互交换的 A 和 B 离子的比。

7.4.2　高分子分离膜

7.4.2.1　概述

膜分离是一种很重要的分离技术,这种分离过程通常称为膜过程,它是利用薄膜对混合物组分的选择透过性最终达到分离目的。分离膜可以是固态的或液态的,但都具必须有选择透过性。高性能的分离膜可以对物质进行浓缩、纯化、分离和反应促进等作用。膜技术在食品、饮料、乳品、生物、造纸、制药、纺织、冶金、化工及饮用水处理等方面得到了广泛的应用。

根据膜的分离原理可将分离膜分为微滤膜、超滤膜、反渗透膜、纳滤膜、渗析膜、电渗析膜、渗透蒸发膜等。

1. 微滤膜

微滤膜具有均匀的多孔结构,膜的孔径为 $0.05 \sim 20$ m,孔隙率为 $70\% \sim 80\%$,孔密度为 $10^7 \sim 10^8$ 个/cm^2,微滤膜的分离原理就是机械过筛,分离过程的静压力差为 $0.01 \sim 0.2$ MPa。电子显微镜观察微滤膜的断面结构有通孔型、海绵型(图7.4)。

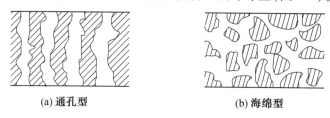

(a) 通孔型　　　　　　　　　　　　(b) 海绵型

图 7.4　二种典型的微孔滤膜的断面结构

微滤膜的孔径十分均匀,能将液体中所有大于指定孔径的微粒全部滤除。微滤膜的孔隙率高达 $70\% \sim 80\%$,因而过滤阻力小,对清液或气体的过滤速度比其他过滤膜快数十倍。由于微滤膜是一整体和连续的高分子材料,因此过滤时没有纤维和碎屑脱落,可以得到高纯度的滤液。微滤膜膜层薄、质量小,对滤液中有效成分的吸附量小,可减轻滤液中贵重物料的损失。

微滤膜主要用于去除粒径大于 0.05 μm 的细微颗粒,如饮料、制药产品的除菌和净化、制备超纯水、细胞捕获、膜反应器等。

2. 超滤膜

超滤是指在一定压力下,溶剂和小分子溶质透过分离膜,而大分子溶质被膜截留。超滤膜的孔径范围为 1 nm ~ 0.05 μm,孔隙率约为 60%,操作时的静压力差为 $0.2 \sim 0.4$ MPa。超滤膜可以分离溶液中分子量为 $500 \sim 500\ 000$ 的高分子物质,主要应用于化工、食品、医药、生化等领域。

超滤膜多数为相转化法制备的多孔不对称膜,又可分为平板膜和中空纤维膜。平板膜由表面层和支撑层组成,表面层较致密、很薄,厚度为 $0.1 \sim 1.5$ μm,表面层孔径约为$1 \sim 20$ nm,超滤膜的分离效果主要取决于这一层;支撑层的厚度较大为 $50 \sim 250$ μm,因此有很强的机械强度,起支撑作用。支撑层有致密的指状大孔,孔径范围为 1 nm ~ 0.05 μm。中空纤维膜的孔径范围为 $0.5 \sim 2$ mm,其强度很高,能承受管内外一定的压力差,因而使用时不需要专门的支撑结构。

3. 反渗透膜

反渗透是指溶剂从高浓度一侧向低浓度一侧渗透,目的是使两侧的溶质浓度增大。反渗透是渗透的逆过程,反渗透需要施加渗透压。25 ℃时海水(约 3.5% NaCl)的渗透压为

2.42 MPa。在没有施加压力时,淡水在渗透压的作用下将通过渗透膜进入到海水一侧,这种溶剂从低浓度一侧透过半透膜向高浓度一侧迁移的现象称为渗透。这时如果在高浓度溶液一侧施加压力,将阻止溶剂的渗透。当施加的压力等于渗透压时,溶剂的渗透达到平衡,即没有净溶剂透过。而当施加的压力大于渗透压时,溶剂的渗透方向将发生逆转,即从高浓度一侧向低浓度一侧迁移,这就是反渗透。渗透压是驱使溶剂迁移的动力。

反渗透膜在结构上可以是不对称膜、复合膜和中空纤维膜,不对称膜通常由致密的表层和多孔的支撑层组成,致密层厚度小于 1 μm,膜上的微孔孔径约 2 nm,支撑层厚度约为 50～150 μm,为海绵状结构。复合膜由超薄膜和多孔支撑层等组成。超薄膜很薄,只有 0.1 μm,这种超薄的膜可以降低流动阻力,提高渗透效率。中空纤维膜的直径极小,壁厚与直径之比很大,因而不需支承就能承受较高的外压。

反渗透膜重要的应用就是海水的淡化,也可用于硬水软化制备锅炉用水,高纯水的制备等。反渗透膜在医药、食品工业中也有应用,如抗生素、激素、氨基酸、维生素、果汁、咖啡浸液等溶液的浓缩,另外,反渗透膜也用于处理印染、食品、造纸等工业的污水。

4. 纳滤膜

纳滤膜孔径为 2～5 nm,介于反渗透膜和超滤膜之间,截留分子量为 200～1 000,操作压力小于 1.5 MPa,其恰好填补了反渗透膜与超滤膜之间的空白。与反渗透相比,获得相同的渗透量,纳滤膜的操作压差要低 0.5～3 MPa,因此纳滤膜又称低压反渗透膜。纳滤膜多数为以聚砜多孔膜作为支撑膜,芳香族聚酰胺膜为致密的表层。纳滤膜的表层较反渗透膜的表层要疏松得多,但比超滤膜的表层要致密得多。纳滤膜在高、低价态离子分离方面展现出独特性能,其对高价态离子有较高的截留率,适用于水的净化和软化。

5. 渗析膜

透析(渗析)膜是在透析过程中使用的膜。该膜应当尽可能地薄,孔径在 1 nm 以下。透析是指小分子溶质(一般是中性分子)在自身浓度差的推动下从膜的一侧(浓度高)传向另一侧(浓度低)的过程,直至平衡。由于分子大小及溶解度不同,其扩散速率也不同,最终大分子被截留下来从而实现分离。为减少扩散阻力,渗析膜要高度溶胀,但这又会影响其选择透过性,因此需要在两者之间寻求一个平衡点。渗析膜目前主要用于血液透析,膜材料通常为再生纤维素、乙烯-乙酸乙烯酯、乙烯-乙烯醇共聚物、聚丙烯腈、聚醚枫、聚苯醚等。

6. 电渗析

电渗析是指在电场作用下,以电位差为推动力,溶液中带电离子选择性地透过离子交换膜实现迁移的过程。电渗析使用离子交换膜,主要用于电解质与非电解质的分离、大体积电解质与小体积电解质的分离,也用于电解质溶液的稀释、浓缩、精制、纯化、离子替换、无机置换反应等。其作用原理是,在电场条件下,同离子、反离子和非电解质在电场内的受力大小和方向不同,通过离子交换膜的能力也不同从而达到分离的目的。电渗析过程中离子的迁移速率与粒子所带电荷及粒子的种类有关。

7. 气体分离膜

气体分离膜是指利用混合物气体中各组分在膜中扩散速率的不同而达到各组分分离的过程,其推动力是膜两侧的压力差。气体分离膜有两种非多孔膜和多孔膜,多孔膜孔径范围为 5～30 nm,非多孔膜也有小孔,孔径范围为 0.5～1 nm。气体分离膜多用于工业气体中氢的回收、氧氮分离和气体脱湿等。

8. 液膜

液膜是指处于液体和气体相界面或者两种液体相界面的具有半透过性的膜。液膜以膜两侧的溶质浓度差为传质动力。表 7.3 为主要的膜过程及其基本特征。

表 7.3 主要的膜过程及其基本特征

膜过程	推动力	传递机理	主要的透过物	截留物	膜类型
微滤	压力差(0.1 ~ 0.5 MPa)	筛分,膜的物理结构起决定性作用	溶剂,小分子溶质	悬浮物颗粒,粒径大于 0.1 μm 的球粒,如细菌酵母等	对称多孔膜(10 ~ 150 μm)或非对称膜多孔膜,(分离层约为 1 μm)
超滤	压力差(0.1 ~ 1 MPa)	筛分,膜表面的物化性质对分离有一定的影响	溶剂,小分子溶质	分子量大于 500 的大分子和细小的胶体微粒	非对称膜,表层有微孔(分离层约为 0.1 ~ 1.0 μm)
纳滤	压力差 <1.5 MPa	溶解扩散、Donna 效应	溶剂、低价态小分子溶质	有机物,分子量小于 500 的小分子物质,如盐葡萄糖乳糖微污染物等	非对称膜(分离层为 0.1 ~ 1.0 μm)
反渗透	压力差(0.1 ~ 10 MPa)	溶解扩值、优先吸附、毛细管流动	溶剂	溶质,盐	非对称性膜复合膜
透析(渗析)	浓度差	筛分微孔内的受阻扩散	溶剂和小分子物质	溶剂	非对称性膜
电渗析	电位差	反离子经离子交换膜的迁移	电解质离子	非电解质大分子物质	离子交换膜
气体分离	压力差(0.1 ~ 15 MPa)	溶解扩散、筛分扩散	气体或蒸气	难渗透性气体或蒸气	非多孔膜(包括均质膜、非对称膜、复合膜)和多孔膜
液膜	浓度差	反应促进和溶解扩散传递	液膜中难溶解组分	液膜中难溶解组分	乳状液膜,支撑液膜

7.4.2.2 分离膜的制备

膜的结构决定膜的性能,不同的制备方法可以得到不同结构和功能的膜。主要的制膜方法包括烧结法、拉伸法、径迹蚀刻法、相转法等。

1. 烧结法

烧结法是制备微滤膜的常用方法。其过程是将具有一定粒径的聚合物微粒,如聚乙烯、聚丙烯等初步呈型,然后在熔融温度或略低于熔融温度下使微粒的外表面软化,然后使大分子链段相互扩散、粘接在一起,最后再经过冷却固化成多孔膜材料,如图 7.5 所示。烧结法制得的多孔膜孔径分布较宽,一般为 0.1 ~ 10 μm,孔隙率为 10% ~ 20%,但机械强度高,抗压性高,常用于聚四氟乙烯膜和聚丙烯膜的制备。

烧结法中烧结温度与采用的原料的熔点相关。烧结法制得的多孔膜的孔径大小与聚合物颗粒有关,一般来说,颗粒愈小,膜孔径愈小,反之亦然。聚合物颗粒粒径分布越窄,膜的孔径分布越窄。用适当的黏合剂或热压也可得到类似的多孔柔性膜,如聚四氟乙烯和聚丙烯,其平均孔径也是 0.1 ~ 1 μm。

图 7.5　烧结过程示意图

2. 拉伸法

在制备多孔薄膜时,如果在结晶性或半结晶高分子的熔点附近进行挤压,在其快速冷却后会形成高度定向的结晶膜,接下来将膜沿垂直于挤压方向进行拉伸,这样会破坏高分子结晶结构使薄膜表面破裂从而形成裂缝状小孔,最终制得多孔薄膜。拉伸法的原理是部分结晶的高分子中晶区和非晶区的力学性质不同,当拉伸时,非晶区局部断裂形成微孔,而晶区作为微孔区的骨架得到保留。拉伸法得到的膜孔径范围为 0.1 ~ 3 μm,孔隙率远高于烧结法。与其他分离膜制备方法比较,拉伸法的优点是生产效率高,制备方法容易,价格较低,孔径大小容易控制,分布也比较均匀。拉伸法制得的聚丙烯微滤膜孔径为 0.1 ~ 3 μm,孔隙率可以高达 90%。

3. 径迹刻蚀法

径迹刻蚀法制得的微孔膜孔隙贯穿整个薄膜,呈圆柱状,孔径范围为 0.02 ~ 10 μm,孔径分布极窄,在许多特殊要求窄孔径分布的情况下是不可取代的膜材料,但开孔率较低,最大只有 10%,单位面积的水通量较小。

制备时,首先用高能射线,如 α 射线、质子、中子等高能粒子垂直照射薄膜,这些辐射粒子在穿透薄膜的过程中将附近高分子链节打断,同时形成活性很高的新链段,并在薄膜中留下射线穿透的径迹,最后把这种膜浸入酸性或碱性的侵蚀液中,这些细小的径迹被侵蚀扩大,形成微孔膜,这就是径迹刻蚀法。膜材料的选择取决于薄膜厚度和辐照强度,一般 1 MeV 强度的射线可穿透 20 μm 的厚度,增大强度可选更厚的薄膜。孔隙率取决于辐射时间,孔径大小取决于在酸或碱溶液中的刻蚀时间。如用 U235 的核分裂碎片对 PC 等高分子膜进行轰击,然后用 NaOH 为侵蚀液侵蚀,可制得孔径为 0.01 ~ 12 μm 的微孔膜。

4. 相转换法

相转化法也是最常用的薄膜制备方法,可分别制备多孔膜和致密膜,也可制备同时具有多孔层和致密层的一体化非对称薄膜,即致密表层和多孔支撑层是同一种高分子材料,且是同时形成的。目前大多数的工业用膜都用该方法制备。制备时,首先通过各种手段使均相的高分子溶液发生相分离,变成两相体系,一相是浓度较高的高分子溶液,在后期形成膜结构中的高分子固相,另一相是浓度较稀的高分子溶液,最后形成带有孔隙的液相。相分离过程主要由热力学因素和动力学因素控制。热力学因素决定相分离的结果,动力学因素决定成膜速率。

相转化过程主要通过浸没沉淀法、热沉淀法、溶剂蒸发沉淀法、蒸气相沉淀法实现。

①浸没沉淀法(L-S 法)。其流程如图 7.6 所示。大部分工业用膜均采用浸没沉淀法制备。首先将配制好的制膜液浇铸到合适的载体平面上,载体可以是金属或玻璃板,蒸出部分溶剂,然后将载体浸入到含有非溶剂的凝固液中。由于制膜液通常以水作为溶剂,所以凝固液不含水。利用聚合物在不同的溶剂中的溶解度差异,溶剂扩散进入凝固液中,而非溶剂扩散到薄膜内,当溶剂和非溶剂之间的扩散达到一定程度后,这时聚合物溶液变成热力学不稳定溶液,发生聚合物溶液的液-液相分离或液-固相分离(即发生结晶作用),获得富聚合物相和聚合物贫相。富聚合物相在发生相分离后不久就固化成固体膜,贫相形成所谓的孔,最后经过水洗、后处理制成非对称性膜。

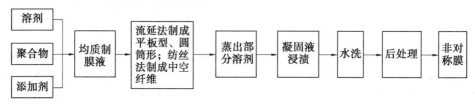

图 7.6　浸没沉淀法(L-S 法)流程图

浸没沉淀法制得的膜性能与聚合物、溶剂和非溶剂的种类、制膜液的组成、凝固液的组成、聚合物的凝胶化特性、聚合物的结晶化特性、制膜液和凝固液的温度、液-液分层区的位置、蒸发时间等因素有关,改变其中一种或多种,可得到不同结构的膜。

②热诱导相分离法(TIPS)。该法又称热沉淀法。许多结晶的、带有强氢键作用的聚合物在室温下溶解度差,很难找到合适的溶剂,因此不能采用传统的非溶剂诱导相分离法制备膜,这时可以采用 TIPS 法制备。TIPS 法可制备疏水性聚合物膜,如聚丙烯、聚乙烯,也可以制备亲水性的聚合物膜,如尼龙、聚乙烯-丙烯酸盐等,还可以制备无定形聚合物膜,如聚苯乙烯、聚甲基丙烯酸甲酯等。

TIPS 法制备微孔膜分三步,即溶液的制备、膜的浇铸和后处理。第一步是将聚合物与高沸点、低分子量的液态稀释剂或固态稀释剂混合,然后在高温时形成均相溶液;第二步是将溶液制成所需要的形状,如平板、中空纤维或管状,并将之冷却,使之发生相分离;第三步是除去稀释剂,可采用萃取法或蒸发法,最后就可得到微孔膜。稀释剂在高温下可溶解聚合物,在室温下是非溶剂,起“致孔剂”的作用。铸膜过程中根据需要控制降温速率调整相分离速率,这一过程会影响膜的结构。膜的孔隙率主要与制膜液的组成有关,而孔径大小、分布与冷却速率相关,冷却速率快,膜的孔径小,反之亦然。

③溶剂蒸发沉淀法。溶剂蒸发沉淀法是最古老的制膜方法,首先将聚合物和溶剂配制成铸膜液,溶剂由易挥发的良溶剂和不易挥发的非溶剂组成,然后将铸膜液涂覆在玻璃板或其他载体上,在一定的温度和气氛下,良溶剂逐渐挥发,聚合物沉淀析出,最终形成薄膜。

④蒸气相沉淀法。这种方法制得的薄膜表面大都没有致密表层,而是多孔结构。第一

步是把聚合物溶液在平板上刮涂成薄层;第二步是将其置于非溶剂的蒸气相中,或溶剂与非溶剂混合的蒸气相中,随着非溶剂的渗透,聚合物膜逐渐形成。

5.复合膜的制备

与相转化法加工形成的一体化非对称膜不同,复合膜采用不同的聚合物分别制备致密表层和多孔的支撑层。复合膜的制备方法有很多,如分别制备两种膜,然后再将两种膜用机械方法复合在一起;也可以先制备多孔膜,将其作为支撑膜,然后将第二种聚合物溶液滴加到多孔膜表面上,这样在支撑膜表面上形成第二种膜,即致密表层;或者先制备多孔膜,再将第二种聚合物的单体溶液沉积在多孔膜表面,然后采用等离子体引发聚合形成第二种膜;或者在已制备好的多孔膜表面沉积一层双官能团缩合反应的单体,再将其与另一种双官能团单体溶液接触并发生缩合反应,最后在多孔膜表面生成致密膜。在支撑体上形成致密薄层的方法有很多,如动态形成法、水面展开法、浸涂法、界面缩聚法、接枝法、原位聚合法、等离子体聚合法、喷涂法等。

7.4.2.3　性能表征

分离膜两个重要的指标是选择性和透过性。

1.透过性能

透过性是指待透过物质在单位时间内透过单位面积分离膜的绝对值。对于水溶液体系,又称透水率或水通量,其计算公式为

$$J = \frac{V}{St}$$

式中,J 为透过速率;V 为透过物的体积或质量;S 为膜的有效面积;t 为过滤时间。

对于气体分离膜,透过速率公式为

$$J_P = DX \times (P_1 - P_2)/l$$

式中,J_P 为气体透过速率;D 为气体在膜中的扩散系数;X 为气体在膜中的溶解系数;l 为膜的厚度;P_1、P_2 为膜两侧的气体分压。

2.分离性能

膜的分离性能决定其对被分离混合物中各组分的选择透过性。分离性能包括截留率、截留分子量、分离系数、选择通过度和交换容量。

思考题

1.简述高聚物的结构特点。
2.简述高聚物的结构与柔性间的关系。
3.简述高聚物的结晶与性能的关系。
4.简述高聚物的取向。
5.论述高分子聚合物的聚合方法。
6.简述功能基团引入高分子链的方法。
7.简述离子交换树脂的制备方法。

8.简述离子交换树脂的结构特点。

9.离子交换树脂的性能评价指标有哪些？

10.简述功能高分子分离膜的结构特点。

11.简述功能高分子分离膜的制备方法。

12.高分子分离膜的性能评价指标有哪些？

第8章　功能微球

8.1　概　述

　　微球是指直径在数百纳米至微米级,形状为球形的高分子材料或无机材料。功能微球通常是指具有某种特殊性能的微纳米微球,如具有光学性能、电学性能、磁学性能、吸附性能、催化性能、生物活性、对 pH 值和温度有响应性等。功能微球还具有比表面积大、表面吸附性强、功能基团在表面富集、反应能力强、凝集作用大等特点。由于其特殊的形态、结构和性能,在许多领域获得了广泛应用。

　　目前功能微球的应用已从一般的工业领域发展到光电功能领域、生物化学领域等高尖端技术领域中,如可作为标准计量的基准物,用作电镜、光学显微镜以及粒径测定仪校正的标准粒子;可用作高效液相色谱的色谱柱填料;可用作催化剂载体,以提高其催化活性及利用率;可用作液晶片之间的间隙保持剂,提高液晶显示的清晰度;可用作悬浮式生物芯片的载体,用于生物检测中;可用作层析分离介质,用于生物制药的纯化中;可用作抗肿瘤药物的载体,以实现药物的可控释放等。功能微球的另一个极为重要的应用是经自组装后可作为有序结构体使用。其单组分自组装结构呈最密填充结构,结晶面之间的距离与光的波长接近,因此当特定波长的光进入该有序结构体后会发生 Bragg 衍射,产生结构色和光子带隙,可用于发光材料、三维光子晶体及有序大孔材料的化学模板,在传感、光过滤器、高效发光二极管、小型化波导、催化剂膜和分离等许多方面有着广泛的应用前景。这种有序结构体还可作为直接观察三维实际空间的模型系统,用于研究结晶化、相转移、融化及断裂机理等基础现象。

8.2　核壳结构微球的制备

　　近年来,随着材料制备方法和合成技术的进步,一些具有特殊结构和功能的新型材料引起人们的广泛关注。核壳结构材料(core shell structure materials)就是其中一类新型复合材料,它是由不同内核物质和外壳物质组成的复合结构材料,通过在内核材料外面包覆不同成分、结构、尺寸的物质,形成包覆结构。这种包覆后的粒子,改变了核表面的性质(如电荷、极性官能团等),提高了核的稳定性和分散性,同时根据不同需要,可以形成不同类型的包覆层。由于核壳不同组分的复合,协调了各组分之间的共同特点,因此具有不同于核层和壳层单一材料的性质,开创了材料设计方面的新局面。根据不同需要内核和外壳部分可以分别由多种材料组成,包括无机物、高分子、金属粒子等。广义的核壳材料不仅包括由相同或不同物质组成的具有核壳结构的复合材料,也包括空心粒子、微胶囊等。核壳材料外貌一般为圆形粒子,也有其他形状,如管状、正方体等。

对于核壳结构微球,目前尚没有统一的分类方法,但其分类主要可以从核壳的组成成分、功能、结构和应用领域进行划分。按核壳结构微球的组分,可分为无机/无机核壳结构微球、无机/有机核壳结构微球、有机/无机核壳结构微球和有机/有机核壳结构微球四类。按照结构则可以将核壳结构微球划分为简单核壳结构微球、核-壳-壳结构(多层核壳结构)微球、中空核壳结构(空心核壳结构)微球、可移动的核壳结构微球。

核壳结构的微球一般具有生物相容性和生物活性等优点,在生物医药领域方面可用于生物标识和检测、药物传输、基因治疗、固定化酶、免疫分析等。核壳结构的微球具有表面积大、形貌均一以及方便回收利用等优点,在催化领域可用作纳米反应器等,还可用作超级电容器、表面增强拉曼基底等。

目前核壳结构微球的形成机理主要有化学键作用、库仑力静电引力作用、吸附层媒介作用、过度饱和等。颗粒表面的包覆,无论是无机包覆还是有机包覆,一般均认为是由以上四种机理形成的,当然有的包覆可能是几种机理同时存在。

核壳结构微球的制备方法主要有沉积法、溶胶-凝胶法、乳液聚合法、分散聚合法、悬浮聚合法、水热法、微乳液法、自组装技术等。有时一种微球可以用不同的方法合成,而有时制备一种微球却需要同时采用多种制备方法结合,具体采用什么方法需根据所制备微球的结构、材料、功能和应用目的所决定。

8.2.1　化学沉积法

沉积法范围比较广泛,即使是通过不同机理作用来制备核壳纳米材料的制备方法,只要是将壳层材料直接沉淀到核上,都可以称为沉积法。水热法、微乳液法、溶胶-凝胶法、电沉积法等,在某种程度上讲都属于沉积法的范围。沉积法制备核壳结构微球,一般都是直接把核材料分散在壳层材料的溶液介质里,然后对其进行沉淀和包覆。通常情况下,由于化学键合作用、电荷作用、核材料颗粒表面晶格缺陷和表面活性、体系的热运动等作用都可以制备出核壳结构微球。

种子沉积法是以要包埋的核材料为种子或者中心,处理或者不经过任何处理,将其分散到壳材料的溶液当中,然后对壳材料溶液进行沉淀。由于搅拌、吸附、表面活性、晶格缺陷等作用,沉淀在核表面进行沉积,然后生长,最后长大完成对核材料的包覆。

化学沉积法是先将预先制备好的核种子分散在溶液中,然后控制体系的反应条件,使要生成壳层的反应物缓慢发生化学反应,通过静电吸附、配位络合等作用,沉积在核粒子表面形成壳层,从而得到核壳结构的微球。

化学沉积法操作简单、反应条件可控且成本低,有利于工业化生产,多用于将贵金属纳米粒子或量子点包覆在聚合物微球表面。但这种方法具有壳层沉积不均匀且覆盖率较低的缺点,要得到完整、均一、致密的壳层需要对工艺和反应条件进行更深入的研究。

8.2.2　表面反应法

表面反应法是在核的表面进行,所以存在比较强烈的键合作用、电荷作用等作用机理,故壳层材料反应以后能被"固定"或者"限制"在核的表面,从而完成包覆。然后在核的生长过程中,由于体系热运动、搅拌、吸附、电荷作用、键合作用、晶体取向生长等,核一步一步长大,最后成核完全,体系中大部分壳层材料都被包覆在核材料的表面。因此,表面反应具有沉积法无法比拟的优势。通过表面反应制备出来的核壳纳米颗粒通常都包覆得很好,形貌规整、粒径分布比较均匀且很少有杂质颗粒。但是表面反应法机理比较复杂,操作烦琐,控制困难,因此一般该法用于较难制备或者具有特殊要求的核壳结构微球的制备,比如硫化铋。

8.2.3　溶胶−凝胶法

溶胶−凝胶法是制备无机壳层的核壳结构微球常用的方法之一,其原理是将核材料分散在壳层材料前驱体的溶剂中,然后在一定的反应条件下反应形成网络结构聚集在核粒子的表面,凝胶化后即可在核材料的表面形成壳层。用溶胶−凝胶法制备过程如下:选用适宜的基底材料浸入到配制好的溶胶中,利用物理或化学的作用,在基底材料表面获得功能化的膜,重复此过程,可获得多层膜,最后经过干燥、煅烧处理即可。其反应过程包括溶剂化、水解和缩聚三步反应,溶剂和体系的 pH 值控制是该方法的关键。该制备方法通常在较温和的条件下进行,反应物分散均匀。因此,溶胶−凝胶法是制备连续、均匀、厚度可控的壳层的一种技术,该技术可控性强,操作工艺简单,适用性广。

8.2.4　乳液聚合法

乳液聚合法通常先将核材料或表面经过改性的核粒子作为种子分散在乳液体系中,加入引发剂引发反应。当单体聚合到一定程度时,就会包覆在微球核的周围并聚集组装形成核壳结构的微球。乳液聚合法还包括微乳液聚合、细乳液聚合、无皂乳液聚合等。乳液聚合的特点是体系长时间分散稳定,但其挑战是如何形成稳定的乳液,反应结束后如何把表面活性剂去除干净。此外,如何减少二次成核也是其需要克服的困难之一。

1.乳液聚合法机理

乳液聚合法机理包括胶束成核机理和均相成核机理。胶束成核机理即引发剂分解,自由基进入胶束引发聚合反应。胶束不断捕捉单体,从而进行胶束溶胀,最后成核完全,制备出微球。在此过程中,油滴只起到单体储存库的作用。胶束成核机理一般适用于疏水性单体的乳液聚合。聚合反应可以分为三个阶段:在第一阶段自由基从水相进入单体溶胀胶束,与溶胀胶束内的单体反应而生成核(单体−聚合物微球),当胶束状态的乳化剂消耗完后,则不会再生成新的核;第二阶段油滴内的单体向水相扩散继而被单体−聚合物微球吸收并聚合,微球不断生长,直至油滴消失;第三阶段单体−聚合物微球内的单体继续聚合,直至反应结束。因为成核反应在较短的时间内结束,而使用较长的时间来进行核的生长,所以此乳液聚合能制备出粒径分布较窄的微球。均相成核机理是假设核在水相中生成的。引发剂在水相中分解成活性种,再引发单体成单体初级自由基后,与溶解在水相中的单体聚合,聚合至临界链长后,低聚物自由基便从水相中沉淀出来而形成核。由于这些核在水相中是不稳定的,多个核将互相聚集成比较稳定的成长微球,成长微球吸附乳化剂而稳定,或因微球表面的引发剂离子基团的电荷作用而稳定。以后的聚合机理则与上述胶束成核机理类似,即成长微球从水相中吸收单体,然后在微球内聚合。

2. 微乳液聚合机理

1985 年 Leun 等对"微乳液"给出了如下的定义:两种相对不互溶的液体组成的具有热力学稳定、各向同性、透明或半透明的分散体系,体系中包含有由表面活性剂所形成的界面膜所稳定的其中一种或两种液体的液滴。根据分散相与连续相的不同,微乳液可分为"油包水(W/O)"和"水包油(O/W)"两种类型,每种类型的微乳体系中都含有粒径大小在 10～100 nm 范围内的单分散的小液滴。关于这种小液滴的结构,Mitchel 等认为,微乳液液滴界面膜在性质上是一种双重膜,它们从双亲物聚集体的分子几何排列角度出发,建立了界面膜几何排列模型,以填充系数这一参数解释了微乳液的结构。这种纳米尺度的液滴不仅为粒子的合成提供了反应的空间,而且所合成的粒子也被限制在这种纳米空间内,这就是微乳液体系之所以可以作为纳米反应器的原因。

乳液聚合的成核机理只需稍作一些更改即可应用于微乳液聚合。溶解在水相中的引发剂分解成自由基后,或立即在水相中引发单体聚合为低聚物后被单体溶胀胶束捕捉,然后在单体溶胀胶束内继续与胶束内的单体聚合而形成核(单体聚合物微球)。由于体系内不存在单体液滴,因此未能成核的单体溶胀胶束内的单体逐渐向水相扩散而被成核的单体-聚合物微球吸收并聚合。也就是说并不是所有的单体溶胀胶束都能转变为微球,聚合反应结束后,仍有一些胶束剩余在连续相中。与一般的乳液聚合所不同的是,粒子数不是在达到一定程度后就保持不变,而是随着转换率的提高而增多,直至聚合结束。由此得出的结论是自由基进入未能成核的胶束内的概率要比进入已成核的胶束内的概率高,因此粒子数不断增长。

3. 无皂乳液聚合机理

无皂乳液聚合的机理基本上与均相成核机理类似,但也有一些不同之处。在第一阶段,亲水性单体与溶解在水相中的疏水性单体共聚而形成两性低聚物自由基,低聚物的链长达到临界长度后,便从水相中沉淀出来而形成核,接着与均相成核相同,核互相聚集成较为稳定的成长微球(成长微球由于微球表面亲水性基团和亲水性引发剂离子基团而稳定)。然后,成长微球从水相吸收单体直至单体油滴消失(转换率约为 50%)。最后单体-微球内的剩余单体继续聚合直至聚合完毕。由于水是连续相,亲水性单体和引发剂的亲水性基团优先分布在微球表面,因此即使没有乳化剂,微球也较为稳定。使用无皂乳液聚合机理,可以制备表面带亲水性功能基团的微球,也可以制备核壳结构疏水性-亲水性微球。但是如改变聚合温度、单体组分、亲水性单体和疏水性单体的共聚性,亲水性单体也可能分布在微球的核部。

4. 细乳液聚合机理

随着高效机械乳化设备的开发,目前可以制备纳米级(500 nm 以下)的小液滴,这样可使聚合反应在小液滴内进行,成为细乳液聚合。要想使聚合反应只在小液滴内进行,不但需要制备非常小的液滴,而且必须同时使用乳化剂和助表面活性剂来使小液滴稳定,并减少单体向水相的扩散。微米级的液滴捕获自由基的概率要比纳米级的溶胀胶束低得多,因此不能成核,只能起到单体储存库的作用。但是如果液滴非常小而且稳定,则从水相捕捉自由基的概率也将增加;另外由于大量的乳化剂将被吸附在小液滴上,如果乳化剂的使用量适当,就可以将水相中的乳化剂浓度控制在 CMC(临界胶束浓度)以下。这样就可减少胶束成核的概率而使小液滴成为成核和聚合的唯一场所。此外,由于使用了助表面活性剂,小液滴非常稳定,单体不易向水相扩散,因此在水相中成核(均相成核)的概率也将减少。

由于用细乳液聚合所得到的微球直径与乳液聚合相似,因此很难判断聚合究竟是按照何种机理进行的。最近发现利用测试导电率的方法可以区别两种聚合机理。进行一般乳液聚合时,将引发剂 KPS 加入聚合系统后,由于 KPS 是电解质,系统的导电率会急剧上升,随着单体-聚合物微球的产生,乳化剂被吸附在微球表面,水中的自由乳化剂浓度减小,导电率也逐渐降低。接着,随着单体液滴的消失,导电率会再次急剧上升。但是细乳液在聚合过程中,则观察不到这样显著的变化。这是因为细乳液在聚合过程中,微小液滴只发生一些表面性质的变化,而没有单体油滴消失的现象。

8.2.5　自组装技术

纳米结构的自组装体系是指通过弱的和较小方向性的非共价键如氢键、范德华键和弱的离子键协同作用把原子、离子或分子连接在一起构筑成一个纳米结构或纳米结构的花样。自组装过程的关键不是大量原子、分子、离子之间弱作用力的简单叠加,而是一个整体的复杂的协同作用。纳米结构自组装体系的形成有两个重要的条件,一是有足够的非共价键或氢键存在,这是因为氢键和范德华键等非共价键很弱,只有足够量的弱键存在,才能通过协同作用构筑成稳定的纳米结构体系;二是自组装体系能量较低,否则很难形成稳定的自组装体系。纳米粒子的自组装主要有化学和物理两种方法:化学方法目前主要是化学模板自组装法;物理方法主要有气相沉积技术和离子溅射技术等。另外粒子可通过直接吸引高分子聚合物涂层或者是利用静电相互作用吸附处理过的无机胶粒,即利用大分子模板诱导和控制无机物形成和生长,也就是分子的自组装。分子的自组装作为纳米结构自组装的一种方法,其最大的特点是对沉积过程或膜结构分子进行控制,并且可利用连续沉积不同组分的方法实现分子对称或非对称的二维甚至三维的超晶格结构。

自组装是分子或粒子间通过氢键、共价键、静电等相互作用而形成一定形态结构的过程。自组装制备核壳微球的经典过程如图 8.1 所示,首先制备核粒子,然后对核粒子进行表面修饰,这要求修饰后核粒子能够对所要包覆的壳层粒子或其前驱体有聚集作用,然后要形成壳层的前驱体在核粒子表面进行自组装,然后重复组装的步骤,直到到达所需要的壳层厚度为止。该方法常用于制备空心复合微球、胶囊、抗体或是生物探针等。这种方法的优点在于可以根据组装的层数来控制壳层厚度,可以实现多壳层微球的制备,并且可选择的核粒子多种多样,反应条件温和。其缺点是层层反复组装很耗时,原料利用率低,且很难制备小粒径的微球。

层层吸附自组装法(LBL)的技术基础是沉降带电粒子间的静电引力,原理是先将带电的基质浸入胶体中,此胶体所带电性与基质上聚合物所带电性相反,重复此过程可制得多层膜。LBL 方法首先在被包覆微球(无机粒子或聚合物微球)表面静电自组装一层聚电解质,然后置于与其表面电荷相反的聚电解质或无机粒子的溶液中,通过界面间静电作用将聚电解质或无机粒子吸附到胶体粒子表面(图 8.2)。包覆后的粒子经离心清洗后重复上述方法

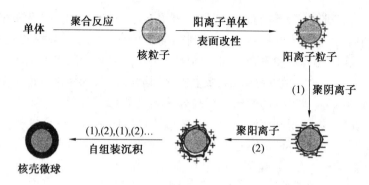

图 8.1 自组装制备核壳微球的经典过程

进行多次包覆,可以得到可控包覆厚度的核壳微球。

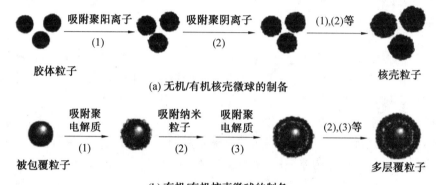

图 8.2 LBL 技术制备核壳微球示意图

LbL 自组装技术的优点:

(1)通过改变聚电解质浓度、温度和沉积次数,可以控制壳层厚度;

(2)作为壳层的高分子材料选择范围广泛;

(3)对于胶体粒子大小、形状与组成无特殊要求,从直径为 70 nm 的聚苯乙烯球到大于 10 μm 的生物胶体,都可以利用此方法成功地进行包覆。

LbL 自组装技术的不足之处在于聚电解质沉积与纯化过程耗时费力,且聚电解质常常被引入壳内。

8.2.6 水热法

水热法通常被用于单一结构纳米微球的制备,比如水热法制备氧化铈、四氧化三锰、铁氧体等这些易于制备的纳米微球。用水热法直接制备出结构、形貌、性能都很好的核壳结构微球并不多见。水热法制备无机纳米颗粒的机理,通常认为是在密闭高压釜内的高温、高压反应环境中,采用水作为反应介质,使通常难溶或不溶的前驱物溶解,从而使其反应和结晶。

水热法合成出的产物具有如下特点:粉体的晶粒发育完整,粒径小且分布均匀,团聚程度较轻,易得到合适的化学计量比和晶粒形态;可使用较便宜的原料;省去了高温煅烧和球磨,避免了杂质引入和结构缺陷等。因此,其引起人们广泛关注的主要原因可以归纳如下几点。

（1）采用中温液相控制，能耗相对较低，适用性广，既可制备超微粒子和尺寸较大的单晶，还可制备无机陶瓷薄膜。

（2）原料相对廉价易得，反应在液相快速对流中进行，产率高、物相均匀、纯度高、结晶良好，形状、大小可控。

（3）可通过调节反应温度、压力、溶液成分和 pH 值等因素来达到有效地控制反应和晶体生长的目的。

（4）反应在密闭的容器中进行，可控制反应气氛而形成合适的氧化还原反应条件，获得某些特殊的物相，尤其有利于有毒体系中的合成反应，从而尽可能地减少了环境污染。水热法由于设备简单、操作简便、产物产率高、结晶良好，在合成纳米材料方面表现出了良好的多样性，从而得到越来越多的应用。在现代合成与制备化学中，越来越广泛地应用水热法来实现通常条件下无法进行的反应。可合成多种多样在一般条件下无法得到的新化合物与新物相。目前，水热法已成为功能材料、特种组成与结构的无机化合物以及特种凝聚态材料等合成的重要途径。

8.3　空心微球制备

空心微球是一种具有特殊结构的核壳型材料，其独特的内部空腔和多孔壳层结构使它具有比表面积大、表面能低、稳定性高以及表面渗透性好等优点。空心微球内部的空心部分能够装载各类客体分子，所以在催化、分离、光电材料以及药物缓控释领域都表现出很大的应用潜力。空心微球凭借其独特的结构特点和性能优势，成为当下材料科学领域的研究热点。

根据材料组分分类，空心微球可分为聚合物空心微球、无机空心微球、聚合物/无机复合空心微球等。聚合物空心微球是指内部具有一个或多个空腔的球体或其他不规则形态的高聚物材料，其尺寸大小通常在纳米至微米级范围内。聚合物空心微球所特有的空腔，使其存在一个内部空间，从而避免来自外界环境的干扰。正是由于此中空结构的存在，使聚合物空心微球具有如下显著特点：相对较低的材料密度、相对较大的比表面积、较方便的结构可调性，以及对客体分子较强的吸附和储存能力等。因此，此类空心微球在药物载体、生物基因工程、装饰材料等各个领域均有巨大的市场应用前景。而无机中空微球由于具有独特的光学、电学和磁学等性能而受到了更广泛的关注。如无机空心微球凭借自身导热系数低、阻燃性能好等优势在隔热保温材料中得到广泛应用。其中 SiO_2、TiO_2、ZiO_2、Al_2O_3、ZnO_2 等金属氧化物凭借自身导热系数低等优势，在隔热微球领域中占有重要研究地位。

目前，空心微球的合成方法大致可以分为模板法和非模板法两大类。其中模板法又包括模板/溶胶-凝胶法，模板/层层自组装法（LbL）和模板/界面反应法。无模板法主要包括喷雾法、Ostwald 熟化法等。用这些方法已成功制备出聚合物空心微球，如 PSt、聚甲基丙烯酸甲酯等，及 CdS、ZrO_2、金属 Ag、TiO_2，Si、SnO_2 等多种无机材料空心微球，每种方法都具有其各自的优缺点，不同的制备方法可赋予空心微球特定的结构及表面性能。

8.3.1　模板法

在各种制备空心微球的方法中,模板法是最为常用的方法之一,其制备过程是首先选定一种特定形貌的物质为模板,然后用层层自组装或溶胶-凝胶法在其表面包覆前驱体壳层,再通过物理或者化学方法(如高温煅烧或溶剂腐蚀等)除去内部的模板得到空心微球,如图8.3所示。这种方法制备过程简单,对仪器设备要求低,并且可通过调节模板的尺寸来得到具有不同空腔大小的空心微球,得到的产物尺寸均一,重复性高。模板法可预先根据合成材料的大小和形貌设计模板,基于模板的空间限域作用和模板剂的调控作用也可对合成材料的大小、形貌、结构、排布等进行调控。模板/层层自组装法是首先通过改性使模板表面携带带电基团形成电荷层,再通过静电作用把纳米粒子吸附到模板表面,最终形成包覆球壳。可以通过控制纳米颗粒尺寸控制球壳厚度和表面形貌。而模板/溶胶-凝胶法是指在前驱体表面通过溶胶-凝胶法形成无机纳米粒子包覆层,最后通过有机溶剂溶解或者高温分解的方法除去内部模板,形成空心微球。

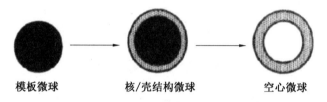

模板微球　　　　　核/壳结构微球　　　　　空心微球

图 8.3　模板法制备空心微球

模板法根据其模板自身的特点和限域能力的不同又可分为软模板法和硬模板法两种。

1. 软模板法

软模板常常是由表面活性剂分子聚集而成的结构相对稳定的体系。软模板主要包括两亲分子形成的各种有序聚合物,如液晶、囊泡、胶团、微乳液、自组装膜以及生物分子和高分子的自组织结构等。从维系模板的作用力而言,这类模板是通过分子间或分子内的弱相互作用而形成一定空间结构特征的簇集体。这种簇集体具有明显的结构界面,正是通过这种特有的结构界面使无机物的分布呈现特定的趋向,从而获得特异结构的纳米材料。

软模板的优点有以下几点。

(1)模板容易去除,且制备出的空心微球对客体分子有很好的包封性;

(2)由于软模板大多是两亲分子形成的有序聚集体,它们最大的特点是在模拟生物矿化方面有绝对的优势;

(3)软模板的形态具有多样性;

(4)软模板一般都很容易构筑,不需要复杂的设备。但是软模板结构的稳定性较差,因此通常模板效率不够高。

软模板的缺点是稳定性不好,容易受周围环境、温度、pH 值等条件的影响,在控制形貌均一上是个难题。

2. 硬模板法

硬模板法是指以单分散的无机物、高分子聚合物为模板,再通过高温煅烧或溶剂腐蚀去除模板制得空心微球。硬模板是指以共价键维系特异形状的模板,主要指一些由共价键维系的刚性模板。由于硬模板的稳定性高,空间限域好,所以通过此方法制备的空心球基本保持与模板相似的形貌。常用的硬模板有高分子聚合物(如聚苯乙烯球等)、无机纳米粒子(如 SiO_2、$CaCO_3$ 等)。

与软模板相比,硬模板具有较高的稳定性和良好的窄间限域作用,能严格地控制纳米材料的大小和形貌。但硬模板结构比较单一,因此用硬模板制备的纳米材料的形貌通常变化也较少。

软模板法和硬模板法二者的共性是都能提供一个有限大小的反应空间。二者的区别在于前者提供的是处于动态平衡的空腔,物质可以透过腔壁扩散进出,而后者提供的是静态的孔道,物质只能从开口处进入孔道内部。

模板法基于模板的空间限域作用实现对合成纳米材料的大小、形貌、结构等的控制。不管是在液相中或是气相中发生的化学反应,其反应都是在有效控制的区域内进行的,这就是模板法与普通方法的主要区别。相比于其他方法,模板法有如下显著的优点:

(1)模板法合成纳米材料具有相当的灵活性;

(2)实验装置简单,操作条件温和;

(3)能够精确地控制纳米材料的尺寸、形貌和结构;

(4)能够防止纳米材料团聚现象的发生。

模板法的缺点也比较突出,具体体现在如下几点:

(1)模板法合成纳米材料普遍存在模板去除困难的问题,模板与产物的分离容易对纳米中空球等造成损伤,因此,简单、有效的模板去除方法有待进一步研究实现;

(2)模板的结构一般只是在很小的范围内是有序的,很难在大范围内改变,这就使纳米材料的尺小不能随意地改变;

(3)模板的使用造成了对反应条件的限制,为了迁就模板的适用范围,将不可避免地对产物的应用造成影响;

(4)模板法形成纳米材料影响因素多且复杂,因此日前有关模板法形成纳米材料的机理还未能达成共识。

(5)相当一部分模板法合成纳米材料的反应速率低,这制约了纳米材料生产的工业化。但是随着科技的发展,这些问题会逐一得到解决的。借助超声、γ 辐射、微波辐射、电化学沉积、水热、溶剂热、化学镀、化合聚合、溶胶-凝胶、化学气相沉积等手段在模板合成制备纳米材料技术中的综合运用并不断完善,在不久的将来门类齐全的各种纳米材料将步入商品化生产的时代。

8.3.2　奥斯特瓦尔德熟化法(Ostwald ripening)

奥斯特瓦尔德熟化法(或称奥氏熟化)是一种可在固溶体或液溶胶中观察到的现象,其描述了一种非均匀结构随时间流逝所发生的变化:溶质中的较小型的结晶或溶胶颗粒溶解并再次沉积到较大型的结晶或溶胶颗粒上。奥斯特瓦尔德熟化机制是德国著名的物理化学家威廉·奥斯特瓦尔德提出的,是至今都很常用的理论。该理论认为在结晶过程中会形成大晶粒和小晶粒,小晶粒具有较大的曲率,表面能较高,因而具有比较大的溶解度,会逐渐溶解到周围的介质中,最后会在大晶粒的表面再次析出,使大晶粒进一步增大,小晶粒进一步变小。奥斯特瓦尔德熟化法是制备小粒径空心微球的重要方法之一,图 8.4 是奥斯特瓦尔德熟化法熟化法制备空心结构示意图。这一方法可以避免除去模板的烦琐过程,并且可以获得采用软模板法难以得到的球径均匀、表面形貌良好的空心微球,利用奥斯特瓦尔德熟化法已经制备出了多种无机中空微球,比如 CeO_2、ZnS、$Ni(OH)_2$ 等。

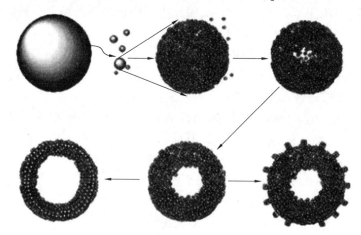

图 8.4   奥斯特瓦尔德熟化法制备空心结构示意图

8.3.3   喷雾干燥法

喷雾干燥法是比较传统的合成空心微球的方法,其具体方法是:将目标材料前驱体物质用溶剂(水、乙醇、有机试剂)溶解得到溶液,然后用喷雾装置将溶液雾化,通过喷嘴喷出液滴,之后放入高温反应器,使溶剂快速蒸发,与此同时前驱体发生各种化学反应(热分解、燃烧等),最后沉淀出来形成壳层,得到空心结构。图 8.5 是喷雾干燥法制备空心微球工艺图。

喷雾干燥法的优点是过程连续,操作简单,可以实现产业化,在制备商品化的中空微球方面具有很大优势。喷雾法的缺点是雾化效率不高,需要高的加热温度,对设备要求高。目前,通过喷雾干燥法已经成功合成了 TiO_2、CeO_2、ZrO_2 等多种空心微球。

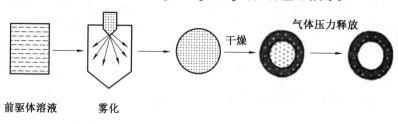

图 8.5   喷雾干燥法制备空心微球工艺图

8.4 典型功能微球的制备技术及其性能评价方法

8.4.1 SiO$_2$ 微球

8.4.1.1 概述

纳米二氧化硅微球为无定型白色粉末,无毒、无味、无污染,表面存在大量羟基和吸附水,具有粒径小、纯度高、比表面积大、分散性能好等特点,并凭借其优越的稳定性、补强性、触变性和优良的光学及机械性能,广泛应用于生物医药、电子、催化剂载体及生物材料、工程材料等领域。

8.4.1.2 制备方法

SiO$_2$ 微球的生成实质上是通过正硅酸之间的缩合形成的。无论是采用无机盐法还是有机盐法,实质都是先让原材料与其他物质反应,从而得到正硅酸的原始粒子。正硅酸原始粒子由于扩散而发生碰撞导致粒子之间脱去一个水分子,生成 SiO$_2$,或者通过在 SiO$_2$ 的表面吸附未经反应的硅酸根离子,而生成 SiO$_2$。从目前合成 SiO$_2$ 的原材料来看,主要有水玻璃和正硅酸酯类化合物。用这两种方法合成的 SiO$_2$ 各有优缺点,采用正硅酸酯类化合物可以制备出高纯度的 SiO$_2$ 微球,而且生产过程中可以对微球的粒径和形状进行较精确的控制。

（1）沉淀法

通过各种方法控制沉淀反应的速率,可以制备单分散 SiO$_2$ 微球。一般可利用化学试剂的强制水解或配合物的分解来控制沉淀组分的浓度。

（2）溶胶-凝胶法

溶胶-凝胶法由于其自身独有的特点成为当今制备超微颗粒的一种非常重要的方法。溶胶-凝胶法制备 SiO$_2$ 微球是以无机盐或金属醇盐为前驱体,经水解缩合的过程,最后经过一定的后处理(陈化、干燥等)而形成均匀的 SiO$_2$ 单分散微球。

（3）软模板法

软模板法是模拟生物矿化物中无机物在有机物调制下的合成过程,先形成有机物自组装聚集体,无机前驱体会在自组装聚集体与溶液相的界面处发生化学反应,在自组装聚集体模板的作用下形成无机/有机复合物,然后将有机模板去除即可得到 SiO$_2$ 微球。

（4）经典的 Stöber 法

单分散 SiO$_2$ 微球的形成是由 Kolbe 于 1956 年首先发现的,1968 年 Stöber 和 Fink 重复 Kolbe 的实验,首次进行了较为系统的条件研究。通过调整参数(如硅酸酯的浓度和种类、溶剂的种类、氨以及水的浓度等)得到 0.05 ~ 2 μm 范围内的单分散球形颗粒,并指出 NH$_3$ · H$_2$O 在反应中的作用之一是作为 SiO$_2$ 球形颗粒形成的形貌控制的催化剂。Stöber 法的主要优点是可以合成一定粒径范围内的单分散 SiO$_2$ 微球;SiO$_2$ 表面较易进行物理和化学改性,通过包覆各种材料使其表面功能化,从而弥补单一成分的不足,扩充 SiO$_2$ 微球的应用范围。所以经典的 Stöber 法仍然是目前单分散 SiO₂ 胶体颗粒制备最常用的方法。

经典的 Stöber 法一般是在正硅酸乙酯–水–碱–醇体系中,利用 TEOS(正硅酸乙酯)的水解缩聚来进行制备。其中碱作为催化剂和 pH 值调节剂,醇作为溶剂,其制备 SiO₂ 微球的流程图如图 8.6 所示。

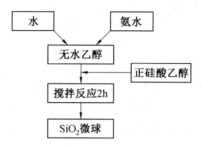

图 8.6　经典的 Stöber 法制备 SiO₂ 微球的流程图

在 SiO₂ 的合成体系中,主要组分为正硅酸烷基酯类、短链醇、一定浓度的氨和超纯水,通常可以用以下几个反应来描述正硅酸烷基酯类水解和缩聚反应的原理。

在反应过程中碱性环境下,正硅酸乙酯的水解反应分为以下两步进行。

第一步:正硅酸乙酯水解形成羟基化的产物和相应的醇,其反应式为

$$Si-OR+HOH \Longrightarrow Si-OH+ROH \quad (水解反应)$$

式中,R 为烷基官能团 C_xH_{2x+1}。

在上式的水解反应中,醇基官能团(RO-)被(OH-)官能团所取代,然后通过下面的缩合反应,形成 Si-O-Si,同时生成水和醇。

第二步:硅酸之间或者硅酸与正硅酸乙酯之间发生缩合反应,其反应式为

$$
\begin{array}{ccc}
& OH & OH & & OH & OH \\
| & | & & | & | \\
HO-Si-OH & + & HO-Si-OH & \longrightarrow & HO-Si-O-Si-OH + H_2O \\
| & | & & | & | \\
& OH & OH & & OH & OH
\end{array}
$$

$$
\begin{array}{ccc}
& OH & OH & & OH & OH \\
| & | & & | & | \\
HO-Si-OH & + & C_2H_2O-Si-OC_2H_5 & \longrightarrow & HO-Si-O-Si-OC_2H_5 + C_2H_5OH \\
| & | & & | & | \\
& OH & OC_2H_3 & & OH & OHC_2H_5
\end{array}
$$

事实上第一步和第二步的反应同时进行。颗粒的形貌特征与反应的过程密切相关,要形成球形形貌要求 SiO₂ 晶核在生长的过程中各向同性,即晶核在体系中各方向的受力一致,沿各方向的生长速度一致,这就必须将正硅酸乙酯与 OH⁻ 根离子在体系中先分散均匀后,再互相接触水解生成 H₄SiO₄ 分子。H₄SiO₄ 分子发生脱水缩聚形成 SiO₂ 微球。正硅酸乙酯和硅酸的水解表明,正硅酸乙酯的水解是反应的控制步骤,一旦制备体系中正硅酸乙酯的供应量超过其水解能力,将导致体系的单分散性被破坏。为了有效地控制单分散体系的形成过程,把握住水解和缩合的速度是首要条件,也就是说控制好正硅酸乙酯和水的配比是关键。

催化剂的选择也直接影响微球的形貌。在酸性条件下,制备出的溶胶通常认为具有高

度缩聚的三维网络结构,而在碱性条件下制备出的溶胶一般为单分散的球形 SiO_2 胶体颗粒。

（5）改进的 Stöber 法

由于经典实验过程中各种因素对 SiO_2 微球的粒径影响非常大,且在制备过程中 SiO_2 微球的初期成核很难控制,导致样品制备的重复性差。因此,通过对 Stöber 法进行改进,可以制备出更高质量的 SiO_2 微球。改进的 Stöber 法制备 SiO_2 微球的流程图如图 8.7 所示。改进的 Stöber 法是将一定比例的水、乙醇、氨水溶液混合搅拌得 A 溶液,一定比例的正硅酸乙酯（TEOS）、乙醇溶液配成 B 溶液,在设定温度的恒温水浴中,将 B 溶液缓慢滴加到 A 溶液所在的反应器中,搅拌约 5 h,使 TEOS 充分水解,得到 SiO_2 微球。通过改进的 Stöber 法可制备 500 nm 以下、粒径分布较好的 SiO_2 微球,但是要获得粒径分布更广的 SiO_2 微球,改进的 Stöber 法难以达到。

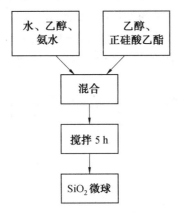

图 8.7　改进的 Stöber 法制备 SiO_2 微球的流程图

（6）播种法

播种法在缩合反应过程中分为核心形成和核心生长两个阶段。核心是在水解产物的缩合度和浓度达到某一临界值后自发产生的,在不同的反应环境下,制备的颗粒粒径也不同,实际上反映了在自发成核阶段,体系所形成的稳定核心密度不同。在相同初始 TEOS 浓度下,核心密度低者生长后粒径较大,密度高者生长后粒径较小。成核速度很快,且对反应条件十分敏感,这也是导致重复性不好的主要原因。因此引入一种已知的外来核心作为种子,来代替自发产生的核心进行生长,即所谓的播种法,是改善这一过程的有效途径。

播种法的基本原理是用已经制得的单分散性好、粒径小的 SiO_2 微球作为品种来代替自发产生的晶核进行生长,然后调节原料的配比,通过原料的缓慢添加来控制球体的生长,如图 8.8 所示。播种法的优点是引入外来已知晶核作为种子,避免了反应初期爆发式的成核过程,因此其制备的微球具有较好的可控性和重复性。

在利用 TEOS 水解制备 SiO_2 的过程中,TEOS 在碱催化下剧烈水解,当产生的活性硅酸达到饱和时,种子开始生长。如果产生的活性硅酸迅速超过成核浓度,则会导致产品粒径分布较宽、呈多分散性。而且,种子的生长反应与次生粒子的生长反应并存。如果次生粒子的生长占主导,则会造成体系呈多分散性。为获得粒径均匀的 SiO_2 微球,必须保证活性硅酸的生成速率与其在种子中的消耗速率相近。

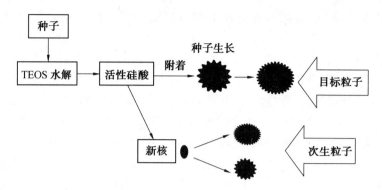

图 8.8　播种法生长过程示意图

溶液达到过饱和浓度时,种子开始生长。此时若活性硅酸的消耗速率与其生成速率相抵消,则不会有新核生成,只有种子的生长,生成的 SiO₂ 微球粒径较为均匀。如果活性硅酸的生成速率大于消耗速率并超过体系的临界值(即成核浓度),则会导致新核的形成,这样的制备微球中既包括由种子生成的 SiO₂ 粒子,又包括由新核生长得到的次生粒子,因此所得产品的粒径分布较宽。

采用播种法制备的 SiO₂ 微球与 Stöber 法制备的 SiO₂ 微球相比,粒径有所增加但是要得到粒径更大的 SiO₂ 微球,需要采用连续播种法来实现。

8.4.2　聚苯乙烯微球

8.4.2.1　概述

聚苯乙烯(PS)微球是高分子微球中非常具有代表性的一种。聚苯乙烯微球具有不易被溶胀、方便回收、不可被生物所降解等特点,同时具有良好的疏水性能和多反应位点等特点。单分散聚苯乙烯微球因其制备方法多样、合成设备简便、造价低廉、颗粒悬浮在液体中易于分散、表面带有电荷等特性,故在药物释放系统、光子晶体、有序结构模板及电子信息等领域有着良好的应用前景。

8.4.2.2　制备方法

单分散聚苯乙烯微球的制备方法主要有无皂乳液聚合法、分散聚合法、乳液聚合法、悬浮聚合法、微乳聚合法、微小乳液聚合法(即一般所说的细乳液聚合)和种子聚合法等。表8.1 列出了制备聚苯乙烯微球常用的五种方法的比较。这些不同的制备方法,其过程中都要经历核的生成和核的长大两个阶段,这两个阶段影响着微球的粒径和微球的分散性。采用不同的工艺方法所制备出的微球粒径有着不同的尺寸和分布范围。

表 8.1　聚苯乙烯微球主要制备方法的比较

名称	乳液聚合	分散聚合	悬浮聚合	无皂浮液聚合	种子聚合
单体分布	乳胶粒、胶束、介质	颗粒介质	颗粒介质	乳胶粒介质	颗粒介质
引发剂分布	介质	颗粒介质	颗粒	介质	颗粒

续表8.1

名称	乳液聚合	分散聚合	悬浮聚合	无皂浮液聚合	种子聚合
分散剂	不需要	需要	需要	不需要	需要
乳化剂	需要	不需要	不需要	不需要	需要
粒径分散性	分布较窄	单分散	分布宽	单分散	单分散
粒径范围/μm	$0.06 \sim 0.50$	$1 \sim 10$	$100 \sim 1\,000$	$0.5 \sim 1.0$	$1 \sim 20$

1. 无皂乳液聚合法

传统的乳液聚合法是以水为溶剂,在加入乳化剂的情况下,疏水性的单体在水溶性引发剂作用下进行的聚合反应。此法具有反应速率大、产物分子量高、聚合过程简单、可直接得到稳定乳液产物等特点。但是乳液聚合时所添加的乳化剂经常会对生成的聚合物造成不良的影响,粒子经常发生聚沉,影响使用性能。因此,研究者们在反应时尽量减少或是根本不使用乳化剂,于是,应运而生地出现了无皂乳液聚合法。无皂乳液聚合法是仅含很少量的乳化剂或者根本不含乳化剂的聚合反应的工艺。在无皂乳液聚合制备微球时,采用的单体主要有两种:一种是带有少量亲水基的单体或是亲水性单体,例如甲基丙烯酸、丙烯酰胺、丙烯酸等;另一种是疏水性单体,需要离子型的引发剂(例如过硫酸钾、带有偶氮基团的羧酸盐等)引发反应。反应最终生成的聚合产物表面一般带有亲水基团或带有一定电荷的离子基团,能够稳定存在于溶液中,便于保存和应用。无皂乳液聚合法制备聚苯乙烯微球的工艺流程图如图8.9所示。

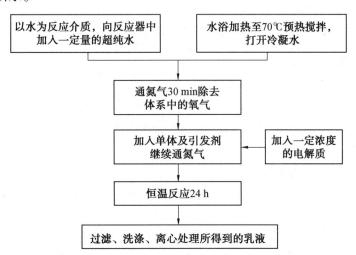

图 8.9 无皂乳液聚合法制备聚苯乙烯微球的工艺流程图

用无皂乳液聚合法生成的粒子具有以下特点。

(1)产物单分散性比较好,粒径要比传统的乳液聚合法大,产物也更为稳定且其表面相很"平整、干净"。

(2)一般以水为溶剂,不会造成太多的环境污染,变量影响的参数少,便于控制条件。

（3）避免了传统乳液聚合方法中使用乳化剂所导致的一些缺点和弊端,例如乳化剂不能完全地从反应的聚合物中去除,影响产物纯度,乳化剂消耗量较多,对其进行后处理的过程会导致污染。

目前无皂乳液制备工艺已经趋于稳定,然而应用此法所得到的乳液,聚合物的质量分数偏低,产率不高。

2. 分散聚合法

20 世纪,英国科学家首创了分散聚合的工艺方法,这是一种非传统的聚合方法,只一步即可制备出粒径尺寸为 0.1 ~ 10 μm 的聚合物微球,而且具有单分散性。简单而言,此法是一种将单体、引发剂及分散剂等物质溶于适当的溶剂中,体系在引发剂的作用下引发反应,生成的聚合产物在分散剂的作用下形成能够稳定地悬浮于溶剂中的颗粒的方法。分散剂主要是依靠其特殊的分子结构产生空间位阻作用而使粒子分散开来。反应过程中,聚合前期发生在溶液中,后期当反应进行到一定程度时,链状聚合物达到一定长度(即临界链长)并从溶液中析出形成稳定悬浮于介质的分散小颗粒。同时,聚合物增长的活性中心从溶剂中转换到小颗粒中,微球继续长大直至稳定。分散聚合法制备聚苯乙烯微球的工艺流程图如图 8.10 所示。

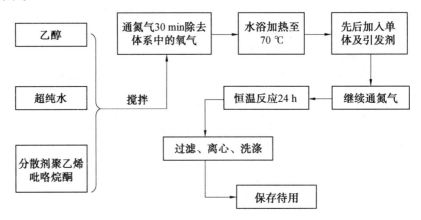

图 8.10　分散聚合法制备聚苯乙烯微球的工艺流程图

分散聚合法有如下主要特点。

（1）一步就能制备出聚合物微球。

（2）能够产生粒径尺寸范围相对比较大(粒径为 0.1 ~ 10 μm)、单分散性的聚合物微球。

（3）可以苯乙烯、二乙烯基苯、丙烯酸丁酯等单一的物质作为单体,也可由两种或三种不同的物质为共同单体制备共聚型微球。

（4）其生产工艺比较简单,无须复杂设备。

8.4.3　功能微球的测试与表征

功能微球的表征和测试技术主要包括两部分内容,一部分是应用在功能微球上的一般通用的理化测试技术,另一部分是研究功能微球的功能性所采用的表征和测试技术。

一般通用的理化测试技术包括成分分析、形貌分析、物相结构分析、粒度分析、力学性能分析等,特征功能的测试技术和表征需要看功能微球属于哪种功能材料,利用的是哪种特征功能,如物理功能(声、光、电、磁、热等)、化学功能(感光、催化、降解等)、生物功能(生物医药、仿生等),从而对其特征功能进行测试。

8.4.3.1 粒度、形貌及结构的表征

在测试功能微球形貌、粒度及试样的结构中,采用透射电子显微镜(TEM)测试是最常用的也是最直观的手段。TEM 以电子束代替光束,样品做得很薄,以致高能电子(波长为 50 ~200 nm)可以穿透样品,根据样品不同位置的电子透过强度不同或电子透过晶体样品的衍射方向不同,经过后面电磁透镜放大后在荧光屏上显示出图像。若制得的是空心微球,TEM 可以对其壁厚及周长进行分析。

扫描电子显微镜(SEM)可以对所制得的试样表面全貌或微区及断面的形态进行表征,分辨率高,可直接观察表面的近原子像。

原子力显微镜(AFM)可以直接观察原子或分子,可以对空心微球的表面形状进行表征,对导电和非导电样品均适用,分辨率达到原子级,还可以测量表面原子间的作用力,检测样品表面的磁力、静电力等,较透射电子显微镜有更高的分辨率。

X 射线衍射技术也具有较高的应用价值,其所能解决的第一个问题是根据谱图中衍射峰宽度定性判断所检测物质(粉末或薄膜)的晶粒度的大小,另外可测晶型。

为了进一步证明功能微球的层层结构或核壳结构,还可以进行穆斯堡尔谱测试。穆斯堡尔谱测试提供了直接研究的一种有效手段,并能直接有效地给出各种微结构信息。

拉曼光谱为分析材料的结构、界面结构和相变,提供了十分有用的信息。

电子顺磁共振也可用于研究表面原子的排列(有序或无序)、电子结构等更深层次的微观情形。红外也可通过分析化学键的振动来了解物质结构,并用于研究元素间的键连情况。

8.4.3.2 化学成分的表征

光电子能谱仪(XPS)、俄歇谱仪(AES)和二次离子谱仪是三种最重要的表面分析仪器。

X 射线光电子能谱是目前最广泛应用的表面分析方法之一,XPS 最大的特点是可以通过测量化学位移方便地获取丰富的化学信息,此外,它对样品的损伤是最轻微的。三种方法相比,它的定量也是最好的,其主要用于成分和化学状态的分析。根据测得的光电子动能可以确定表面存在什么元素以及该元素原子所处的化学状态,此为 XPS 定性分析。根据具有某种能量的光电子的数量便可计算出该元素在试样表面的含量,此为 XPS 定量分析。XPS 得到的并不是一个单层信息,而是代表数个单层的化学组成。

AES 具有很高的表面灵敏度,其检测极限为几个原子单层,采样深度为 1 ~ 2 nm,比 XPS 要浅,更适用于表面元素的定性和定量分析,同样也可用于表面元素化学价态的分析。

为了准确表征粒子的形貌和结构,常常需要几种方法联合使用,如通过电镜可观察球壳形貌及是否空心,观察球壳表面排列是否均匀,有无缺陷或裂纹,估算粒径、壁厚及周长。利用拉曼光谱、X 射线衍射、电子顺磁共振可确定壳层粒子的晶型,通过热重分析可确定不同温度下物质的组成,利用 XPS、AES 可分析表面元素成分及化学价态等。

思考题

1. 什么是功能微球,其主要特性及用途有哪些?
2. 简述核壳结构微球与空心微球的区别和联系。
3. 列举三种核壳结构微球的制备方法并分析其优缺点。
4. 列举两种空心微球的制备方法并分析其优缺点。
5. 简述 SiO_2 微球的主要性能特点、制备方法及应用领域。
6. 简述聚苯乙烯微球的主要性能特点、制备方法及应用领域。

参考文献

[1] 徐如人,庞文琴.无机合成与制备化学[M].北京:高等教育出版社,2001.

[2] 朱继平,李家茂,罗派峰.材料合成与制备技术[M].北京:化学工业出版社,2018.

[3] 黄剑锋,冯亮亮,曹丽云.溶胶-凝胶工艺及应用[M].北京:高等教育出版社,2019.

[4] 吴庆银,柳云骐,唐瑜.现代无机合成与制备化学[M].北京:化学工业出版社,2021.

[5] 李垚,赵九蓬,强亮生.新型功能材料制备原理与工艺[M].哈尔滨:哈尔滨工业大学出版社,2017.

[6] 张克立,孙聚堂,袁良杰,等.无机合成化学[M].武汉:武汉大学出版社,2006.

[7] 崔春翔.材料合成与制备[M].上海:华东理工大学出版社,2010.

[8] 乔英杰.材料合成与制备[M].北京:国防工业出版社,2010.

[9] 汪信,郝青丽,张莉莉,等.软化学方法导论[M].北京:科学出版社,2007.

[10] 刘海涛,杨郦,张树军,等.无机材料合成[M].北京:化学工业出版社,2003.

[11] 陈敬中.现代晶体化学:理论与方法[M].北京:高等教育出版社,2001.

[12] 张玉龙,唐磊.人工晶体生长技术、性能与应用[M].北京:化学工业出版社,2005.

[13] 李垚,唐冬雁,赵九蓬.新型功能材料制备工艺[M].北京:化学工业出版社,2011.

[14] 张克从,王希敏.非线性光学晶体材料科学[M].北京:科学出版社,2005

[15] 王波,房昌水,王圣来,等.KDP/DKDP晶体生长的研究进展[J].人工晶体学报,2007(02):247-252.

[16] 杨魁胜,梁海莲.KDP晶体的水溶法生长[J].长春理工大学学报,2003(04):55-57.

[17] 王波,许心光,王圣来,等.快速生长大尺寸KDP单晶[J].人工晶体学报,2008(04):1042-1043.

[18] 潘建国,曾金波,林秀钦,等.DKDP晶体快速生长的研究[J].人工晶体学报,2005(04):624-627+619.

[19] 张建军,朱世富,赵北君,等.两温区气相输运温度振荡法合成AgGaS_2多晶材料[J].四川大学学报(工程科学版),2005(04):73-76.

[20] 赵北君,朱世富,李正辉,等.坩埚旋转下降法生长硒镓银单晶体[J].人工晶体学报,1999(04):323-327.

[21] 杨春晖,张建.新型中、远红外波段非线性光学晶体磷化锗锌[J].人工晶体学报,2004(02):141-143.

[22] ZHAO X,ZHU S F,ZHAO B J,et al. Growth and characterization of ZnGeP$_2$ single crystals by the modified Bridgman method[J]. J. Cryst. Growth. 2008,311:190-193.

[23] 李春彦,王锐,杨春晖,等.黄铜矿类半导体砷化锗镉晶体的研究进展[J].人工晶体学报,2006(05):1022-1025.

[24] SCHUNEMANN P G,POLLAK T M. Single crystal growth of large,crack-free CdGeAs2

［J］. J. Cryst. Growth,1997,174:272-277.

［25］ SAGHIR M Z,LABRIE D,GINOVKER A,et al. Float-zone crystal growth of CdGeAs$_2$ in microgravity:numerical simulation and experiment［J］. J. Cryst. Growth. 2000, 208: 370-378.

［26］ FEIGELSON R S,FOUTE R K. Vertical bridgman growth of CdGeAs$_2$ with control of interface shape and orientation［J］. J. Cryst. Growth. 1980,49:261-273.

［27］ 田文,任钢,蔡邦维,张彬.ZnGeP$_2$ 光参变振荡器晶体参数的数值分析［J］.激光技术,2006(01):104-106.

［28］ MA T H,ZHU C Q,LEI Z T,et al. Growth and Optical Properties of Big-sized GaSe Single Crystals［J］. Journal of the Chinese Ceramic Society,2020,48(2):182-186.

［29］ MA T H,LI Z Q,ZHANG H C,et al. Electronic,optical and lattice dynamics properties of layered GaSe$_{1-x}$S$_x$［J］. Mater. Today Co mmun. ,2021,27:102212-8.

［30］ MA T H,ZHU C Q,LEI Z T,et al. Growth and characterization of LiInSe$_2$ single crystals ［J］. J. Cryst. Growth,2015,415:132-138.

［31］ MA T H,ZHANG H C,ZHANG J J,et al. Preparation and optical properties of LiInSe$_2$ crystals［J］. J. Cryst. Growth,2016,448:122-127.

［32］ 杨春晖,马天慧,雷作涛,等. 一种非线性晶体硒化镓元器件的制作方法: ZL201610669688.1［P］.2016-08-15.

［33］ 马天慧,张建交,张红晨,等. 一种含 Li 的 I-Ⅲ-Ⅵ2 型中远红外多晶的合成方法: ZL20201610246828.4［P］.2016-06-29.

［34］ 马天慧,李兆清,王春艳,等. 一种控制硒化镓单晶体解理面定向生长的方法: ZL202110230724.5［P］.2022-04-19.

［35］ 符春林,赵春新,蔡苇,等. 钛酸钡陶瓷材料制备及介电性能研究进展［C］//中国仪表功能材料学会,江苏大学,《功能材料》期刊,《功能材料信息》期刊.2009 中国功能材料科技与产业高层论坛论文集.［出版者不详］,2009:113-116.

［36］ 戴达煌,代明江,侯惠君. 功能薄膜及其沉积制备技术［M］.北京:冶金工业出版社,2013.

［37］ 李雪.类金刚石膜的制备方法和性能［J］. 重庆工学院学报.2009,23(6):165-171.

［38］ 梁风,严学俭.类金刚石薄膜的性质、应用及制备［J］.物理学报,1999(06):122-129.

［39］ 江自然.ITO 透明导电薄膜的制备方法及研究进展［J］.材料开发与应用,2010,25 (04):68-71+86.

［40］ 强亮生,赵久鹏,杨玉林.新型功能材料制备技术与分析表征方［M］.哈尔滨:哈尔滨工业大学出版社,2017.

［41］ HUO Q S,MARGOLESE D I,CIESLA U,et al. Generalized syntheses of periodic surfactant inorganic composite materials［J］. Nature,1994,368:317-321.

［42］ MORIGUCHI I,OZONO A,MIKURIYA K,et al. Micelle-Templated Mesophases of Phenolformaldehyde Polymer［J］. Chem. Lett. ,1999,1171-1172.

［43］ TANEV P T,PINNAVAIA T J. Advance in the design of pillared clay catalyst by surfactant and polymer rnodification[J]. Science,1995,267:865-867.

[44] ZHAO D Y,FENG J L,HUO Q S,et al. Triblock Copolymer Syntheses of Mesoporous Silica With Periodic 50 to 300 Angstrom Pores[J]. Science,1998,279:548-552.

[45] WAN Y,SHI Y F,ZHAO D Y. Supramolecular aggregates as templates:ordered mesoporous polymers and carbons[J]. Chem. Mater. ,2008,20:932-945.

[46] JENEKHE S A,CHEN X,LINDA. Self-Assembly of Ordered Microporous Materials from Rod-Coil Block Copolymers[J]. Science,1999,283:372-375.

[47] LEE J S,HIRAO A,NAKAHAMA S. Polymerization of monomers containing functional silyl groups. 5. Synthesis of new porous membranes with functional groups [J]. Macromolecules,1988,21:274-276.

[48] 赵东元,万颖,周午纵. 有序介孔分子筛材料[M]. 北京:高等教育出版社. 2013.

[49] HAN S J,HYEON T. Simple silica-particle template synthesis of mesoporous carbons[J]. Chem. Commun. ,1999,1955-1956.

[50] SCHUTH F,SCHMIDT W. Microporous and Mesoporous Materials[J]. Adv. Mater. , 2002,14:629-638.

[51] RYOO R,JOO S H,JUN S. Synthesis of highly ordered carbon molecular sieves via template-mediated structural transformation[J]. J. Phys. Chem. B,1999,103:7743-7746.

[52] JUN S,JOO S H,RYOO R,et al. Synthesis of new,nano-porous carbon with hexagonally ordered mesostructured[J]. J. Am. Chem. Soc. ,2000,122:10712-10713.

[53] RYOO R,JOO S H,KRUK M,et al. Ordered mesoporous carbons[J]. Adv. Mater. , 2001,13:677-681.

[54] 陈小明,张杰鹏. 纳米材料前沿金属有机框架材料[M]. 北京:化学工业出版社. 2017.

[55] LIN J B,LIN R B,CHENG X N,et al. Solvent/additive-free synthesis of porous/zeolitic metalazolate frameworks from metal oxide/hydroxidc [J]. Chem Commun, 2011, 47: 9185-9187.

[56] 刘培生. 多孔材料引论[M]. 北京:清华大学出版社. 2012.

[57] 姜斌,赵乃勤. 泡沫铝的制备方法及应用进展[J]. 金属热处理,2005(06):36-40.

[58] 吴明铂,邱介山,何孝军. 新型碳材料的制备及应用[M]. 北京:中国石化出版社,2017.

[59] ZHAO Q L,ZHANG Z L,HUANG B H,et al. Facile preparation of low cytotoxicity fluorescent carbon nanocrystals by electrooxidation of graphite [J]. Chemical Communications,2008,(41):5116-5118.

[60] ZHENG L,CHI Y,DONG Y,et al. Electrochemiluminescence of water-soluble carbon nano-crystals released electrochemically from graphite [J]. Journal of the American Chemical Society,2009,131(13):4564-4565.

[61] WEI Y,LIU Y,LI H,et al. Carbon nanoparticle ionic liquid hybrids and their photoluminescence properties[J]. Journal of Colloid and Interface Science,2011,358 (1):146-150.

[62] RAY S,SAHA A,JANA N R,et al. Fluorescent carbon nanoparticles:synthesis,

characterization, and bioimaging application[J]. The Journal of Physical Chemistry C, 2009,113(43):18546-18551.

[63] XU X Y, RAY R, GU Y L, et al. Electrophoretic analysis and purification of fluorescent single walled carbon nanotube fragments[J]. Journal of the American Chemical Society, 2004,126(40):12736-12737.

[64] WANG J, WANG C F, CHEN S. Amphiphilic egg-derived carbon dots : rapid plasma fabrication, pyrolysis process, and multicolor printing patterns[J]. Angewandte Chemie International Edition,2012,124(37):9431-9435.

[65] 曲江英. 化学气相沉积法可控制备碳纳米管组装体[D]. 大连:大连理工大学,2009.

[66] 刘畅,成会明. 电弧放电法制备纳米碳管[J]. 新型炭材料,2001(01):67-71.

[67] THESS A, LEE R, NIKOLAEV P, et al. Crystalline ropes of metallic carbon nanotubes[J]. Science,1996,273(5274):483-487.

[68] 刘畅,成会明,纳米材料前言碳纳米管[M]. 北京:化学工业出版社,2018.

[69] 付长璟,石墨烯的制备、结构及应用[M]. 哈尔滨:哈尔滨工业大学出版社,2017.

[70] GEIM A K, NOVOSELOV K S. The rise of graphene[J]. Nature materials,2007,6: 183-191.

[71] 张杰,碳纳米管和石墨烯在复合材料中的应用[M]. 北京:化学工业出版社,2020.

[72] 强亮生,赵久鹏,杨玉林. 新型功能材料制备技术与分析表征方法[M]. 哈尔滨:哈尔滨工业大学出版社,2017.

[73] HERNANDEZ Y, NICOLOSI V, LOTYA M, et al. High-yield production of graphene by liquid-phase exfoliation of graphite[J]. Nature Nanotechnology,2008,3:563-568.

[74] LI P, LIU J, LIU Y, ET al. Three-dimensional $ZnMn_2O_4$/porous carbon framework from petroleum asphalt forhigh performance lithium-ion battery[J]. Electrochimica Acta,2015, 180:164-172.

[75] Pablo S, Susumu O, Tohru S, et al. Gate-tunable dirac point of molecular doped graphene [J]. ACS Nano,2016,10(2):2930-2939. [76] KWON O S, PARK S J, HONG J Y, et al. Flexible FET-type VEGF aptasensor based on nitrogen-doped graphene converted from conductingpolymer[J]. ACS Nano,2012,6(2):1486-1493.

[76] USACHOV D, VILKOV O, GRUNEIS A, et al. Nitrogen-doped graphene:efficient growth, structure, and electronic properties[J]. Nano Letters,2011,11(12):5401-5407.

[77] SCHIROS T, NORDLUND D, PALOVA L, et al. Connecting dopantbond type with electronic structure in N-dopedgraphene[J]. Nano Letters,2012,12(8):4025-4031.

[78] CHIOU J W, RAY S C, PENG S L, et al. Nitrogen-functionalized graphene nanoflakes (GNFs: N): tunable photoluminescence and electronicstructures [J]. The Journal of Physical Chemistry C,2012,116(30):16251-16258.

[79] WANG X, SUN G, ROUTH P, et al. Heteroatom-doped graphene materials: syntheses, properties and applications[J]. Chemical Society Reviews. 2014,43(20):7067-7098.

[80] RANI P, JINDAL V K. Designing band gap of graphene by B and N dopant atoms[J]. RSC

Advances,2013,3(3):802-812.

[81] FACCIO R ,FERNANDEZ-WERNER L ,PARDO H ,et al. Electronic and structural distortions in graphene induced by carbon vacancies and boron doping[J]. The Journal of Physical Chemistry C,2010,114(44):18961-18971.

[82] 刘云圻.石墨烯:从基础到应用[M].北京:化学工业出版社,2017.

[83] TALAPATRA S,GANESAN P G,KIM T,et al. Irradiation-induced magnetism in carbon nanostructures[J]. Phys Rev Lett,2005,95:097201.

[84] RODE A V,GAMALY E G,CHRISTY A G,et al. Unconventional magnetism in all-carbon nanofoam[J]. Phys Rev B,2004,70:054407.

[85] YAZYEV O V,HELM L. Defect-induced magnetism in graphene[J]. Phys Rev B,2007, 75:125408.

[86] LIEB E H. Two theorems on the Hubbard model[J]. Phys Rev Lett,1989,62:1201-1204.

[87] 魏无际,俞强,崔益华.高分子化学与物理基础[M].北京:化学工业出版社,2005.

[88] 罗祥林.功能高分子材料[M].北京:化学工业出版社,2020.

[89] 赵俊会.高分子化学与物理[M].北京:中国轻工业出版社,2010.

[90] 代丽君,张玉军,蒋华珺.高分子概论[M].北京:化学工业出版社,2005.

[91] 黄伯云.功能陶瓷材料与器件[M].北京:中国铁道出版社,2017.

[92] 郑伟涛.薄膜材料与薄膜技术[M].北京:化学工业出版社,2008.